中国航空学会
第二届飞机防火系统学术研讨会
论文集

Proceedings of CSAA Symposium on Aircraft Fire Protection System

(2nd SAFPS 2015)

主编—张和平 副主编—陆松 程旭东

中国科学技术大学出版社

内 容 简 介

本书为中国航空学会第二届飞机防火系统学术研讨会的论文集,共收录论文42篇,围绕飞机防火基础理论、先进飞机火灾探测技术、清洁高效飞机灭火技术、飞机火灾模拟仿真、飞机防火系统试验验证技术、飞机火灾人员疏散及应急、飞机材料燃烧特性与阻燃技术等方面进行了研究和探讨。

本书可供全国消防科技工作者学习、交流。

图书在版编目(CIP)数据

中国航空学会第二届飞机防火系统学术研讨会论文集/张和平主编.—合肥:中国科学技术大学出版社,2017.1

ISBN 978-7-312-04044-3

Ⅰ.中… Ⅱ.张… Ⅲ.飞机防火—学术会议—文集 Ⅳ.TU998.1-53

中国版本图书馆CIP数据核字(2016)第189017号

出版 中国科学技术大学出版社
安徽省合肥市金寨路96号,230026
网址:http://press.ustc.edu.cn

印刷 合肥市宏基印刷有限公司

发行 中国科学技术大学出版社

经销 全国新华书店

开本 710 mm×1000 mm 1/16

印张 16.75

字数 342千

版次 2017年1月第1版

印次 2017年1月第1次印刷

定价 48.00元

前　　言

为推动我国飞机防火科学技术的发展，扩大各单位间的学术交流，提高学术交流水平，2015年11月19～20日在合肥召开了“中国航空学会第二届飞机防火系统学术研讨会”。本次会议共征集论文42篇，全部编入《中国航空学会第二届飞机防火系统学术研讨会论文集》，供全国消防科技工作者学习、交流。

本次会议以“先进与环保”为主题，聚集了国内航空企业、高等院校、科研院所的专家学者，围绕飞机防火基础理论、先进飞机火灾探测技术、清洁高效飞机灭火技术、飞机火灾模拟仿真、飞机防火系统试验验证技术、飞机火灾人员疏散及应急、飞机材料燃烧特性与阻燃技术等方面进行了研究和探讨，取得了一些可喜的成果。

本次会议由中国科学技术大学、中航工业天津航空机电有限公司、中国航空学会航空机电、人体与环境分会、中国航空学会飞机防火系统专业委员会主办，由中国科学技术大学火灾科学国家重点实验室、中航工业天津航空机电有限公司承办，在此对上述单位表示感谢。本书审稿过程中还得到了汪箭、张永明、秦俊、余达恒、陈龙、纪杰、赵建华、张瑞芳、李开源、程旭东、陆松、周勇、杨晖、龚伦伦等老师的支持，在此表示感谢。

目　录

文章编号：SAFPS1501

环境压力对飞机货舱火灾烟气特性作用的数值模拟研究

曹承阳，陆松，刘长城，管雨，张和平

（中国科学技术大学火灾科学国家重点实验室，安徽 合肥 230026）

摘要：飞机货舱火灾是飞机火灾预防工作的重心。本文针对飞机货舱油池火灾，基于STAR-CCM+流体动力学软件，通过对数值模拟结果与实验结果进行对比和分析，对飞机货舱火灾中烟气分布、扩散和运动规律进行了研究。分析了不同环境压力下烟气层的流动扩散规律，温度分布状态以及烟气中 CO_2 气体浓度的分布规律。研究表明，环境压力对烟气层分布、烟气层温度以及烟气层中 CO_2 浓度有着很大的影响，低压下顶棚处烟气聚集后温度更高。通过与实验数据进行对比，可见 STAR-CCM+软件在飞机货舱火灾烟气特性数值模拟方面能够提供可靠的结果。

关键词：压力；飞机货舱；烟气特性；数值模拟；STAR-CCM+

中图分类号：X936；X932　　　　**文献标识码：**A

0　引言

火灾预防是飞机安全飞行的重要因素，如果飞机飞行过程中发生火灾而没有得到及时的处理，就可能导致飞机的坠毁，造成严重的人员伤亡与财产损失。飞机飞行过程中，货舱内压力随飞行高度增加而降低，当飞机在平流层中平稳飞行时，加压后的货舱内环境压力为 80 kPa。飞机货舱由于舱内环境条件的特殊性以及火灾探测系统的局限性，往往是飞机火灾发生的根源，一直被认为是飞机防火的重要区域。

针对环境压力与可燃物的燃烧特征以及烟气特性之间的关系，国内外一些学者做了一系列的研究。美国国家航空宇航局（NASA）的 Dirsh，Hshien 等人[1]研究了国际空间站内的低压低氧火灾和阴燃燃烧，其主要目的是分析采用二氧化碳（CO_2）灭火时对于氧气浓度的影响，从而研究火灾对空间站内氧气资源的消耗。杨满江[2]研究了高原环境下压力对气体燃烧的特征及烟气特性，结果表明随着环境压力的降低，火焰高度减小，燃烧反应速率减慢，火焰温度降低。王洁[3]对低压环境下货舱内火灾的热力学特征进行了研究，结果表明顶棚最高温升随压力的降低而增加，并建立了适用于低压情况下的顶棚最高温升预测公式。Papa，Ramon等人[4]在2015年将计算流体力学(CFD)软件引入货舱火灾数值模拟领域，结果表明基于雷诺平均-纳维亚斯托克斯方程和标准 k-ε 湍流方程的CFD软件在预测货舱顶棚处烟气分布与温度分布方面有着较高的可靠度。

近年来，CD-adapco公司开发的新一代CFD求解软件STAR-CCM+在精密流体力学数值模拟应用研究中逐渐得到应用[5-7]，其特有的多面体网格划分功能较好地改善了数值模拟计算结果的精度。笔者以该软件为基础，壁面函数选用High Y+ Wall Treatment模型，采用有限速率涡耗散(EBU)紊流模型计算燃烧速率，采用拉格朗日模型计模拟计算域内的流体运动，通过调整不同环境压力研究环境压力对烟气特性的影响。

1　火灾模型

本文火灾模型中舱体尺寸依照波音737-700前货舱尺寸设计，内部尺寸长为4 670 mm，高为1 120 mm，底部宽为1 220 mm，顶部宽为3 000 mm，火源正上方及顶棚出布置有温度探测点及气体探测点，如图1所示。

舱内火源设置为边长10 mm×10 mm，高度2 mm，模拟采用的正庚烷油池火火源功率依照实验采集数据进行数值拟合得到，可通过式(1.1)求得

$$Q' = \varphi \cdot m' \cdot \Delta H = \varphi \cdot m'^{n} \cdot A \cdot \Delta H \tag{1.1}$$

其中，φ 表示正庚烷燃烧效率，一般默认为90%；A 表示燃料表面面积，本文中为0.01 m^2；m' 表示质量损失速率(MLR)，由实验测得；m'^{n} 表示单位面积的质量损失速率；ΔH 表示正庚烷燃烧热，可查得为4 806.6 kJ/mol。图2为常压下不同火源位置时测得的质量损失速率(MLR)。表1为燃烧稳定阶段火源质量损失速率。

表1　燃烧稳定阶段火源质量损失速率

相对压力(kPa)	100	90	80	70
中央火	0.127	0.120	0.111	0.106

此次数值模拟主要针对货舱内正庚烷油池火持续燃烧，生成的烟气在浮力驱动下与顶棚碰撞，形成顶棚射流后沿顶棚扩散运动的过程，在合适位置布置温度、气体浓度探测点采集数据。火源采用有限速率涡耗散(EBU)紊流模型，将高温烟气的流动过程视为一个非定常的三维流体流动及传热传质过程。假设舱内气体为理想气体，通过雷诺平

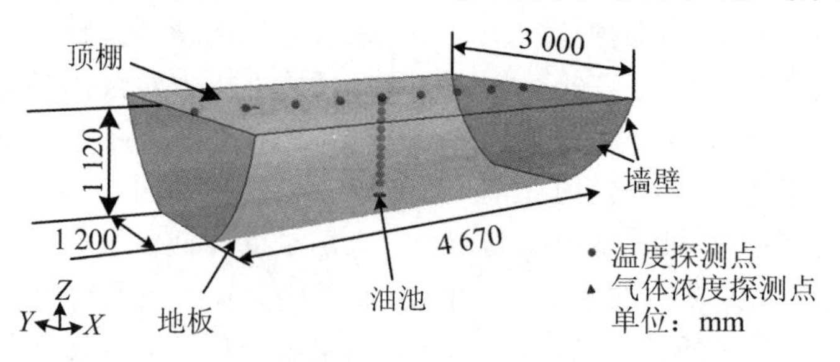

图1　波音737-700前货舱模型

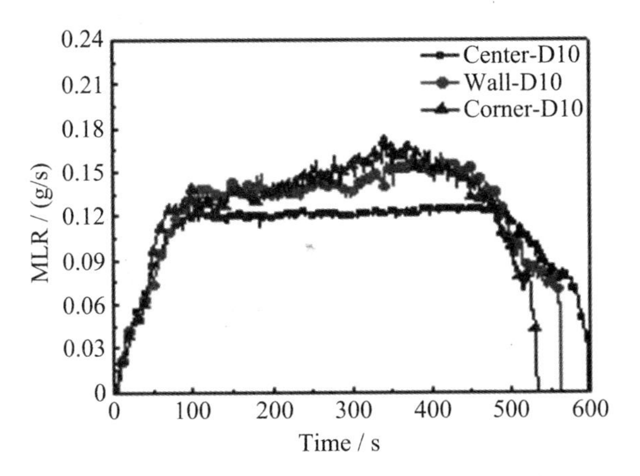

图 2　不同火源位置下质量损失速率随时间变化

均-纳维亚斯托克斯方程与能量方程联立来捕捉火源燃烧产物的运动。运动过程中还应遵循动量平衡及物质守恒原则，即：连续性方程、动量方程和组分方程。

连续性方程：

$$\frac{\partial \rho}{\partial t}+\frac{\partial \rho V_j}{\partial x_j}=0 \tag{1.2}$$

动量方程：

$$\rho\frac{\partial \bar{u_i}}{\partial t}+\rho\bar{u_j}\frac{\partial \bar{u_i}}{\partial x_i}=-\frac{\partial \bar{p}}{\partial x}+\frac{\partial}{\partial x_j}\left[(\mu_L+\mu_t)\left(\frac{\partial \bar{u_i}}{\partial x_j}+\frac{\partial \bar{u_j}}{\partial x_i}\right)\right] \tag{1.3}$$

组分质量守恒方程：

$$\frac{\partial(\rho Y_s)}{\partial t}+\frac{\partial(\rho V_j Y_s)}{\partial x_j}=\frac{\partial}{\partial x_j}\left[\Gamma_s\frac{\partial(\rho Y_s)}{\partial x_j}\right]-w_s$$

采用 STAR-CCM+软件特有的多面体网格划分功能对模型进行网格划分，并于火源处进行局部加密，效果如图 3 所示。

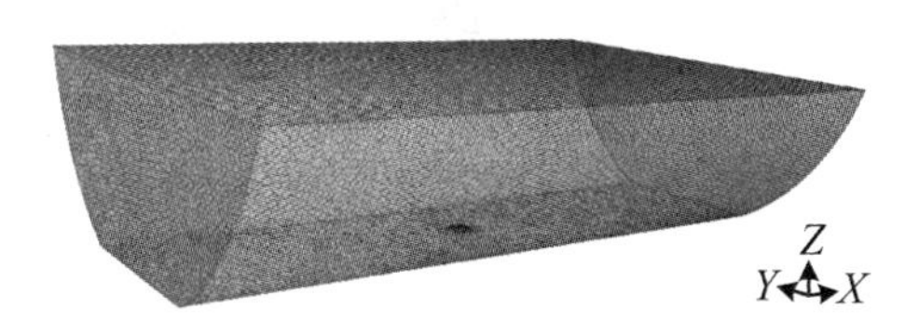

图 3　网格划分结果

2　结果与讨论

2.1　压力对烟气温度的影响

压力对烟气温度的影响主要是由于压力对烟气羽流产生影响进而导致了烟气温度的变化，本文采用模型中火源置于舱体中心处，其烟气羽流的发展符合轴对称羽流的特性，故本文分析皆基于轴对称羽流假设。前人[8,9]研究结果表明，影响不同压力下烟气温度的主要因素是空气密度和氧气分压，空气密度的变化将导致羽流卷吸空气的质量流量，氧气分压的变化将导致燃烧反应总体燃烧速率的变化。Heskestad 模型[10]将卷吸进烟气羽流中的空气量视为烟气生成量，可用于估算烟羽流在烟层以下的空气卷吸量。

弱浮力羽流的质量流量(kg/s)为

$$m_e = 0.24\left(\frac{g\rho_\infty}{c_p T_\infty}\right)Q_c^{\frac{1}{3}}(z-z_0)^{5/3} \tag{2.1}$$

式中,ρ_∞ 是环境空气的密度(kg/m^3);T_∞ 是环境空气的温度(K);c_p 是空气比热(kJ/kg/K);g 是重力加速度(m/s^2);Q_c 是热释放速率中对流热(kW);z 是距离货源高度(m);z_0 是羽流虚点源的位置。

对 Heskestad 模型进一步推导得出羽流中心线上温度

$$T_e = 9.1\left(\frac{T_\infty}{gc_p\rho_\infty^2}\right)Q_c^{2/3}(z-z_0)^{-5/3} \tag{2.2}$$

式中,T_e 是羽流中心线上温度相对于环境温度(T_∞)的升高(K)。

所以,随着压力的降低,环境中的空气密度相应减小,根据式(2.1),羽流中卷吸的空气质量流量也减少;根据式(2.2),羽流中心线上温度升高,即烟气温度与压力呈反比。

图 4 是环境压力为 100 kPa 和 80 kPa 时货舱内不同位置探测点的烟气温度图。由图 4 可看出,各探测点经历了燃烧刚开始时的快速增长过程后,在燃烧的初始阶段,随着燃料质量损失速率的增加,温度呈线性增长。当燃烧时间达到 100 s 时,由于火源燃料质量损失速率趋于稳定,燃料达到稳定燃烧,各探测点温度的上升趋势也趋于平缓,达到一个较为稳定的值,此时烟气层厚度维持一个稳定值,烟气温度在一定范围内波动。且当环境压力降低时,温度都有不同幅度的上升,当环境压力为 90 kPa 和 70 kPa 时模拟实验结果也符合上述规律,这也与理论预测得的顶棚温升规律一致。

同时,我们也可从图 4 中发现,当环境压力降低,火源稳定燃烧时,探测点烟气温度测量值波动较大,这是因为当环境压力下降时,由于烟气温度的增加,烟气蔓延速率有所增大,与空气之间的热交换以及相互之间的紊流流动增强,进而导致了温度的较大幅度波动。

2.2 压力对烟气温度分布的影响

在烟气的研究中,常以烟气温度作

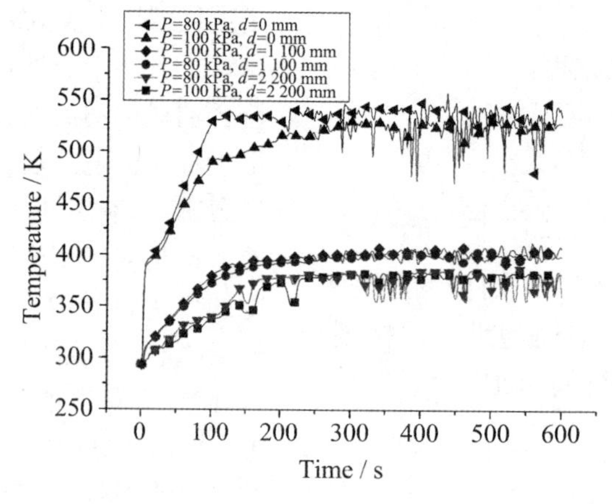

图 4　100 kPa 和 80 kPa 时不同位置探测点的温度曲线

为烟气分布的表征。图 5 是环境压力为 100 kPa 和 80 kPa 时舱内横截面处烟气温度分布图。从图中可以看出，燃烧时间分别为 180 s 及 300 s 时，环境压力为 100 kPa 时烟气层较厚，但烟气温度较低。随着压力的下降，烟气沉降速度更为缓慢，烟气层厚度降低。产生这些现象的原因是环境压力降低时，空气密度变小，火焰卷吸的空气量减少，驱动火羽流向上流动的浮力更强，从而使烟气沉降变缓，但烟气沿顶棚流动速率增加。这与王洁[3]等人实验测得的结论一致。

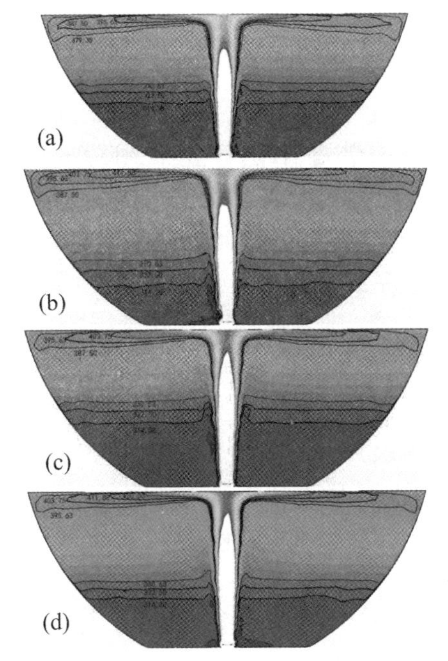

图 5　不同条件下货舱横截面处烟气温度分布图

(a) $t=180$ s，$P=100$ kPa；

(b) $t=300$ s，$P=100$ kPa；

(c) $t=180$ s，$P=80$ kPa；

(d) $t=300$ s，$P=80$ kPa

2.3　压力对生成物 CO_2 浓度的影响

许多研究者在压力对气体浓度的影响方面做了许多的研究[4,11,12]。Heskestad 无量纲分析结果为这些研究提供了理论基础，其中气体产物质量浓度定量表达关系式如下：

$$C_{(m)} \propto \left(\frac{g}{c_p T_0 \rho_0}\right)^{-1/3} \dot{m}\dot{Q}_c^{-1/3} Z^{-5/3} Y_g \tag{2.3}$$

式中，$C_{(m)}$ 是火羽流中心线高度 Z 处的燃烧气体产物质量浓度，Y_g 是燃烧气体生成率；$Q_c=(1-\chi_r)\dot{m}\Delta H_c$，$\Delta H_c$ 是燃烧热，由燃料和燃烧产物的化学组成决定，与压力无关，因此 $\dot{Q}_c \propto \dot{m}$，方程(2.3)可表达为

$$C_{(m)} \propto \left(\frac{g}{c_p T_0 \rho_0}\right)^{-1/3} \dot{m}^{2/3} Z^{-5/3} Y_g \tag{2.4}$$

对于理论气体来说，C_p 与压力无关。将理想气体方程 $PM=\rho RT$ 带入上式，得到

$$C_{(m)} \propto \left(\frac{Rg}{PM}\right)^{-1/3} \dot{m}^{2/3} Z^{-5/3} Y_g \tag{2.5}$$

同时，实验中对不同环境压力下火源功率的研究可知：$\dot{m} \propto P^x$，将其代入式(2.5)，则在火羽流中心线高度 Z 处

$$C_{(m)} P^{\frac{1}{3}+\frac{2}{3}\chi} \tag{2.6}$$

上述理论分析表明气体质量浓度与压力有关，随着压力的降低而降低。

图 6 是不同环境压力下 CO_2 浓度随时间变化曲线。在整个燃烧过程中 CO_2 浓度的变化趋势呈线性，随着环境压力的降低，CO_2 浓度的增长速率减

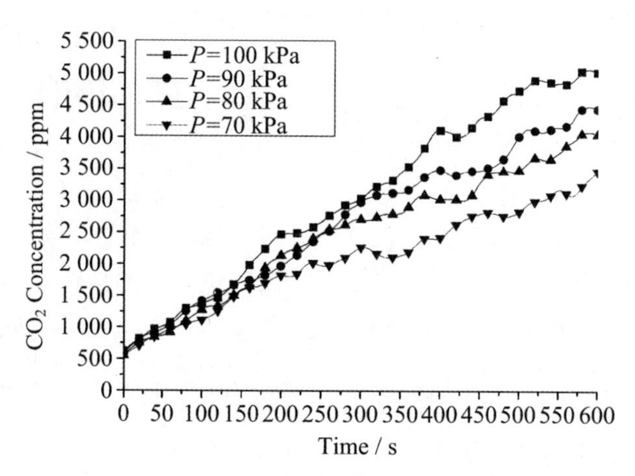

图 6　不同环境压力下 CO_2 浓度变化

慢，这与低压环境下火源热释放速率的降低有关。表 2 是 120 s 时不同压力下数值模拟测得的 CO_2 增长速率与实验测得的 CO_2 增长速率的对比，当环境压力从大气压下降到 70 kPa 时，模拟结果显示 CO_2 增长速率下降了 4.73 ppm/s，而实验结果显示其下降了 2.41 ppm/s。导致这种误差的可能原因主要有：气体浓度探测器质量的不同、气体浓度探测器所处位置的不同以及气体浓度探测器普遍存在的数据采集滞后性。

表 2　不同压力下 120 s 时 CO_2 增长速率

（单位：ppm/s）

	100 kPa	90 kPa	80 kPa	70 kPa
数值模拟	10.47	8.54	7.56	5.74
实验	8.66	7.68	7.14	6.25

3　结论

（1）随着环境压力下降，火源质量燃烧速率减小，热释放速率降低，同一高度处烟气温度下降，当燃烧持续 100 s 后，火源质量燃烧速率趋于稳定，烟气温度呈线性增长。

（2）随着环境压力下降，空气密度减小，烟气卷吸空气质量降低，驱动火羽流向上流动的浮力增强，烟气沉降速度减缓。

（3）随着环境压力的降低，烟气中 CO_2 浓度降低，且两者间变化规律呈线性。

（4）本文多数结果呈现了与实验数据间的一致性，这表明 CFD 软件在货舱火灾烟气特征数值模拟领域是合适的。

参 考 文 献

[1] HIRSCH D, HSHIEH F Y, BEESON H, et al. Carbon dioxide fire suppressant concentration needs for international space station environments[J]. Journal of Fire Sciences, 2002, 20(5): 391-399.

[2] 杨满江. 高原环境下压力影响气体燃烧特征和烟气特性的实验与模拟研究 [D]. 中国科学技术大学，2011.

[3] WANG J, LU S, HU Y, et al. Early stage of elevated fires in an aircraft cargo compartment: A full scale experimental investigation[J]. Fire Technology, 2015: 1-19.

[4] PAPA R, ANDRADE CR, ZZPAROLI E L, et al. CFD analysis of smoke transport inside an aircraft cargo compartment[J]. Journal of the Brazilian Society of Mechanical Sciences and Engineering, 2015: 1-8.

[5] CHOI B, WOO S M. Numerical analysis of the optimum heating pipe to melt frozen urea-water-solution of a diesel urea-SCR system[J]. Applied Thermal Engineering, 2015, 89: 860-870.

[6] KONG M, ZHANG J, WANG J. Air and air contaminant flows in office cubicles with and without personal ventilation: A CFD modeling and simulation study[J]. Building Simulation, 2015,8(4): 1-12.

[7] 孟庆林，尹明德，朱朝霞. 基于 STAR-CCM+ 的发动机冷却风扇 CFD 仿真分析[J]. 机械工程与自动化，2015(3)：64-66.

[8] BENTO D S, THOMSON K A, GÜLDER Ö L. Soot formation and temperature field structure in laminar propane-air diffusion flames at elevated pressures[J]. Combustion and Flame, 2006,145(4): 765-778.

[9] THOMSON K A, GÜLDER Ö L, WECKMAN E J, et al. Soot concentration and temperature measurements in co-annular, nonpremixed CH_4 air laminar flames at pressures up to 4 MPa[J]. Combustion and Flame, 2005,140(3): 222-232.

[10] DINENNO P J. SFPE handbook of fire protection engineering[M]. SFPE, 2008.

[11] KANG K. A smoke model and its application for smoke management in an underground mass transit station[J]. Fire safety journal, 2007,42(3): 218-231.

[12] BLAKE D, Suo-Anttila J. Aircraft cargo compartment fire detection and smoke transport modeling[J]. Fire safety journal, 2008,43(8): 576-582.

文章编号:SAFPS1502　　　　先进飞机火灾探测技术

低气压下火焰视频图像特征研究

贾阳,林高华,王进军,方俊,张启兴,张永明

(中国科学技术大学火灾科学国家重点实验室,安徽 合肥 230026)

摘要:为了进行非密封飞机机舱内视频火灾探测技术的研究,借助中国科学技术大学QR0-12步入式环境低气压试验舱开展低气压下(100 kPa,90 kPa,70 kPa,50 kPa和30 kPa)火焰视频图像特征研究。在实验舱中用正庚烷作为可燃物进行点火实验,拍摄火焰视频,研究低气压环境下火焰的颜色、空间变化、运动、相对稳定性、边缘粗糙度、相邻帧火焰区域面积变化率、面积重叠率、相关性特征。实验结果表明,火焰的颜色、空间变化特征不会随气压变化而变化;而火焰动态特征等都会因气压的不同而发生变化。因此,火焰的颜色和空间变化特征在低气压环境中仍可以用于火焰区域分割和识别,而其他动态特征会随着气压发生变化,不能用常压下的方法来训练分类模型,但仍可以用以区别火焰和静止的疑似区域。

关键词:低压环境;正庚烷火焰;图像特征;视频火灾探测

中图分类号:TP391　　　　**文献标识码:**A

0　引言

随着民航事业高速发展,飞机作为一种快速、安全、可靠、经济、舒适的运输工具,成为连接世界各地的重要交通工具。然而,航空事业的发展,使得航空运输量的涨幅明显,带动经济迅速发展是我们所乐见的,但增长的航空运输量与当前我们能够控制的事故率意味着增长的事故量,而事故量的不断增长却是我们无法接受的。火灾是引发飞机事故最危险的威胁之一。飞机上可燃、易燃物品聚集,而且具有特有的内部环境和飞行环境,发生火灾地点不定,一旦起火火势往往发展迅猛,疏散和扑救都比较困难,易造成严重伤亡和重大经济损失。因此发展在飞机舱室这种特殊环境下特殊火灾的专用火灾探测技术成为关键。目前飞机上使用较多的火灾探测设备是传统的感烟、感温火灾探测器,但是这些传统的探测器本身存在一些客观或原理上的缺陷:探测器必须安装在起火点附近,否则无法有效地探测到热灾害的发生;气体传感器长期处于粉尘等恶劣环境,传感器容易失效;由于烟雾传播和温度上升均需要时间,基于烟雾接触和热温接触的探测器具有不可避免的时间延迟。而飞机舱内存在着较为完善的摄像监控设备,也建立了较为系统的监控中心,因此,在飞机中引入视频火灾探测技术,不仅是对现有设备价值的开发及利用价值的提高,更是对飞机火灾探测技术的革新。

飞机在高空中气压比地面低,因此需要在低压环境中进行相关研究。前人也做了一些低压下燃烧特性的相关研究[1-6],但主要是从燃烧理论和火灾动力学的角度对燃料的燃烧特性进行研究,揭示低气压环境对燃料的燃烧速率、烟气组分、火焰温度、燃烧速率等的影响规律。涂然[7]结合流体力学和热力学理论,揭示气压对火焰图像如高度、色彩、脉动频率等的影响规律,但只有合肥、拉萨两地的数据。曾怡[5]对火焰颜色、高度、宽度、亮度以及结构等火焰形貌特征进行了研究,得出了这些特征和气压的相关关系,但这些特征并不是视频火灾探测中的主要特征。因此,本文从图像处理的角度对火焰的颜色、空间差异、动态特征、无序特征进行分析研究,旨在为低气压下的视频火灾探测技术的研究提供理论依据。目前,常用的地面火灾视频探测方法按照火焰分割、特征提取、特征识别的步骤进行。分割常用颜色分割和运动分割[8-10]等方法,常用的特征有火焰振荡、空间差异、混乱特征等[11]。极低气压环境中的火焰运动变得非常缓慢,因此,常用的运动分割、火焰动态特征等在低压条件下可能失去效用。本文首先在QR0-12步入式环境低气压试验舱开展了模拟实验,模拟不同海拔高度时非密封飞机机舱内部环境。拍摄低压环境下的火焰视频,然后对视频进行火焰颜色、空间变化、运动、相对稳定性、边缘粗糙度、相邻帧火焰区域面积变化率、面积重叠率、相关性特征等特征进行了统计分析,对特征数据进行分析,为飞机机舱低气压下火灾探测提供依据。

1 不同气压下火焰特征分析

实验在非密闭受限空间内进行,低压舱为体积为3 m×2 m×2 m的可密闭舱室,低压舱结构示意图和实验设备布局如图1所示。低压舱系统由进气系统、抽气系统、管路系统和控制系统组成。舱体为密封低压舱,由进气系统进气,抽气系统抽气,造成舱内压力减小,达到低压效果。抽气设备主要是真

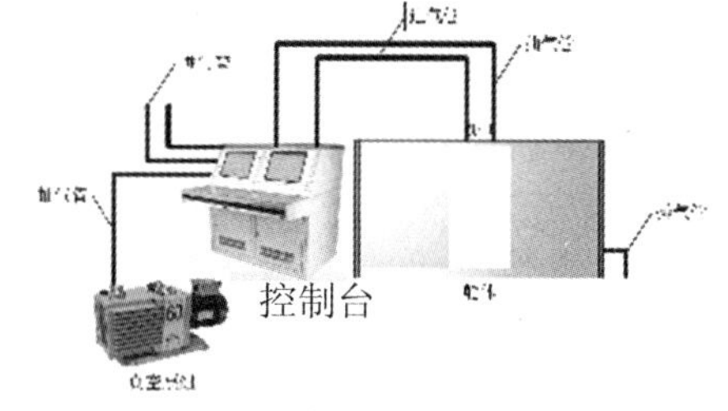

(a) 试验舱结构示意图

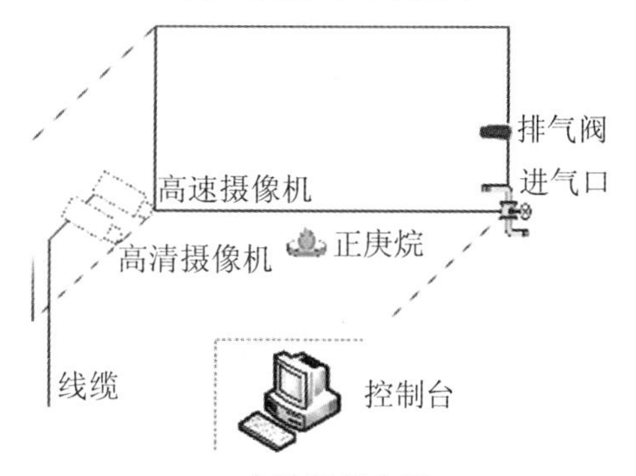

(b) 实验装置布局

图1　QR0-12步入式环境低气压试验舱结构示意图和布局图

空泵，由变频器控制抽气速率。不管是进气系统，还是抽气系统都由控制台来控制，通过控制进气速率与真空泵的频率来改变抽气速率，使舱内的压力达到预设值。

实验中，气压需要和飞机所处环境基本保持一致。低压试验舱的气压选择 100 kPa、90 kPa、70 kPa、50 kPa、30 kPa五个点进行模拟实验，分别对应海拔 0 m、3 000 m、4 000 m、6 000 m、9 000 m 左右的大气气压。在调节好气压后，用高清摄像机拍摄正庚烷燃烧火焰，作为视频分析的原始数据。

1.1 火焰颜色特征

颜色是火焰重要特征之一[12-14]。通过人眼观察，火焰颜色在不同气压下变化不大。本文用基于 YUV 颜色空间的颜色模型[15]进行不同气压下的火焰分割，得到的分割结果如图 2 所示。

从视频数据和相关研究来看，正庚

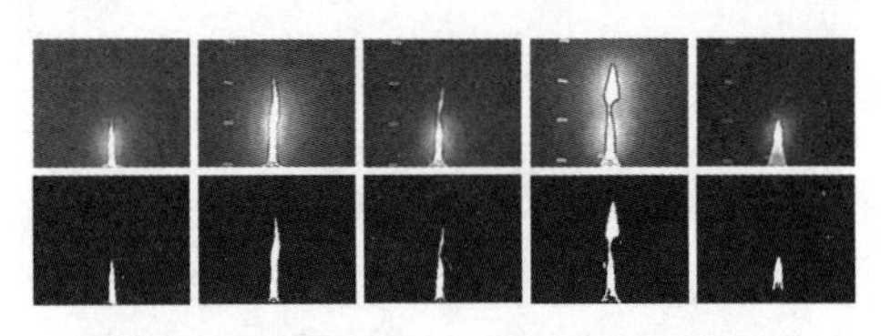

图 2 不同气压下火焰的颜色分割结果

第一行为原图，第二行为分割结果

从左到右依次是 100 kPa、90 kPa、70 kPa、50 kPa、30 kPa 下的正庚烷火焰，

火盆为直径 4 cm 的铝制圆柱形火盆

烷燃料的火焰亮度较高，上述分割结果效果较好。根据式(1)对分割出的火焰区域亮度和颜色分量进行统计分析，

$$X_{\text{mean}} = \frac{1}{K}\sum_{i=1}^{K} f(x_i, y_i) \qquad (1)$$

式中，f 为火焰区域，K 为火焰区域像素总数，X 表示亮度和红、绿、蓝分量。表 1 中的数值均为按照图 4 获得的火焰区域各颜色分量的像素统计平均结果。测试视频每个气压值有三段视频，视频帧速率为 25 帧/秒，视频时长 1 分钟。总共有 22 500 帧视频。

表 1 不同气压下的火焰颜色统计数据

	100 kPa	90 kPa	70 kPa	50 kPa	30 kPa
亮度均值	226	226	225	224	223
红色分量均值	245	245	245	243	242
绿色分量均值	244	245	244	243	242
蓝色分量均值	238	246	245	244	245
绿色分量标准差	14	12	10	11	11

表 1 中各颜色分量在不同气压下均无太大变化，表明火焰颜色模型在多种气压条件下都适用，颜色特征可以用来进行低压环境中的火灾探测。

1.2 火焰空间差异特征

Qi，Ebert 在文献[1]中提出绿色分量较之红色和蓝色分量更能表达火焰区域的颜色和背景区域的差异。因此，绿色分量的标准差被作为火焰的一个特征。

绿色分量标准差值表明火焰的空间变化基本不会随着气压的变化而变化，高气压下的空间变化略高于低气压，因此该特征也适于多气压下的火焰探测。

1.3 火焰动态特征

文献[2-4]揭示了气压越高，火焰振荡的幅度就越大的规律。在气压极低时，火焰振荡幅度非常小。实验中，在0.3个大气压时肉眼几乎难以发现火焰振荡。式(2)～(4)是文献[5]中三个表示火焰动态特征的参量：相邻帧火焰区域的变化率 v，相邻帧火焰区域的相关性 ρ，相邻帧火焰区域的重叠度 θ。

$$v = | A_{i+1} - A_i | / A_{i+1} \tag{2}$$

$$\rho = \frac{\sum\sum[S_i(x,y) - \overline{S}_i][S_{i+1}(x,y) - \overline{S}_{i+1}]}{\sqrt{\sum\sum[S_i(x,y) - \overline{S}_i]^2}\sqrt{\sum\sum[S_{i+1}(x,y) - \overline{S}_{i+1}]^2}} \tag{3}$$

$$\theta = (A_i \cap A_{i+1}) / (A_i \cup A_{i+1}) \tag{4}$$

A 表示亮度图像中的疑似火焰区域面积；i 是帧编号；$S(x,y)$ 表示火焰区域 (x,y) 处的像素亮度值。

根据颜色模型对火焰部分进行颜色分割，计算出火焰特征参数，如图3所示。从图3可以看出，火焰动态特征分布范围都随着气压发生变化。在30 kPa和100 kPa条件下的火焰，变化率接近零值，而相关性和重叠率接近1，但数值在不断变化，表明火焰振荡微弱，但仍然在不断振荡：30 kPa和100 kPa时，火焰振幅均值分别为0.005 4和0.006，频率均约为5.3 Hz；在70 kPa和90 kPa条件下的火焰出现一定程度的振荡，频率约为6.0 Hz；50 kPa时火焰振荡最强，振幅均值为0.19，频率约为6.0 Hz。

上述数据表明，即使低气压下火焰振荡微弱，但仍保持不断的振荡，而且频率变化不大，而振幅出现较大变化。故振荡频率特征对于区分固定安装的灯和火焰仍然有效。

由于在极低的气压下，火焰运动微弱，若使用背景差分，火焰区域容易因为运动不明显而融入背景。帧间差分也会因运动过于微弱而检测不到目标。因此在该环境中运动前景目标检测也不适用。

1.4 火焰无序特征

火焰由于气流的作用会表现出无序性，用火焰的形心坐标[5]、边缘粗糙度[6]来表示这种不规则性，特征如式(5)～(7)所示。

$$R = 4\pi / d^2 \tag{5}$$

$$\begin{cases} o_x = \sum_{(i,j)=1} i / \sum_{(i,j)=1} 1 \\ o_y = \sum_{(i,j)=1} j / \sum_{(i,j)=1} 1 \end{cases} \quad (i,j) \in X \tag{6}$$

$$\begin{cases} d_x = | o_x - o_{x-1} | \\ d_y = | o_y - o_{y-1} | \end{cases} \tag{7}$$

R 表示火焰区域粗糙度；d 表示火焰区域的等效直径；(o_{x-1}, o_{y-1})，(o_x, o_y) 表示相邻两帧同一疑似区域的形心坐标；(d_x, d_y) 表示相邻两帧疑似区域的形心位移。图4为不同气压条件下的火焰边缘粗糙度和形心坐标值。

图4(a)表明在100 kPa和30 kPa条件下，火焰振荡极小，燃烧稳定，整体波动非常小，形心会在连续数帧均保持同一位置，如在30 kPa条件下10到20

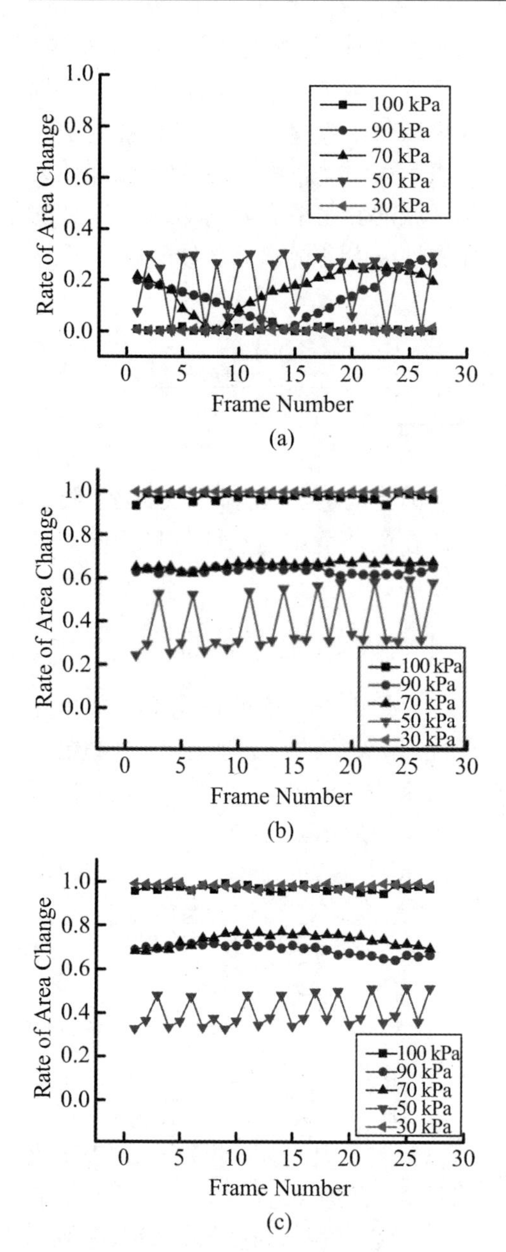

图 3 不同气压下火焰面积变化率，火焰面积相关性和火焰面积重叠率

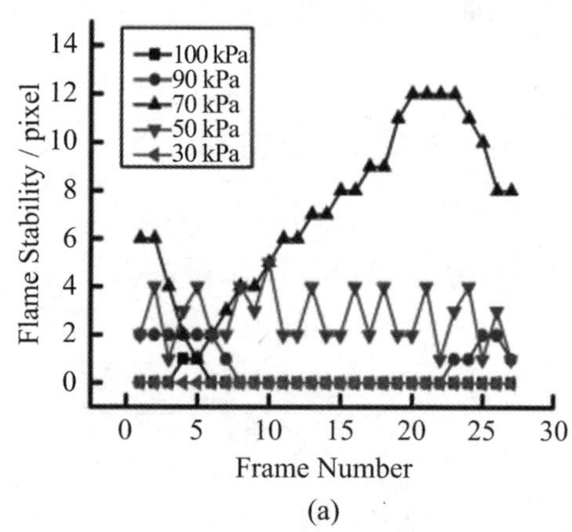

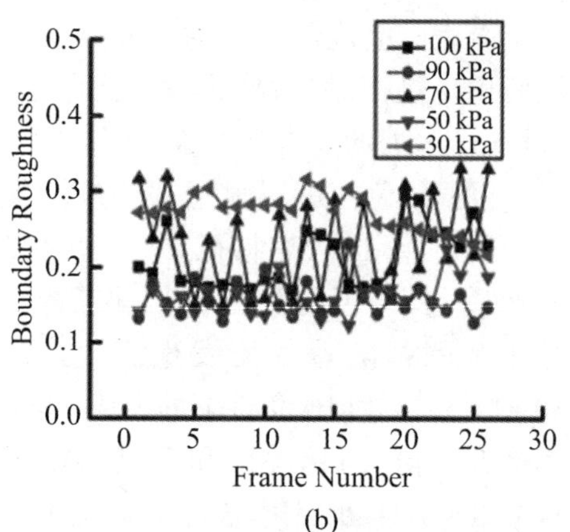

图 4 不同气压下的火焰形心波动，火焰边缘粗糙度

帧的形心位移均为 0；在 50 kPa、70 kPa、90 kPa 条件下火焰波动较强。本文的目的是对火焰的特征数据进行分析，探索特征是否可以将火焰和其他干扰物区分开。在 100 kPa 和 30 kPa 下，火焰和灯的形心位移数据均极小，接近零。火焰和静止的灯的该特征参数混叠在一起，没有区分度，说明特征失效，不适于低气压下火灾探测。

图 4(b)中的边缘粗糙度在多种气压条件下均集中在 0.1～0.35 范围之内，且呈现出一定的波动性。而对于静止的灯来说，若是圆形或环形的灯，粗糙度极小，接近 1(即接近圆)，未表现出波动性。因此这个特征可以用于低气压下火焰探测。

2 结论

本文从图像处理的角度研究了不同气压条件下具有代表性的正庚烷火焰的颜色、空间差异、动态特征和无序特征。主要发现：

(1) 火焰颜色在不同气压下均无明显变化，常用的火焰颜色模型，基于RGB、YUV、HIS等颜色空间的算法均可以在低压条件下使用。

(2) 火焰的空间差异特征在不同气压下也无太大变化，该特征可以用于低压环境中的火焰探测。

(3) 气压对火焰的动态特征影响较大，不同气压下动态特征数据分布范围会发生较大变化。对于火灾探测，这些特征就很难表达火焰的特征。但是，即使在较低气压下火焰运动不明显，但动态特征数据仍保持较小的不断波动，因此这种持续性的振荡特征能够区分火焰和灯，也是有效的火焰特征。

(4) 气压对火焰的边缘粗糙度影响不明显，该特征数据分布较集中[0.1,0.35]，可以明确区分低气压下室内火焰和圆形度接近1的灯；而表征火焰稳定性的形心位移数据和灯的稳定性数据之间没有区分度，该特征在低气压条件下火灾探测中无效。

上述结论为低气压下视频火灾探测提供的理论依据。后期会进一步探索低压舱室内火灾烟雾图像特征，增加研究样本，并依据这些特征训练相应的火灾识别模型，设计识别算法完成火灾探测。

3 结束语

本文首先建立基于YCrCb颜色空间的火焰像素颜色模型，根据火焰运动像素累积结果进行火焰初步分割，使用改进的分层聚类方法将分割结果进行聚类，然后对聚类的结果进行特征提取，最后将特征提取结果输入到训练好的SVM中进行分类。使用一组图像进行分割，提高算法鲁棒性；改进聚类算法，改善视频延迟；先聚类，后提取特征进行分类，减小了样本空间，提高SVM的分类速度。实验表明该方法能够实时有效地识别火灾。

参考文献

[1] JUN F, YU C Y, RAN T, et al. The influence of low atmospheric pressure on carbon monoxide of n-heptane pool fires[J]. Journal of hazardous materials, 2008, 154(1): 476-483.

[2] LI Z h, HE Y, ZHANG H, et al. Combustion characteristics of n-heptane and wood crib fires at different altitudes[J]. Proceedings of the Combustion Institute, 2009,32(2): 2481-2488.

[3] WIESER D, JAUCH P, WILLI U. The influence of high altitude on fire detector test fires [J]. Fire Safety Journal, 1997,29(2): 195-204.

[4] 蔡昕，王喜世，李权威，等. 低气压环境下正庚烷及汽油池火的燃烧特性[J]. 燃烧科学与技

术，2010,16(4)：341-346.

[5] 曾怡.低压下射流扩散火焰的燃烧特性与图像特征[D].中国科学技术大学,2013.

[6] 花荣胜,李元洲,匡萃芃,等.多种气压条件下甲醇池火燃烧特性的实验研究[J]. 火灾科学,2011，20(2)：81-86.

[7] 涂然.高原低压低氧对池火燃烧与火焰图像特征的影响机制[J]. 2012.

[8] KO B，CHEONG K H，NAM J Y. Early fire detection algorithm based on irregular patterns of flames and hierarchical Bayesian Networks[J]. Fire Safety Journal，2010，45(4)：262-270.

[9] TENG Z，KIM J H，KANG D J. Fire detection based on hidden Markov models[J]. International Journal of Control，Automation and Systems，2010，8(4)：822-830.

[10] YUAN F. An integrated fire detection and suppression system based on widely available video surveillance[J]. Machine Vision and Applications，2010，21(6)：941-948.

[11] ÇETIN A E，DIMITROPOULOS K，GOUVERNEUR B，et al. Video fire detection-Review[J]. Digital Signal Processing，2013，23(6)：1827-1843.

[12] CELIK T，DEMIREL H. Fire detection in video sequences using a generic color model[J] Fire Safety Journal，2009，44(2)：147-158.

[13] CHEN T H，KAO C L，CHANG S M. An intelligent real-time fire-detection method based on video processing[J]：104-111.

[14] ZHANG D，HAN S，ZHAO J，et al. Image based forest fire detection using dynamic characteristics with artificial neural networks[J]：290-293.

[15] 贾阳,王慧琴,胡燕,等. 基于改进层次聚类和 SVM 的图像型火焰识别[J]. 计算机工程与应用，2014，194(5)：165-168.

[16] QI J E X. A computer vision based method for fire detection in color videos[J]. Int. J. Imag，2009，2：22-34.

[17] BORGES P V K，IZQUIERDO E. A probabilistic approach for vision-based fire detection in videos[J]. Circuits and Systems for Video Technology，2010，20(5)：721-731.

文章编号:SAFPS1503　　

多因素下飞机客舱人员安全疏散效率分析

李国辉[1],李晓慧[2],王颖[1],郭歌[1],李继宝[1]

(1. 公安部天津消防研究所,天津 300381；2. 安徽农业大学人文社会科学学院,安徽 合肥 230036)

摘要:在系统分析飞机客舱布局结构和人员特点的基础上,选取出口个数、出口位置、出口宽度和过道宽度四个影响疏散效率的关键因素,基于 Steering 行为模型构建客舱人员疏散模型,进行仿真研究。分析不同影响因素对疏散效率的影响,同时考虑客舱前后不同部位的疏散情况。结果表明,前后出口疏散效率优于中间出口,且出口个数大于 3 个时,增加出口个数对疏散效率影响不显著;出口宽度从 50～65 cm,疏散效率提升明显,大于 65 cm 之后,对疏散影响不显著;增加过道宽度可显著提升疏散效率;客舱前后区域疏散时间差异明显,前部疏散时间明显快于后部;可以从合理增加过道宽度,消除疏散出口瓶颈,优化客舱后部座位和出口布局,保证客舱出口安全可靠四个方面提高疏散效率。

关键词:安全疏散;飞机客舱;仿真模拟;影响因素

中图分类号:X936;X932　　　　**文献标识码:**A

0　引言

民航客机已成为重要的交通工具。近年来,飞机事故频发,引起了社会和公众的关注。不同于汽车、火车等交通工具,客机所处环境复杂,一旦发生故障,会造成重大伤亡。客机从事故预警到事故发生的间隔非常短暂,如何在有限时间里将乘客快速疏散到安全区域是飞机设计的主要难点之一。飞机客舱具有内部空间狭窄、人员密集、行动受阻等特点。国际民航组织和中国民用航空局规定,在飞机遇到紧急情况需要紧急撤离时,应保证人员在 90 s 内安全疏散撤离[1]。但人员疏散受客舱内的安全设施、结构布局、乘客和机组人员行为、安全出口、过道宽度等因素影响。因此,对飞机客舱在紧急情况下的疏散效率开展研究具有重大实际意义。通过研究客舱人员疏散特点和影响因素,评估客舱人员安全疏散能力,提出合理可行的解决方案,可有效提高客舱安全性能,最大限度保证乘客安全。

建筑领域的人员疏散研究已非常深入[2,3],大型疏散软件已实现商用,但对飞机客舱人员疏散的研究较少。近年来,飞机事故频发引起了人们对客舱人员疏散研究的热情。美国联邦航空管理局和欧盟分别于 1994 年和 2002 年提出客舱人员疏散模型[4,5]。国内对于客舱人员疏散的研究开展较晚，但取得了一定成果。如杨永刚建立了民航客机疏散元胞自动机模型，将网格精细化，实现更精确地模拟人员疏散[6]。张青松等基于性能化思想，提出了民航客机火灾疏散安全指数用于评价客舱人员疏散能力[7]，认为客舱内部表面积、舱门尺寸和座位数是影响疏散效能的因素。俞峰等基于集对分析，通过构建人员疏散能力评估体系，建立了人员疏散评估模型[8]。尽管对客机疏散的建模和影响因素研究已得到一些结论，但综合考虑多参数对疏散的影响，并通过模拟仿真的研究远远不够，有必要进一步研究客舱疏散效率及其影响因素。选取关键参数，根据客舱结构布局和人员布局特点进行建模，通过仿真模拟计算，定量分析出口宽度、出口数量、出口位置和过道宽度对疏散效率的影响，提出合理可行的疏散解决方案，降低人员安全疏散风险。

1　构建模型与疏散场景

1.1　疏散模型

研究对象选取了国内民航客机保有量最多的 B737-800 机型，客舱内部结构示意图如图 1 所示。客舱设置 171 个座位，模型中考虑客舱满员情景。有四对安全出口：前部一对，中部两对，后部一对。

Pathfinder 是一款人员疏散模拟软件，包含 Steering 和 SFPE 两种人员行为模式。其中，Steering 模式是基于一种 Inverse Steering 的行为理念，人员运动过程可自动选择最短路径，并随着位置、距离、周围环境的变化而自动更新路径。同时，该模式考虑人员碰撞规避规则，没有拥堵时，人员保持设定速度行走，一旦出现拥堵，速度降低或停止等候[3]。该行为模式能够真实地反映紧急情况下人员疏散过程中的拥挤过程和人员行为特点，因此，可用于飞机客舱人员疏散模拟研究。

利用 Pathfinder 构建客舱人员疏散模型，如图 2 所示。其中考虑人员行走速度服从正态分布，疏散速度满足 $N(1.1, 0.3^2)$[9]。其中，人员属性对疏散时间也有较大影响，CCAR-25-R4 规定，人员疏散应急演练中应符合如下人员构成：至少 40％是女性；至少 35％是 50 岁以上的人；至少 15％是女性，且 50 岁以上[1]。模型依据规定设置不同人员比例。

1.2　疏散场景

飞机客舱人员疏散受多因素影响，

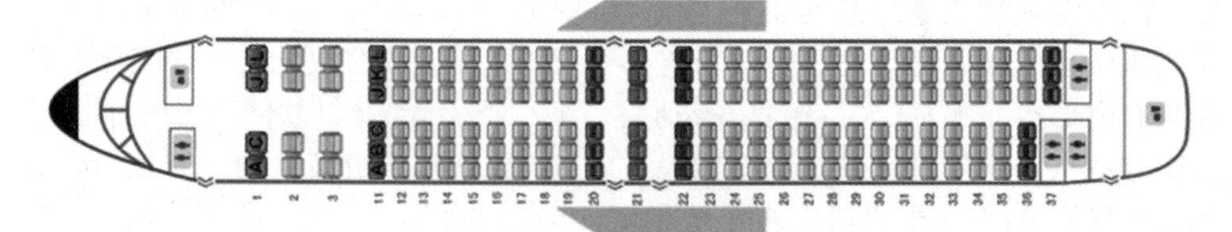

图 1　客舱内部结构布局示意图

图 2　客舱人员疏散模型与乘客分布图

在设置疏散场景前，提出如下假设：飞机遇到事故已经完成迫降；疏散开始时乘客均位于各自座位上；忽略打开安全带时间；疏散开始，舱门即打开；只考虑人员通过安全出口疏散。

在此基础上分别考虑四个参数：出口个数与出口位置、出口宽度、过道宽度，并设定不同疏散场景。情景一考虑过道宽度变化，出口个数(8 个)和出口宽度(60 cm)保持不变，见表 1；情景二考虑出口个数和出口位置变化，过道宽度(60 cm)和出口宽度(60 cm)保持不变，如表 1 所示，其中两个出口分别保留一侧的前后出口，三个出口保留一侧的前中后三个，四个出口保留一侧四个，6 个出口保留前中后各两个；第三种情景分别考虑 8 个和 4 个出口时，出口宽度变化对疏散效率的影响，其中过道宽度保持 60 cm 不变，共 14 个场景，如表 2 所示。

表 1　情景一和情景二疏散场景汇总

情景	场景	过道宽度	情景	场景	出口个数
	1	50 cm		1	2
	2	55 cm		2	3
	3	60 cm		3	4
一	4	65 cm	二	4	6
	5	70 cm		5	8
	6	75 cm			
	7	80 cm			

表 2　情景三疏散场景汇总

出口	场景	出口宽度	出口	场景	出口宽度
	1	50 cm		1	50 cm
	2	55 cm		2	55 cm
	3	60 cm		3	60 cm
8 个	4	65 cm	4 个	4	65 cm
	5	70 cm		5	70 cm
	6	75 cm		6	75 cm
	7	80 cm		7	80 cm

2　客舱人员疏散效率分析

2.1　过道宽度对疏散的影响

B737-800 机型为单通道窄体飞机，两侧各三列座位，紧急疏散时人员需要通过过道疏散至安全出口。通过改变过道宽度，分析其对疏散时间的影响，不同场景下客舱内剩余人数随疏散时间变化的仿真模拟结果如图 3 所示。

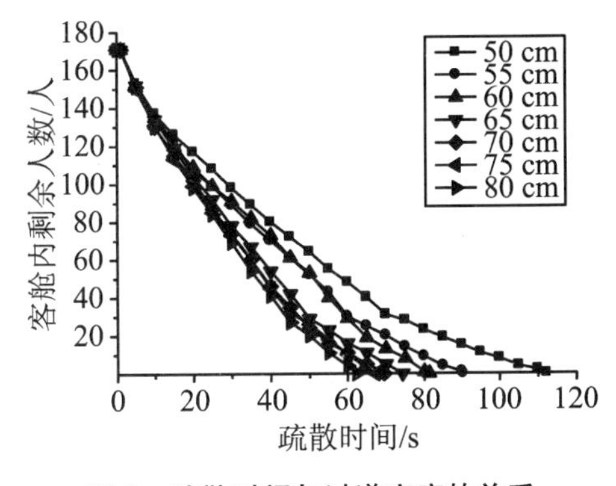

图 3　疏散时间与过道宽度的关系

过道宽度变化范围为 50～80 cm，随着宽度增加，疏散时间减少，即宽度增加可有效提高客舱人员疏散效率。

为进一步讨论过道宽度增加对疏散效率的影响，对比客舱前后区域的疏散时间，其中后部时间为整体疏散时间，如图 4 所示。

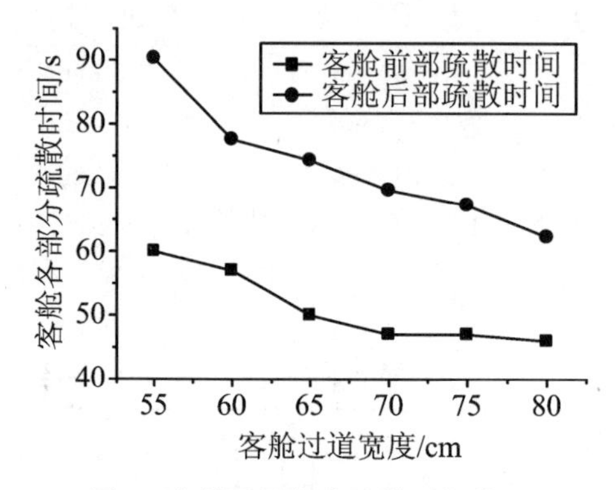

图 4　客舱不同部位疏散时间结果

结果表明，客舱前部疏散时间明显短于后部疏散时间，说明客舱后部疏散情况不够乐观，需要改善；客舱整体疏散时间随过道宽度增加呈显著下降趋势。由图 1 可知，客舱后部人员数量明显多于前部，而客舱后部 28 和 29 排的乘客距离疏散出口距离最远，且受竞争排队行为影响，这部分乘客最后到达安全出口。因此，客舱后部需要优化座位布局和出口位置，尽可能保证前后部乘客到达疏散出口的距离为最佳。

2.2　出口数量与出口位置对疏散的影响

B737-800 机型在两侧设置 4 对 8 个出口，但遇到紧急情况时可能出现一侧舱门无法打开，或部分舱门出现故障的情况。因此，有必要考虑疏散出口个数对人员疏散的影响。图 5 为不同疏散出口个数情况下人员疏散时间的模拟结果。

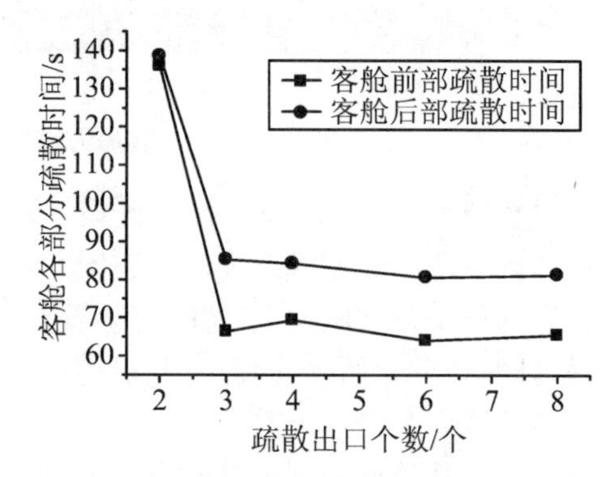

图 5　疏散时间与出口个数的关系

图 5 表明，客舱前部的疏散效率优于后部。且 2 个出口时，疏散时间为 139 s，超出规定的 90 s，不能满足安全疏散的要求。因此，应防止该情况发生。疏散出口在 3 个至 8 个之间变化时，疏散时间保持平稳，说明出口数量对人员疏散效率的影响不大。因为人员疏散首先通过客舱过道到达出口，而过道同时只能通过一股人流，这就决定了到达出口的人数只有一股人流，由于过道形成了瓶颈，即使增加出口个数，也难以提高人员疏散效率。

为了对比不同出口位置对疏散效率的影响，增加保留中间两个出口的场景，结果表明人员疏散时间为 174 s，远大于保留前后两个出口的 139 s，说明前后出口疏散效率高于中间出口疏散效率，在紧急情况下应优先保证前后出口可用。

2.3　出口宽度对疏散的影响

CCAR-25-R4 规定了 7 类型号应急出口，宽度从 41～106.6 cm 不等。对于客座多于 110 座时，在机身两侧应保证一个出口为 61 cm 或更大。本场景考虑出口宽度从 50～80 cm，模拟结果如图 6 所示。可以看出，出口宽度从 50 cm 到 65 cm 时，客舱总体疏散时间随疏散出口宽度增加而减小，宽度对疏散效率影响显著；但从 65～80 cm，疏散时间变化不大，说明出口宽度增大对疏散效率提升不明显。这是因为，当疏散出口宽度过小时，疏散效率为出口宽度控制型，出口宽度不能满足过道人流量的通行能力，因此，增大出口宽度可大幅提升疏散效率；出口宽度大于 65 cm 之后，疏散效率为过道宽度控制型，出口宽度已经满足过道人流量的通行能力，人流通过能力主要受过道宽度限制，此时再增大出口宽度不会明显提升疏散效率。

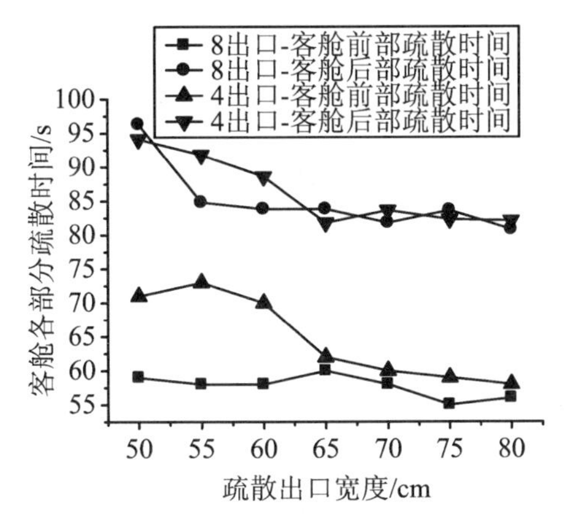

图 6　疏散时间与出口宽度的关系

对比 8 个和 4 个出口的模拟结果，两者总体疏散时间相差不大，和前面分析一致，这是因为过道只能通过一股人流量，客舱前部一股人流两个方向，客舱后部同样一股人流两个方向，因此四个门已经能够满足人流量的疏散能力。由于受过道宽度限制，人流形成瓶颈，再增加疏散出口的数量不会显著提高疏散效率。

3　提高客舱安全疏散效率的措施

3.1　客舱结构参数

分析发现，客舱过道较窄时严重制约人员疏散效率，出口宽度在一定范围内影响人员疏散。因此，为提高客舱疏散效率，应改善客舱的结构设计。

对于 B737-800 机型，过道宽度一般设计为 60 cm，而机身内部宽度约为 3.5 m，除掉座位 2.6 m，过道的可调节范围在 1 m 之内，疏散模拟考虑的场景能够满足飞机客舱的实际设计需求。因此，对于客舱内的过道宽度尽可能在合理范围内提高。对于疏散出口，在紧急情况下应保证至少一侧四扇舱门可用，从而保证客舱前后两个区域内的两股人流四个方向的安全疏散。对于人数较多的客机，应在满足民航局要求的基础上，合理增大疏散出口的宽度，疏散宽度尽可能大于 65 cm。

3.2　客舱布局

从客舱布局看，客舱前后疏散时间相差较大，且总体疏散时间由客舱后部决定。增加过道宽度和疏散出口宽度可以在一定程度上提升疏散效率，但客舱前后部的疏散差距改善不明显。应改进客舱后部区域的布局，平均分配 4 对舱门的位置，并结合前后人员密度对乘客座位进行科学布局。如果考虑到疏散的安全性和乘客的舒适性，可适当增大座位间距，并适当减少客舱后部座位数。

3.3 客舱管理

紧急情况下，人们容易失去理性，难以维持秩序。客舱内的疏散存在“排队竞争”，即同一时间两侧座位的人员和相邻前后排进入过道的人员相互拥挤，都想率先到达出口，而疏散中存在“快即是慢”原则，这就导致总疏散时间延长。因此，应加强对空乘人员培训，科学引导不同区域人员有序疏散，最大幅度提升疏散效率。机组人员还应提前制定预案，可考虑按照排或列、或分组进行疏散。

4 结论

针对民航飞机紧急情况撤离问题，分析了客舱人员安全疏散的特征和影响因素，对疏散过程进行了仿真模拟，获取了客舱人员的疏散规律，得到了影响客舱疏散效率的关键因素，并提出了优化措施。主要得到以下结论：

(1) 客舱内过道宽度对疏散效率影响最明显，通过增加过道宽度可提升人员安全疏散效率。

(2) 在保证一侧舱门可用的前提下，疏散出口数量对疏散效率影响不显著，但不应少于 3 个；疏散出口宽度在 50～65 cm 内变化时，对疏散效率影响显著，当大于 65 cm 时再增大出口宽度，对疏散效率影响不显著。因此，应保证客舱出口宽度不小于 65 cm，同时，合理设计出口宽度与过道宽度，消除过道瓶颈或出口瓶颈，实现最优疏散策略。

(3) 客舱前后两个区域人员疏散时间差异明显，且不随其他参数的变化而变化，说明前后区域疏散时间差异是客舱布局的不合理所致，应从改善客舱前后区域的座位布局和平均分配舱门着手。

(4) 疏散模拟发现，客舱内人员疏散过程中存在竞争排队特征，在紧急情况时，应通过合理引导，或提前制订应急预案保证疏散有序、高效。

(5) 前后出口疏散效率高于中间，在客舱人员疏散设计时应考虑出口位置对安全疏散的影响。

参 考 文 献

[1] CCAR-25-R4. 运输类飞机适航标准[S]. 2011.

[2] 崔喜红，李强，陈晋，等. 大型公共场所人员疏散模型研究：考虑个体特性和从众行为[J]. 自然灾害学报，2005，14(6)：133-140.

[3] AMOR H B, MURRAY J, OBST O, et al. Fast, Neat, and Under Control: Arbitrating Between Steering Behaviors, AI Game Programming Wisdom 3rd ed[M]. S. Rabin, 2006: 221-232.

[4] MARCUS J H. A Review of Computer Evacuation Models and Their Data Needs[J]. P. l. Sarozek Annual Int Aircraft Cabin Safety Symp & Tech Conf Scsi, 1994.

[5] GALEA E, BLAKE S, GWYNNE S. A Survey of Aircraft Evacuation Models, Related

Data and the Role of Evacuation Modeling in Aircraft Certification[R]. A Report Produced for the EU Framework V Project VERRES DG TREN GMA2/2000/32039，2002.

[6] 杨永刚，杨冰冰，张毅. 民航客机乘员应急疏散仿真研究[J]. 安全与环境工程，2014，21(3)：70-75.

[7] 张青松，戚瀚鹏，罗星娜. 基于火灾疏散安全指数的飞机客舱防火设计[J]. 北京航空航天大学学报，2015(7)：1165-1170.

[8] 俞峰，李荣钧. 基于集对分析的飞机客舱安全疏散能力评估[J]. 消防科学与技术，2012，31(4)：425-427.

[9] 张玉刚，宋笔锋，薛红军，等. 基于元胞自动机的客机应急撤离过程仿真研究[J]. 西北工业大学学报，2011，29(2)：183-188.

文章编号:SAFPS1504　　飞机防火系统试验验证技术

飞机电气防火技术浅析

吉利[1],董小丰[2],翟雅琼[1],匡勇[1]

(1. 天津航空机电有限公司,天津 300308; 2. 空军驻天津地区军事代表室,天津 300308)

摘要:纵观航空历史,无论国内还是国外,飞机火灾事故时有发生,尤其近年来随着多电飞机的发展,机载设备数字化程度不断提高,电气设备与电缆使用量大大增加,飞机电气复杂度不断提升,对飞机上电气设备设计和安装过程中的防火设计要求越来越高,预防飞机电气火灾的发生就成为一个刻不容缓的课题。本文通过阐述国内外多电飞机发展现状,以及飞机电气防火日趋重要的作用,针对电气火灾发生机理,讨论了电气主动防火设计思路,即进行预防设计。

关键词:多电飞机;民机;电气防火;预防设计

中图分类号:X936;X932　　**文献标识码**:A

0　引言

飞机电气防火,顾名思义,是为了预防和抑制飞机上电气火源而采取的各项安全措施,防止电气设备或线路因本身缺陷导致温度升高或产生电弧将周围物体引燃,引发电气火灾。

实现多电飞机和全电飞机是现代飞机的发展方向[1],但在显著提高飞机可靠性、生命力和维修性的同时,也大大增加了机上电气设备以及电缆的使用量,提高了电气设备以及相关线路的设计和安装难度,这也对飞机电气设备在设计和安装过程中的防火设计提出了更高的要求。

1　多电飞机发展现状浅析

全电飞机(AEA, all electric aircraft)是一种以电气系统取代液压、气动和机械系统的飞机,即所有的次级功率均以电的形式传输、分配。但实现AEA涉及相互交联的多个子系统,技术过于复杂,因此航空界开始阶段性地增加电气系统在次级功率系统中所占的比重,于是出现了多电飞机(MEA, more electric aircraft)的概念。由电气系统部分取代次级功率系统就形成了多电飞机[2]。

随着波音787飞机和空客380飞机的首飞及投入运营,多电飞机已成为现实。空客A380飞机是典型的多电商用飞机,完全按多电飞机的电力系统设计。飞机的总发电功率为 910 kW，其中，由发动机驱动 4 台 150 kVA 的变频交流发电机，频率为 360～800 Hz；由辅助动力装置（APU）驱动 2 台 120 kVA 的恒频交流发电机。电源系统采用固态配电技术，大部分作动装置采用了电力作动，使飞机重量下降，性能大幅度提高[3]。

与空客 A380 相比，波音 787 飞机更接近于全电飞机。飞机的总发电功率为 1 400 kW，其中，2 台发动机驱动 4 台 225 kVA 的变频交流启动/发电机，由辅助动力装置驱动 2 台 225 kVA 的变频交流发电机。除了采用固态配电技术外，作动装置几乎全部采用电力作动。

多电飞机的特征是具有大容量的供电系统，并广泛采用电力作动技术，使飞机重量下降，可靠性和维护性提高，运营成本降低。采用电力驱动代替液压、气压和部分机械系统的技术，是飞机系统的重大创新，它可以节约飞机的有效空间，优化飞机的空间布局，有利于飞机的总体设计，有效提高飞机的性能和系统可靠性，使之具有容错和故障后重构的能力，由于二次能源只有电能，因而使整个动力系统设计简化。

2014 年 11 月，中航工业集团与空客集团召开 E-fan 全电飞机合作交流会，标志着我国民用飞机也向着多电飞机乃至全电飞机不断迈进。

2　飞机电气防火的重要性

不管是飞行，还是地面检测，火对飞机来说都是最危险的威胁之一。

通常发动机发生火情时，执行机构需立即切断通往发动机的燃油通道并灭火，造成该发动机空中停车，成为一次飞行事故，甚至可能造成机毁人亡的严重后果[4]。

纵观航空历史，无论国内还是国外，飞机火灾事故时有发生，尤其近年来随着飞机数字化程度不断提高，电气设备不断增多，飞机电气复杂度不断提升，预防飞机电气火灾的发生就成为一个刻不容缓的课题。

飞机上的发电机、电动机、蓄电池等电源设备和复杂的电气线路、仪器仪表、配电装置等电气设备，由于短路、绝缘能力降低、线路受损裸露、用电超过容量、接触点连接不牢或焊接不实产生接触电阻等，都有可能出现电火花导致失火[5]。

3　飞机电气火灾危险源分析及防火对策设计

飞机的防火可分为主动防火与被动防火。被动防火是通过火警传感器对飞机的指定区域（视机型不同，大致包括发动机舱、APU 舱、货舱、盥洗室、起落架舱、电子设备舱以及引气泄露区等）进行探测[7]，实时监控，一旦传感器采集到火警信号，立刻报告给火警控制单元（FCU），通过 FCU 进行综合趋势分析，判断是否为真实火情，一旦判定为真实火情，则通过相应区域灭火瓶对告警区域进行灭火。

飞机在飞行过程中，当探测器探测到发生火灾后，通过灭火系统对火灾区域进行灭火处理。但进行灭火操作后，有可能火情依然存在(非虚警情况),此时,飞行员则需要考虑返航,在返航过程中,如果火灾可以控制在一个较小的区域内且此区域内电气设备、电缆等都具有耐高温、阻燃、自熄等特性,同时电气设备能继续运行,就可以为安全返航创造条件,此种设计也为电气被动防火设计。

经厂内摸底试验,电缆进行温度 1 000 ℃,时间长达 2 min 燃烧试验后,电缆工作正常(如图 1 所示),电缆燃烧温度监测如图 2 所示。

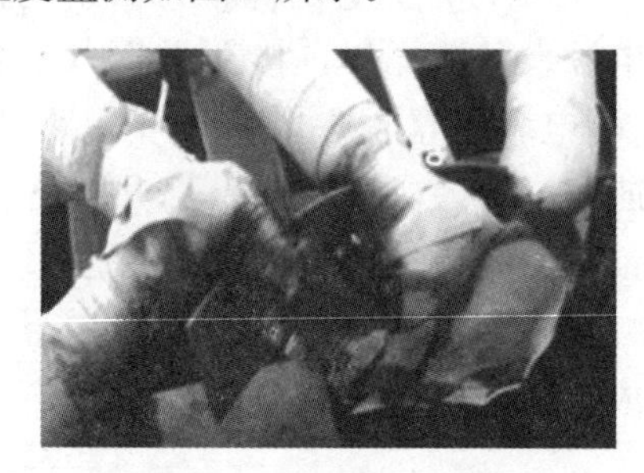

图 1 电缆燃烧试验

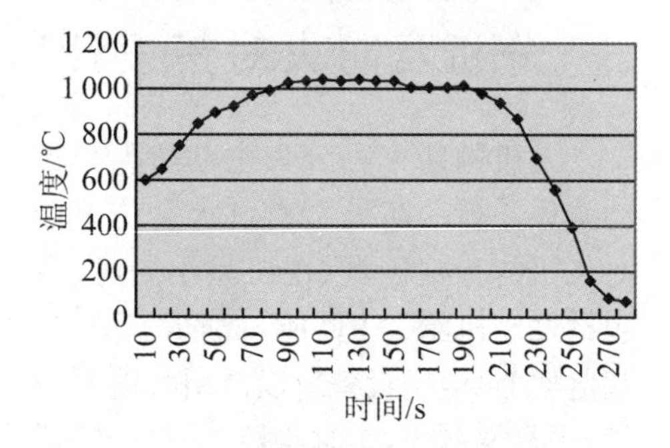

图 2 电缆燃烧温度监测图

主动防火即在设计与安装过程中从引起火灾的原因出发,通过安全设计、合理布局,将火灾隐患排除。

防火设计基本思路是首先使发生火情的可能性降至最低,其次是使火情发生后的严重性降至最低。因此,电气防火设计的重点是主动防火,针对电气火源的发生机理,进行预防设计。

引起电气火灾的原因有 6 种(如图 3 所示):电气过载、电路短路、接触不良、共地故障、静电与雷击。

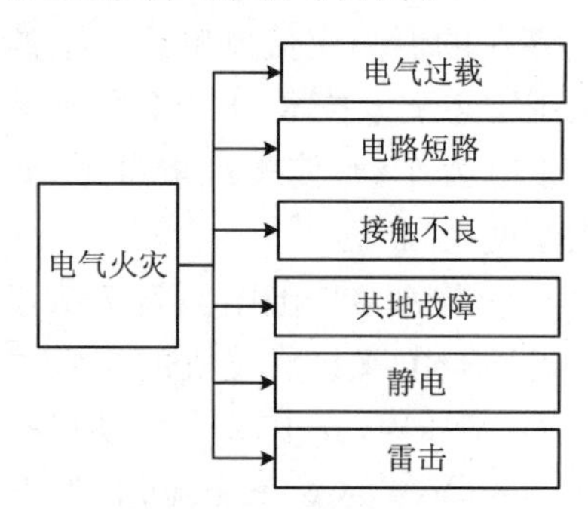

图 3 电气火灾原因分类

3.1 电气过载

电气过载,指电气设备或线路运行过程中超过安全载流量或额定值。

电气线路发生过载的主要原因是选用截面积相对过小的导线,导致线路发热,温度升高。由于飞机线路重新整改相对繁琐,因此在设计过程中需考虑到增加容量的可能性,从而选择型号合适的导线;同时经常检查和维护飞机线路。

电气设备过载(如图 4 所示),是飞

图 4 电气设备过载

机在执行飞行任务过程中，由于基于产品设计思路与基于飞机系统设计思路存在差异，如故障模式分析不充分，一旦系统中某一产品出现故障，则可能导致该系统中另一部件存在过载可能，导致部件局部温度升高，最终发生火灾。

随着电气设备集成度越来越高，越来越多的集成电路芯片运用到机载设备当中，由于电路单元很小，在导体断面上的电流密度很大，因此在有源结点上可能有很高的温度。高结温是对集成电路破坏性最大的应力，因此需要考虑降额设计降低高温集中部分的温度。

杜绝小马拉大车，设计过程中需充分考虑降额设计，并对关键元器件进行二次降额。同时增加部件内部过流、过压等过载保护措施，一旦遇到突发情况，在不影响飞机整体安全的情况下，及时与故障设备切断电气连接，防止电气火灾发生。

降额设计需要按照产品可靠性要求、设计成熟性要求、安全性要求以及尺寸限制等因素综合权衡降额等级。根据 GJB/Z35 元器件降额准则[8]，飞机配套电气机载设备可分为三个额度等级，即Ⅰ级降额（最高降额）、Ⅱ级降额（中等降额）、Ⅲ级降额（最小降额）。

3.2　电路短路

电路短路（如图 5 所示），指电路中电流不经用电器而电源两极直接相连在一起。电气回路中电流突然增大，使电路产生火花或发生电弧，引燃本身绝缘材料，或近可燃材料，甚至可能爆炸。

产生电路短路的原因主要有：电气设备的使用和安装环境指标与实际使用环境不符，导致绝缘在长期高温、高湿或盐雾环境下受到破坏；产品发生过电压，导致产品内部元器件击穿；产品设计存在不合理隐患；线路老化。

图 5　电路短路故障

设计产品时应做好“三防”设计；元器件选型要考虑到实际电压可能存在的尖峰、浪涌情况；完善产品过流、过压保护功能；经常对飞机线路进行绝缘检查，防止由于飞机线路搭接导致产品出现电路短路情况。

对于电子元器件的选用，在考虑降额使用的同时，需不断完善元器件筛选项目，如高频小功率开关三极管筛选过程中可以增加高温反偏和功率老炼前后 I_{CBO}漏电流的测试，并计算 ΔI_{CBO}值，要求 ΔI_{CBO} 小于初始值的 100％或 25 nA 取较大者，进一步剔除早期失效产品（如图 6 所示），提高器件的质量可靠

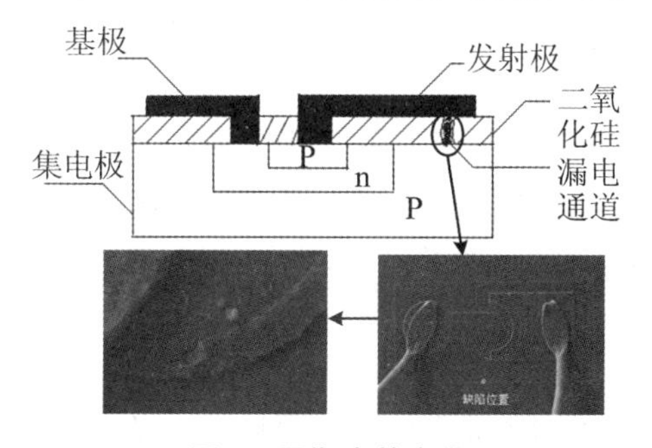

图 6　早期失效产品

性，避免电路短路故障的发生。

3.3 接触不良

接触不良：导线与导线、导线与连接器、导线与用电设备连接处由于接触松动等原因导致接触面电阻过大，产生过热、电火花、电弧等情况，引发火源。

造成接触电阻过大的原因有：电连接器插头未接紧；电连接器长期运行，产生导电不良和氧化膜；电连接器因长期冷热变化而生产松动；连接部分腐蚀；电线老化破损，绝缘性能降低。

为预防由于接触电阻过大引起的故障，导线的各种连接方式均需要确保牢固可靠；连接器经常检查防止松动、受潮、氧化；经常检查线路是否导通良好或是否存在局部过热现象。

3.4 共地故障

共地故障，指电气设备本身于接地体的连接发生断路或接触电阻过大，不能通过飞机壳体等共地部分产生回路。

飞机共地故障有别于电力系统中接地故障。电力系统中接地故障分为单相接地故障与三相接地故障，故障近似于电网与大地短路；而飞机共地故障指由于电气设备未实现完全共地，而发生的故障。

共地故障引起火灾的原因有：在接地回路中，因接地线接头松动或腐蚀等，使电阻增加，形成局部过热；在高阻值回路流通的电流，沿临近阻抗小的接地金属结构流散。

设计飞机系统时，要保证接地装置足够的载流量、热稳定性和可靠性；设计机载设备时，应避免电路板中局部地线过细。

3.5 静电与防雷

静电对于飞机中电路，尤其微电子电路危害极大，被认为是电子产品质量最大的潜在杀手。首先，静电对电路板的第一个危害就是静电吸附，造成电路板污染，所吸附的灰尘颗粒很容易造成产品发生电路短路，发生电气火灾；其次，静电放电（ESD）造成元器件击穿，发生静电的电压高达数千伏，有时甚至达数万伏，有时静电的能量不足以击穿元器件，但会降低元器件可靠性，造成产品出现隐性故障，难以排查；再次静电还可能产生电子干扰，静电放电会辐射出很多不同频率的无线电波，对周围微处理器造成干扰，造成程序运行错误。

为最大限度地降低静电产生的危害，做好静电预防措施，电路焊接过程中需采用生产线接地，人员接地，以减少静电聚集；电路设计过程中增加滤波器、TVS管、压敏电阻、电感、电容等；采用大面积地层、电源层，做好电气隔离，信号层要紧靠电源或地层，保证信号回路最短。

机载产品设计过程中需合理选型TVS管、压敏电阻以达到防雷要求，同时由于TVS管、压敏电阻导通过程中一定程度上存在尖峰电压，因此需考虑后级芯片可承受电压范围。

4 结束语

以预防性防火设计为主，结合火警信号系统对火情进行及时探测、灭火，

有效减少因电气非正常工作引发的火灾，真正做到防微杜渐、防患于未然，对目前电气系统日趋复杂，电气重要度日益提高的多电飞机的发展，乃至将来全电飞机的研究均有积极作用。

参 考 文 献

[1] 刘红亮. 民用飞机电气线路防火研究[J]. 中国制造业信息化，2011，40(21).

[2] 郑先成，等. 国外飞机电气技术的现状及我国多电飞机技术发展的考虑[J]. 航空计算技术，2007.5.

[3] 吴秀杰，等. 基于多电飞机概念下的飞机电气发展方向[J]. 电子世界，2014，13(2).

[4] 范炳奎，李颖晖，等. 复杂电磁环境下飞机火警虚警问题分析[J]. 航空维修与工程，2009，5.

[5] 王存栋. 民航飞机的火灾危险性浅析[J]. 中国西部科技，2013，12(12)：293.

[6] 中国民用航空总局. CCAR-25-R3 运输类飞机适航标准[S]. 北京：中国民用航空局，2001.

[7] 郭大可. 民用飞机防火系统研究及其电气设计浅析[J]. 科技创新导报，2014，9(25).

[8] GJB/Z 35-93 元器件可靠性降额准则.

文章编号:SAFPS1505

飞机发动机舱灭火剂用量计算、验证与优化设计

景宏令,陈龙,匡勇

(中航工业天津航空机电有限公司,天津市,300308)

摘要:为提升飞机的安全性,飞机防火系统越来越受到重视。航空防火系统中常用灭火剂 Halon 1301 会破坏臭氧层、造成环境污染,但至今仍未找到理想的替代品。本文从优化灭火剂的用量着手,以达到降低污染、减轻飞机重量的目的。目前灭火剂的用量没有结合实际仅依靠理论公式进行计算,为优化灭火剂用量,以某型飞机发动机舱防火系统为例,通过模拟真实环境试验验证不同灭火剂用量下的灭火效果。结果表明优化灭火剂用量后依然能充分地保证灭火效果。

关键词:航空防火;灭火剂用量;发动机舱

中图分类号:X936;X932　　**文献标识码:**A

0　引言

随着国内航空产业的快速发展,飞机的安全性越来越受到重视,其中火灾是影响飞机安全飞行的重要因素之一。一旦发生火灾,很容易造成机毁人亡的重大损失。因此,预防飞机火灾并开展快速有效的灭火研究显得十分必要。

飞机发动机舱及周围空间狭小,空间内存在各种可燃液体和空气,一旦可燃液体泄露,遇到高温后极易发生火灾,且此类火灾的强度大,发生位置复杂,灭火后有潜在复燃的危险,会造成舱室内现有的防火系统失效,引起严重的后果。但是火灾无法完全避免,因此,需要高效的防火系统及时将其扑灭,以避免重大事故发生。

防火系统中灭火剂的用量直接影响防火系统的可靠性以及飞机的安全性。如灭火剂用量过少,一旦火灾发生,无法及时将火灾扑灭;然而,如使用的灭火剂过多,不仅会增加飞机不必要的重量以及飞机的耗油率,造成资源的极大浪费,而且目前常用灭火剂 Halon 1301 会破坏臭氧层,造成环境污染。在尚未找到理想的新型灭火剂前,如何科学确定飞机上防火系统灭火剂的用量是极为重要的。

通常情况下,飞机防火系统灭火剂的用量是通过理论公式计算得出的。根据灭火区域的容积、通风等因素,运用相关理论公式得出设计所需的灭火剂用量。但是理论公式具有理想化和

普遍适用性的特点，实际中不同飞机情况有很大差别，所以计算结果缺乏严谨性[1]。因此准确确定飞机上防火系统灭火剂的用量就有着十分重要的意义。本文以某型飞机发动机舱防火系统为例，进行飞机防火系统灭火剂用量计算并进行试验验证。根据试验结果，在留有足够裕量的情况下对灭火剂进行了优化设计，减轻了灭火重量并再次进行试验验证。试验结果证明，灭火剂用量减少后依然能充分地保证灭火效果。

1　灭火剂用量计算

灭火剂用量的计算公式[2]为

$$W = 2.56V + 0.56Wa$$

式中，W 为灭火剂重量，单位为 kg；V 为该区的净容积，单位为 m^3（该区的总容积减去重要设备项目占去的容积）；Wa 为在正常巡航状态下通过该区的空气流量，单位为 kg/s。

某型发动机舱内净容积约为 2.2 m^3，空气流量为 1.25 kg/s，将数据代入上式可得到理论上需要充填的灭火剂重量：

$$W = 2.56 \times 2.2 + 0.56 \times 1.25 = 6.33(\mathrm{kg})$$

2　灭火有效性验证

2.1　基本原理

根据 GJB 3275-98 中要求“当使用 Halon 1301 灭火剂时，喷射后灭火剂在其作用区的所有部分中形成的灭火剂体积浓度至少为 6%，且在正常巡航状态下，该灭火剂的浓度在其作用区的所有部分中持续的时间应不少于 0.5 s”，以此来判断灭火剂用量的有效性。

所用的灭火剂浓度测试系统是基于压差检测原理的灭火剂浓度测试系统，其核心部件为压差式灭火剂浓度传感模块。在模拟发动机舱内布置 12 个浓度测量点，分别分布在 4 个垂直于发动机轴线的测试面上，每个测试面上 3 个测试点呈 120°均布，下一测试面上测

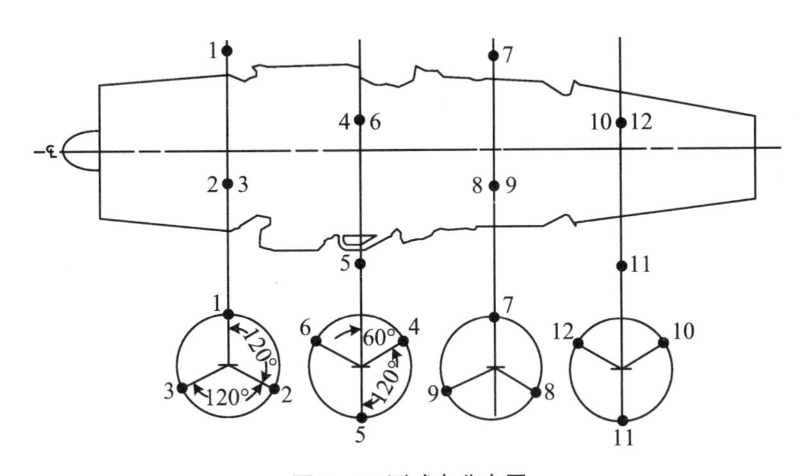

图 1　12 测试点分布图

试点相对于上一测试面旋转 60°分布(如图 1 所示)。测试系统能同时对 12 个测点的多种气体灭火剂浓度进行实时测试。

2.2 试验准备

根据某型飞机发动机舱构型,设计制作了试验模拟舱和气流模拟系统(如图 2 和图 3 所示)。

图 2 试验舱外观图

图 3 气流模拟系统

根据灭火剂用量公式计算的结果,选用气瓶容积为 8 L 的灭火器,充填 Halon 1301 灭火剂重量 6.4 kg,充填比为 0.8 kg/L,充填压力为 4.2 MPa ±0.1 MPa。

连接调试灭火剂浓度测试系统(如图 4 所示),测量通道数为 12 通道,测量范围为 0～20% v/v,响应时间≤100 ms,采样频率为 20 Hz。

当灭火器收到起爆信号后,引爆电爆管,灭火器迅速释放瓶内的灭火剂,灭火剂进入灭火管路后通过管路末端

图 4 灭火剂浓度测试系统

的灭火喷嘴喷射到试验舱内,由灭火剂浓度测试系统采集舱内浓度数据。

2.3 试验结果

启动信号发出后,电爆管起爆,灭火剂被迅速释放出来,分布在发动机试验舱内。试验舱内 12 个测试点监测到的灭火剂浓度如图 5 所示,其中纵坐标为 Halon 1301 体积百分浓度,横坐标为采样次数,系统采样频率为 20 Hz。

通过试验数据可知,灭火剂浓度最高可达到 18%,12 个测试点灭火剂浓度均达到 6%以上持续时间达到 5.75 s。试验结果表明,目前灭火剂的用量,满足 GJB 3275-98 中“灭火剂体积浓度至少为 6%,且持续的时间应不少于 0.5 s”的要求,且有较大的优化空间。

3 减重设计及验证

由于试验结果裕度较大,因此对灭火剂重量进行了优化。改用容积 7 L 的气瓶,充填 Halon 1301 灭火剂重量

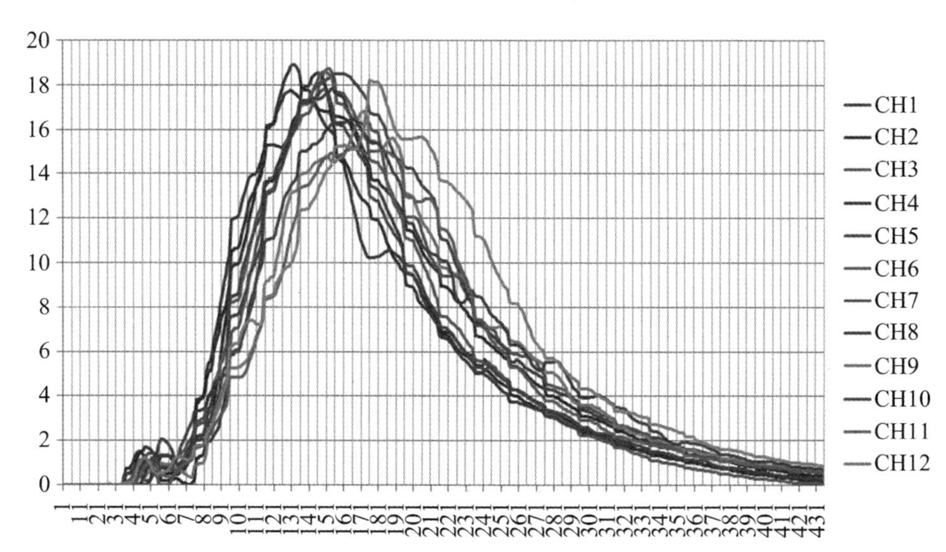

图 5　灭火剂浓度曲线图(优化前)

5.55 kg,灭火器充填比 0.8 kg/L 保持不变,充填压力仍为 4.2 MPa±0.1 MPa。再次进行试验,验证结果如图 6 所示。通过数据分析,灭火剂浓度最高可达到 15.5%,12 个测试点灭火剂浓度全部达到 6%以上的持续时间达到 4.5 s,浓度符合 GJB 3275-98 的要求。

为了更好地比较两次试验的结果,将两次试验数据进行处理,取每个采样时刻 12 个测试点数据的平均值为该时刻的参考值,将两次实验的参考值放在同一坐标系中进行对比,如图 7 所示。通过分析数据可知,减少灭火剂用量确实会降低灭火剂浓度,也会减小浓度 6%以上的持续时间,但是优化后的浓度指标依然满足 GJB 3275-98 的要求,

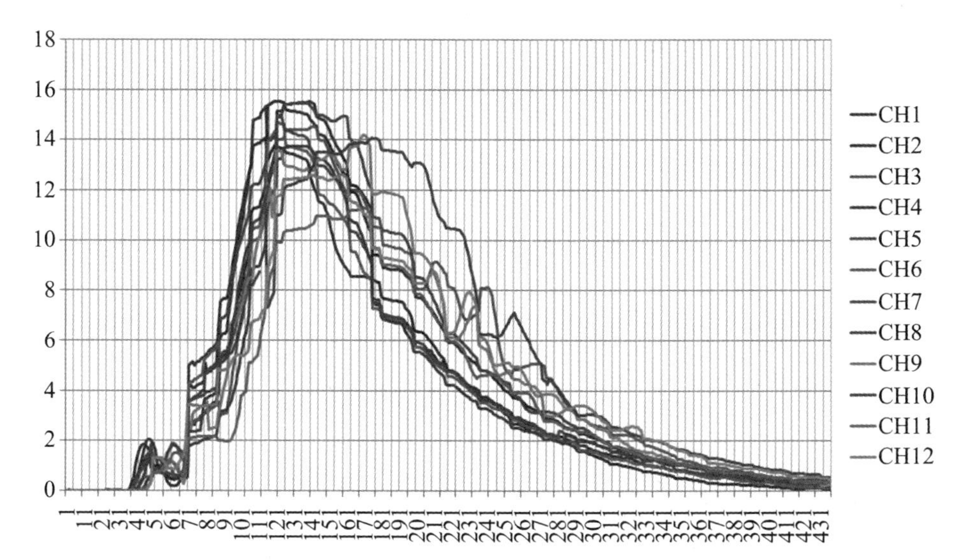

图 6　灭火剂浓度曲线图(优化后)

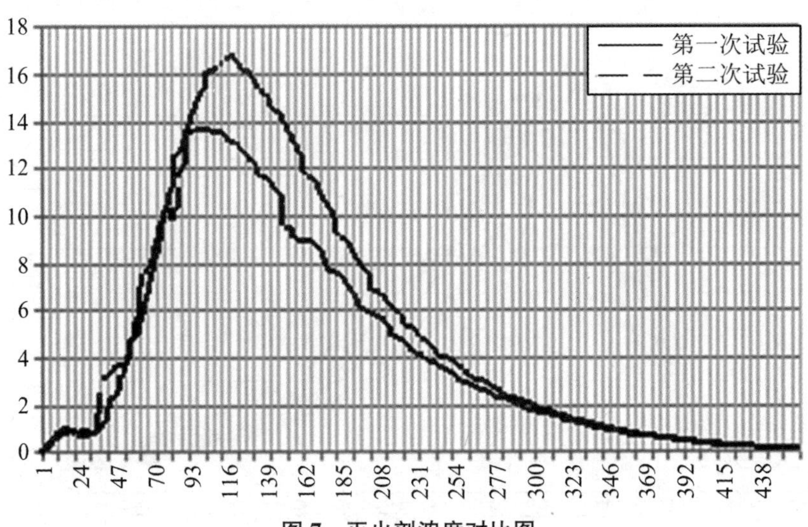

图 7 灭火剂浓度对比图

且仍有较大裕度。

4 结论

通过试验验证了防火系统的有效性，且通过数据得知，按照理论公式计算的灭火剂用量确实能够达到灭火的相关要求，但是还有很大的裕量。因此在设计灭火剂用量时，根据实际情况，在满足相关要求的前提下，适当减小灭火剂用量，既有利于降低飞机重量，又能节约资源，降低对环境的污染。

参 考 文 献

[1] 陈战斌，吕美茜，等. 运输类飞机防火系统灭火剂用量的试验研究[J]. 工程与试验，2011，51(4)：38-41.

[2] GJB 3275-98 飞机灭火系统安装和试验要求.

文章编号：SAFPS1506 飞机火灾模拟仿真

飞机发动机舱失火仿真研究

张沛

（中航工业一飞院，西安 710089）

摘要：发动机舱失火会直接威胁飞机的安全，开展失火仿真研究能够改进飞机设计。本文提出了一套飞机发动机舱失火仿真研究思路，以某型飞机发动机风扇舱为实例，选取 0～12 000 m 高度的四种典型状态开展了仿真研究工作，对失火状态下发动机舱内的温度场、速度场和烟雾场进行了分析，为飞机发动机舱火警探测系统和灭火系统设计提供了优化建议。

关键词：飞机发动机舱；失火；仿真计算

中图分类号：V **文献标识码**：A

0 引言

无论是飞行中还是在地面上，"火"对飞机来说都是最危险的威胁之一[1]。飞机发动机舱是典型的火区，即只要有单个故障就能导致潜在着火的区域。现代飞机推力（拉力）大、速度快，使用大量闪点低的优质航空煤油做燃料，发动机在工作中因可燃液体泄漏、机件严重磨损、电气故障等因素都可能引发火灾。

从飞机安全性的角度讲，发动机舱失火的危险等级是 1 类（灾难的），告警等级一般确定为最高级——危险级。《中国民用航空规章》第 25 部中对火区划分、发动机舱火警探测系统、灭火系统和防火墙在失火条件下的性能提出了明确的要求。但是，由于飞机的火灾研究具有复杂性，其种类繁多、规模不一；此外飞机火灾研究还具有一定危险性，在目前的试验条件下，无论从安全角度还是成本角度来讲，我们几乎无法在飞机上开展真实的火灾研究。因此，开展发动机失火仿真研究，对提高飞机安全性水平具有重要意义。

1 燃烧模型简介

FDS 是美国国家标准与技术研究院（NIST）开发的一款火灾动力学场模拟软件，它是一种以火灾中流体运动为主要模拟对象的计算流体动力学工具，该软件对低速热力流动的 N-S 方程做出了数值近似解，把重点放在火灾的烟气和热量转移上[2]。FDS 采用大涡模拟方法，可以得到真实的瞬态流场，且精度较高，计算工作量小，是目前公认的优秀燃烧模拟工具。

火灾问题也是流动问题，所以也遵循流动的基本规律，即质量守恒规律、能量守恒规律、动量守恒等基本规律，相应的控制方程即为：连续性方程、动量方程、能量方程以及组分方程。FDS软件主要对以下方程[3]进行求解：

1.1 连续性方程

质量守恒定律是任何的流动问题都必须满足的基本定律之一，对于指定空间位置内任何一个微元体，都有：

［单位时间内微元体中流体质量的增加］
＝［同一时间间隔流入该微元体的净质量］

按照此定律可以得出质量守恒方程的控制方程：

$$\frac{\partial \rho}{\partial t}+\frac{\partial(\rho u)}{\partial x}+\frac{\partial(\rho v)}{\partial y}+\frac{\partial(\rho w)}{\partial z}=0 \tag{1}$$

当流体为不可压缩时，$\rho=const$，则方程变为

$$\frac{\partial u}{\partial x}+\frac{\partial v}{\partial y}+\frac{\partial w}{\partial z}=0 \tag{2}$$

1.2 动量守恒方程

任何流体系统也都必须满足动量守恒这个基本定律，对于取定的空间内任何一个微元控制体都有：

［微元体中流体动量的增加率］
＝［作用在微元体上各种力之和］

据此，则可以得出动量方程的控制方程如下：

$$\frac{\partial(\rho u)}{\partial t}+\mathrm{div}(\rho u\vec{u}) = \mathrm{div}(\mu \mathrm{grad} u)-\frac{\partial p}{\partial x}+S_x \tag{3}$$

$$\frac{\partial(\rho v)}{\partial t}+\mathrm{div}(\rho v\vec{u}) = \mathrm{div}(\mu \mathrm{grad} v)-\frac{\partial p}{\partial y}+S_y \tag{4}$$

$$\frac{\partial(\rho w)}{\partial t}+\mathrm{div}(\rho w\vec{u}) = \mathrm{div}(\mu \mathrm{grad} w)-\frac{\partial p}{\partial z}+S_z \tag{5}$$

式中，p 表示压力；S_x、S_y 和 S_z 表示广义源项。

1.3 能量守恒方程

只要流动系统中包含有热交换，该系统肯定满足能量守恒定律，对于取定的空间内任何一个微元控制体都有：

［微元体内势力学能的增加率］
＝［进入微元体积的净热流量］
＋［体积力与表面力对微元体做的功］

$$E(\text{液体的能量}) = i(\text{内能} = c p T) + K\left(\text{动能} = \frac{1}{2}(u^2+v^2+w^2)\right) + P(\text{势能})$$

则能量守恒方程的控制方程可以表述为

$$\frac{\partial(\rho h)}{\partial t}+\mathrm{div}(\rho\vec{u}T) = \mathrm{div}\left(\frac{k}{c_p}\mathrm{grad}T\right)+S_T \tag{6}$$

式中，c_p表示比热容；T 表示温度；k 表示热传导系数。

1.4 组分守恒方程

组分守恒可以表述为对于空间内取定的任何一个微元控制体：

[系统内某种化学组分的质量地时间的变化率]=[通过系统界面的净扩散流率]+[化学反应过程中该组分的生产率]

则组分 S 的控制方程可以表示如下：

$$\frac{\partial(\rho c_s)}{\partial t}+\mathrm{div}(\rho\vec{u}c_s)=\mathrm{div}(D_s\mathrm{grad}(\rho c_s))+S_s \quad (7)$$

式中，c_s表示体积浓度；D_s表示扩散系数；S 表示源项；S_s表示组分 S 的产生率。

1.5 控制方程的通用形式

$$\frac{\partial}{\partial t}(\rho\varphi)+\mathrm{div}(\rho\vec{u}\varphi)=\mathrm{div}(\Gamma_\varphi\mathrm{grad}\varphi)+S_\varphi \quad (8)$$

式中，φ 表示通用变量，比如 u、v、w、T 等；Γ_φ表示 φ 的广义扩散系数；S_φ表示广义源项。

以上流体动力学方程可以准确地描述燃烧、传热与流动。在进行数值求解时，FDS 对空间坐标的微分项采用二阶中间差分法离散，对时间坐标的微分项采用二阶 runge. kutta 法离散，对 Poisson 方程形式的压力微分方程则采用傅立叶变换法直接求解，可以得到比较准确的求解结果[4]。

2 研究思路

燃烧是剧烈变化的非稳态过程，FDS 软件是通过求解一系列方程对燃烧进行数值模拟。飞机上火灾种类多样、规模不一，给我们的仿真研究带来了很大困难。本文提出了一套研究思路（如图 1 所示），对于发动机舱防火系统，其设计输入应包括：发动机舱本体及附件模型、短舱模型、发动机舱通风冷却参数、发动机舱环境温度和壁面温度以及可能的火源信息。

得到上述输入参数之后，在 FDS 软件中进行建模，进行燃烧数值仿真计算。经计算，设计输出应包括：发动机舱失火特性、发动机舱火警探测系统设计建议、发动机舱灭火系统设计建议、发动机舱总体布置参考数据以及结构、强度等设计参考数据。

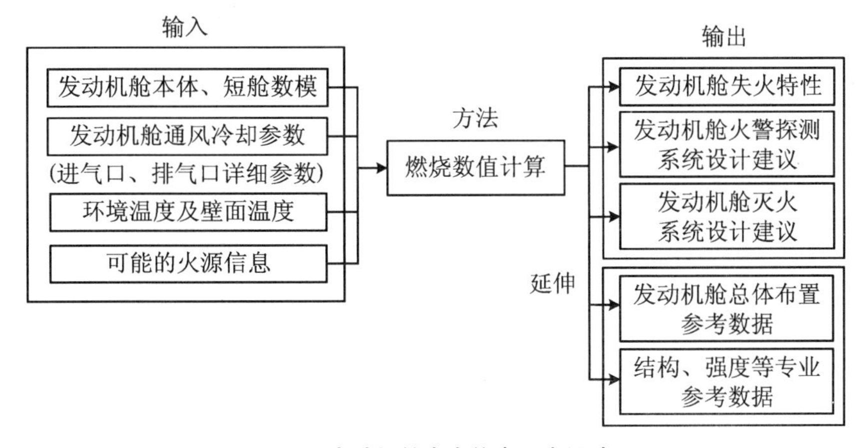

图 1 发动机舱失火仿真研究思路

3 失火仿真分析

3.1 仿真建模

本文研究对象为某型飞机发动机风扇舱。由于发动机舱的模型比较复杂,为了满足计算的需求,对模型进行了合理的简化:保留了发动机主体结构以及对流场结果有较大影响的部分,简化了对流场结构影响较小的部分。通过与发动机方的讨论沟通,选取风扇舱底部区域作为典型的火源位置,主要原因是这一区域可燃液体泄漏的概率相对较大,此外如果其他区域发生可燃液体泄漏的话,也会积聚到舱的底部。

FDS 的效率是在于它对数字网格的简化,仅对于矩形几何体的建模比较方便,目前主要应用在规则形面的场景中,但是飞机外形和内部结构中有大量的不规则形面,非规则形面建模问题是目前制约 FDS 应用在航空领域的主要难题,用大量的小矩形块去逼近非规则曲面的算法能够较好地解决该问题[5]。

某型飞机发动机风扇舱进行建模,并设置边界条件。图 2 是经过二次开发后的 FDS 曲面建模及网格划分平台截图,图 3 是某型飞机发动机风扇舱

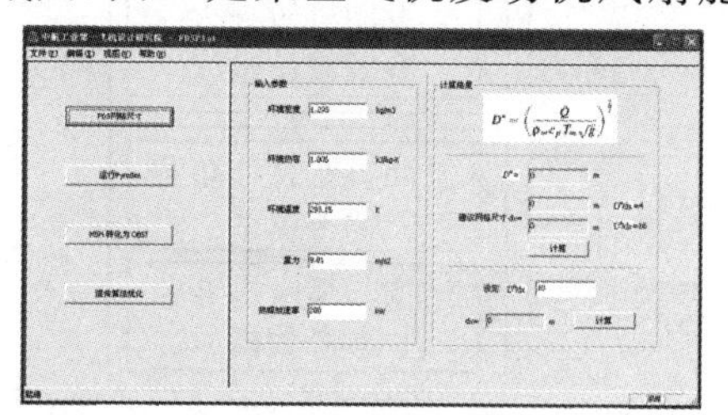

图 2 FDS 曲面建模及网格划分平台

图 3 某型飞机风扇舱示意图

FDS 建模示意图。

我们定义火警探测器的初步位置位于风扇舱底部,液压泵、发电机和附件齿轮箱附近。定义灭火喷嘴初步位置位于风扇舱顶部。

本文选取航空煤油作为典型燃料,其热物性参数如下:

```
&REAC ID='KEROSENE'
  FYI='Kerosene, C_14 H_30, SFPE Handbook'
  MW_FUEL=198.0
  NU_O2=21.5
  NU_CO2=14.0
  NU_H2O=15.0
  EPUMO2=12700
  CO_YIELD=0.012
  SOOT_YIELD=0.042
```

在火源尺寸方面,本文选取了尺寸为 0.4 m×0.4 m 和 0.6 m×0.6 m 的矩形油池火进行仿真研究。按照上述方法,对某型运输机发动机风扇舱进行了建模。选取了 0 m、2 000 m、4 000 m、12 000 m 高度的四种典型状态(如表 1 所示)分别进行计算。

表 1　某型运输机 0～12 000 m 高度的四种典型状态

高度(m)	状态	功率状态	标准温度(℃)	上入口流量(kg/s)	下入口流量(kg/s)	百叶窗流量(kg/s)	机匣温度(℃)
0	0.4	最大连续	15	0.2	0.107	0.307	75
2 000	0.5	最大连续	2	0.173	0.091	0.265	75
4 000	0.6	最大连续	−11	0.169	0.092	0.261	75
12 000	0.8	最大巡航	−56.5	0.062	0.033	0.104	75

3.2　失火仿真初场

选取 0.4 m×0.4 m,0.6 m×0.6 m 两种典型火源尺寸,选取发动机舱底部三个不同位置,选取 0 m、2 000 m、4 000 m、12 000 m 四种飞行高度,共计 24 种工况分别进行计算。首先进行 30 s 的稳态流场计算,然后进行 120 s 的燃烧场计算。

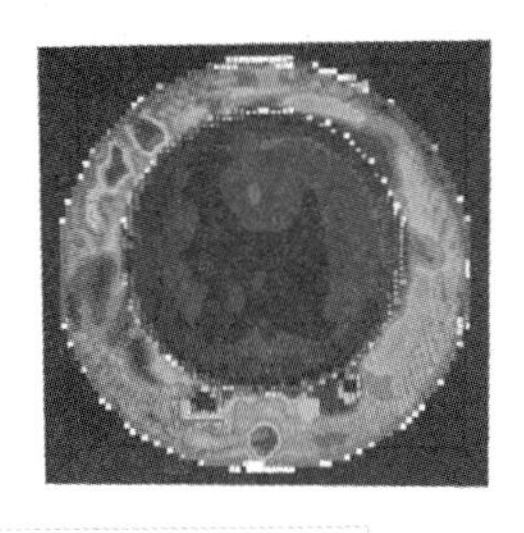

图 4　失火仿真初场(速度场)

3.3　温度场分析

对于 0 m 高度,0.4 M,最大连续状态,火源布置在附件齿轮箱附近的工况,从图 5 可以看出,0.4 m×0.4 m 的火源,燃烧开始 10 s 后,15 个监测点温度在 220～500 ℃之间。对于 0.6 m×0.6 m的火源,燃烧开始 10 s 后,15 个监测点温度在 230～600 ℃之间。

对于 2 000 m 高度,0.4 M,最大连续状态,火源布置在附件齿轮箱附近的工况,从图 5 可以看出,0.4 m×0.4 m 的火源,燃烧开始 10 s 后,15 个监测点温度在 220～460 ℃之间。对于 0.6 m×0.6 m 的火源,燃烧开始 10 s 后,15 个监测点温度在 230～570 ℃之间。

对于 4 000 m 高度,0.6 M,最大连续状态,火源布置在附件齿轮箱附近的工况,从图 5 可以看出,0.4 m×0.4 m 的火源,燃烧开始 10 s 后,15 个监测点温度在 210～420 ℃之间。对于 0.6 m×0.6 mm 的火源,燃烧开始 10 s 后,15 个监测点温度在 230～510 ℃之间。

对于 12 000 m 高度,0.8 M,最大连续状态,在−56.5 ℃的环境温度下,舱内燃烧无法进行。考虑到环境温度过低,在燃料附近设置短暂的高能量源,燃料在点燃后又迅速熄灭。经分析,认为高空低温状态下,不易发生可燃液体泄漏引起的火灾。根据文献,发动机本体故障(如发动机超温、转子爆破等)引发的火灾是主要的可能。

综上所述,在温度场方面,在不同工况条件下计算结果的趋势基本一致。将不同飞行高度状态下火警探测器位置的温度变化范围整理,如图 6 所示。从图中可以看出,不同尺寸的火源燃烧时,风扇舱内温度场下限比较接近,分别是 220 ℃和 230 ℃,相差 10 ℃左右,对探测器全长过热的指标影响比较小。不同尺寸的火源燃烧时,风扇舱内温度场

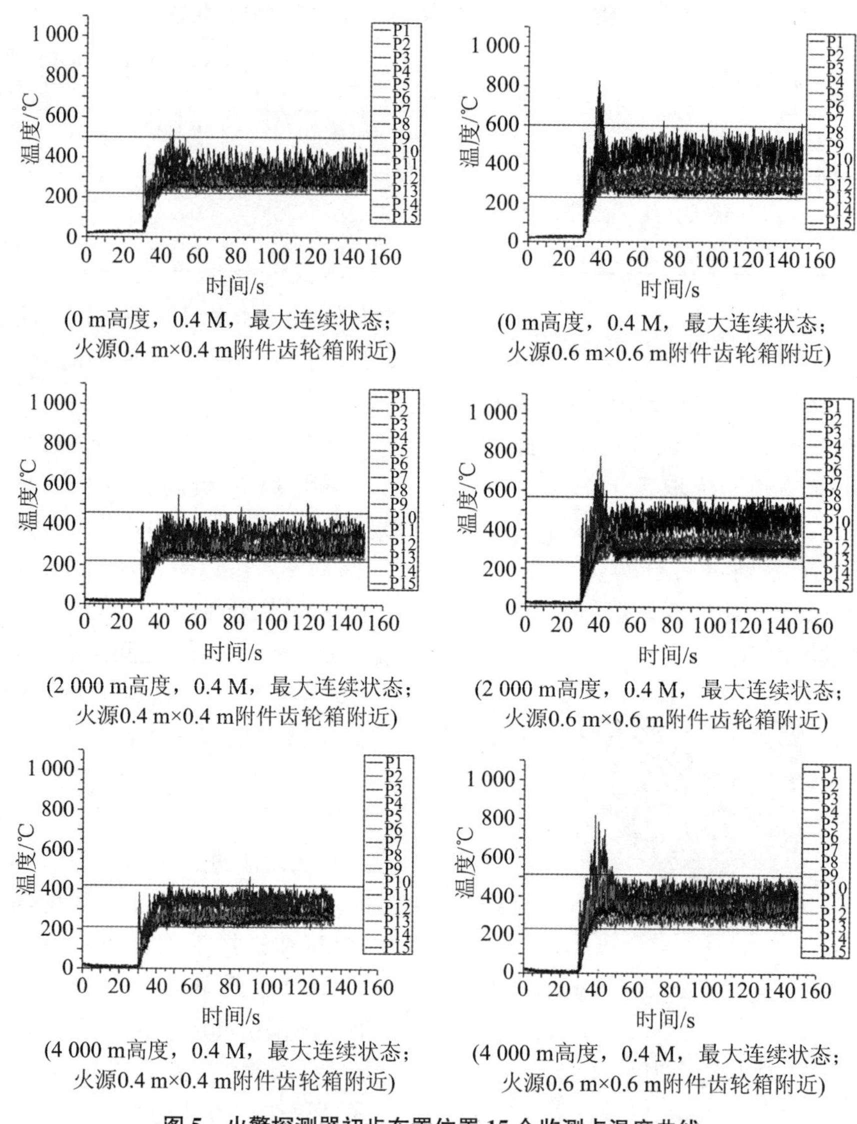

(0 m高度，0.4 M，最大连续状态；火源0.4 m×0.4 m附件齿轮箱附近)

(0 m高度，0.4 M，最大连续状态；火源0.6 m×0.6 m附件齿轮箱附近)

(2 000 m高度，0.4 M，最大连续状态；火源0.4 m×0.4 m附件齿轮箱附近)

(2 000 m高度，0.4 M，最大连续状态；火源0.6 m×0.6 m附件齿轮箱附近)

(4 000 m高度，0.4 M，最大连续状态；火源0.4 m×0.4 m附件齿轮箱附近)

(4 000 m高度，0.4 M，最大连续状态；火源0.6 m×0.6 m附件齿轮箱附近)

图5　火警探测器初步布置位置15个监测点温度曲线

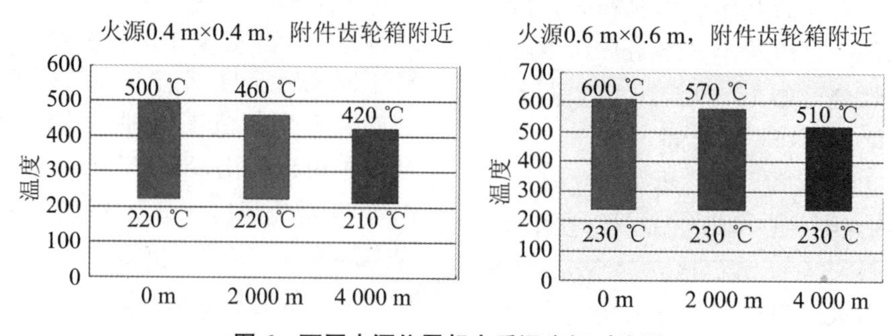

图6　不同火源位置起火后温度场对比图

上限相差较大，分别是 500 ℃和 600 ℃，相差 100 ℃左右，对探测器局部火焰指标影响较大。

某型运输机发动机风扇舱过热报警温度暂定 175 ℃，火警报警温度暂定 305 ℃。因此，对于不同尺寸的典型火灾，火警探测系统均能迅速响应。

图 7 是燃烧开始后 100 s 时的温度场云图，我们可以看出，由于下部供气口和百叶窗的通风作用，火源附近的温度并不高，而发动机舱两侧的位置没有通风，温度反而较高。上部供气口附近温度较低，但是由于气流的回旋作用，供气口（顺航向）后部温度较高。因此，根据计算结果，建议采用多爪式灭火喷嘴，调整灭火喷嘴的角度，使灭火剂尽快到达发动机舱内的两侧位置。

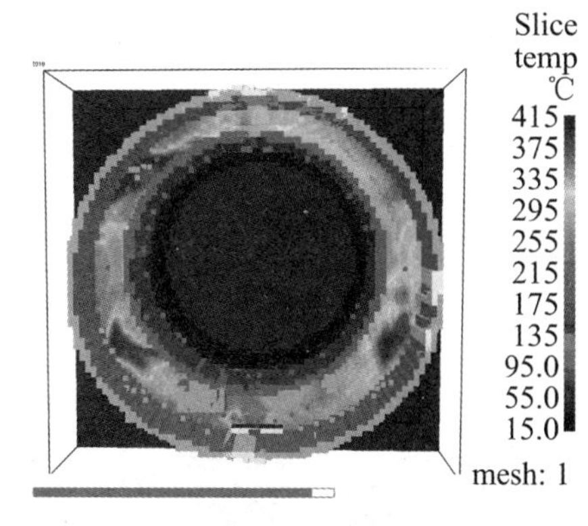

图 7 燃烧开始后 100 s 温度场云图

4 速度场分析

速度场方面，以附件齿轮箱附近的 0.4 m×0.4 m 火源为例，图 8 是 Y=0.6 m 火源截面的速度场。我们设置从 30 s 开始起火，从图中可以看出，起火后，因为燃烧的作用，整个舱内的气流流速会有比较明显的增加，但是很快趋于稳定，40 s、60 s 和 120 s 时的速度场基本一致。

图 9 是 0.4 m×0.4 m 火源在附件齿轮箱附近，Y=0.28 m 截面的速度场。我们设置从 30 s 开始起火，从图

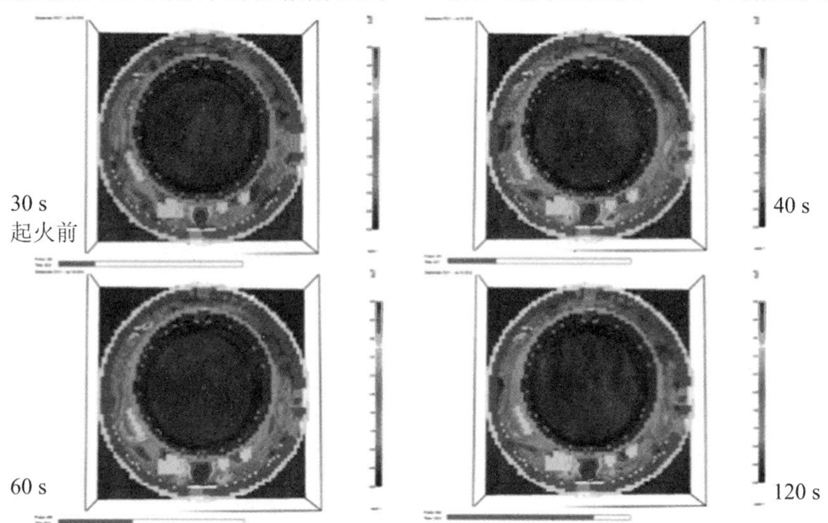

图 8 Y=0.6 m 截面的速度场

（火源 0.4 m×0.4 m，附件齿轮箱附近）

中可以看出，起火后的速度场趋势与 $Y=0.6$ m 截面基本一致。因为燃烧的作用，整个舱内的气流流速会有比较明显的增加，但是很快趋于稳定，40 s、60 s和120 s时的速度场基本一致。

5 烟雾浓度场分析

图 10 是发动机舱内起火后的典型烟雾云图。由于发动机舱是非气密、无

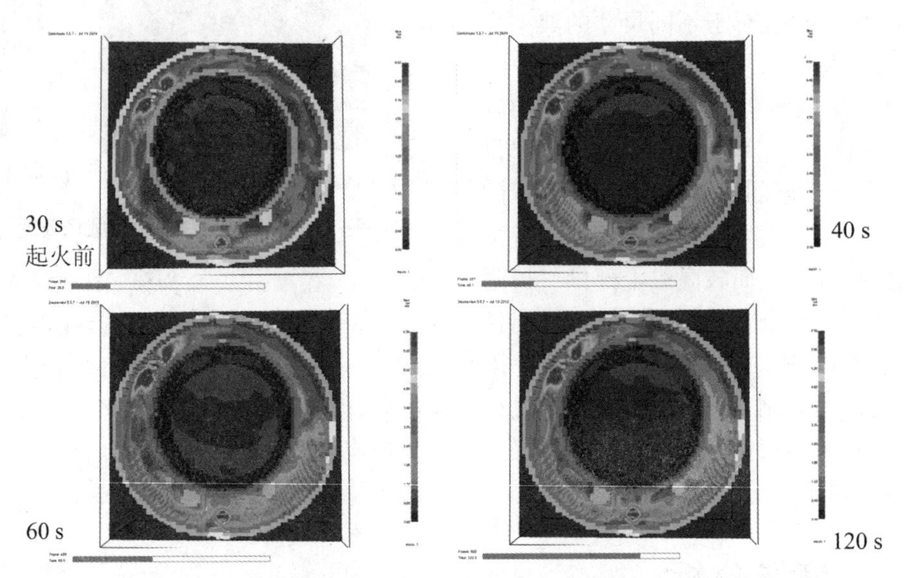

图 9 $Y=0.28$ m 截面的速度场

（火源 0.4 m×0.4 m，附件齿轮箱附近）

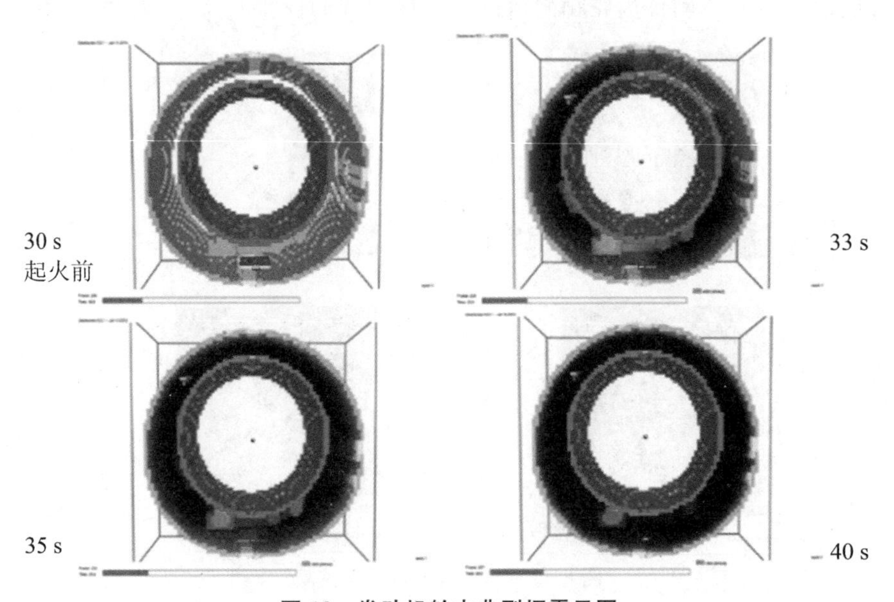

图 10 发动机舱内典型烟雾云图

人区域,因此本文仅将烟雾浓度场作为参考,对于发动机舱这个相对封闭的空间,起火后烟雾扩散得非常迅速,在10 s后舱内基本达到肉眼不可见。

6 小结

本文提出了一套飞机发动机舱失火特性的研究方法和步骤,并以某型飞机风扇舱为例,对失火状态下的温度场、速度场和烟雾扩散进行了分析,为发动机舱火警探测系统和灭火系统设计提供了优化建议。

参 考 文 献

[1] 孙明,魏思东,谭麒瑞. 飞机火警信号异常与处置时机[J]. 四川兵工学报,2009,30(9):84-87.

[2] KEVIN McGRATTAN. Fire Dynamics Simulator User's Guide [M]. NIST U. S. Department of Commerce, 2009.

[3] KEVIN McGRATTAN. Fire Dynamics Simulator Technical Reference Guide [M]. NIST U. S. Department of Commerce, 2009.

[4] 陈伟,崔浩浩,秦龙,等. 基于FDS的火灾仿真研究[J]. 2011, 38(12):227-231.

[5] NIU Yi, MENG Manli, ZHANG Pei, et al. Method of Constructing Curved Geometry for FDS [C]. 2010 International Conference on Future Industrial Engineering and Application, China ShenZhen.

文章编号:SAFPS1507　　飞机防火基础理论

飞机防火试验中的燃烧反应动力学模型研究

王伟[1,2],刘帅[1,2],白杰[1,2]

(1. 中国民航大学民用航空器适航与维修重点实验室,天津 300300;
2. 中国民航大学航空工程学院,天津 30030)

摘要:本文使用反应路径分析法对Jet-A型航空煤油燃烧的气相燃烧机理进行简化。选用Jet-A的替代燃料POSF-4658的反应机理作为Jet-A的详细机理,该机理包含1607种组分、6633个反应机理。将飞机防火试验条件作为简化过程的初始条件,得到78种组分,196个反应机理的Jet-A燃烧机理。通过对Jet-A的简化反应机理、详细反应机理和Jet-A实验数据的比较可以发现,简化反应机理可以较准确地反映Jet-A型航空煤油在防火试验条件下的燃烧特性。利用常用的Jet-A简化机理计算的绝热火焰温度、点火延迟时间及层流火焰速度与本文提出的简化的计算值进行比较。结果表明,本文提出的简化机理在防火试验条件下具有较高的精确度。本文得到的Jet-A简化反应机理可为飞机防火试验的仿真研究提供燃烧场的化学反应动力学模型。

关键词:防火试验;Jet-A;机理简化;反应路径分析

中图分类号:X936;X932　　**文献标识码**:A

0　引言

飞机防火试验是飞机适航审定中的重要环节之一,防火试验是保障航空安全的重要屏障[1-3]。飞机防火试验包含(民用飞机)机舱内部非金属材料阻火试验、座椅垫的可燃性试验、货舱衬垫抗火焰烧穿试验、隔热/隔音材料可燃性和火焰蔓延特性试验、隔热/隔音材料的抗烧穿性试验火焰、飞机指定火区防火试验(含推进系统)六大类试验[4]。

在防火试验进行过程中结合防火试验数值模拟可以提高试验效率、节约试验成本、缩短试验时间。随着数值计算技术、计算机技术等领域的发展,试验与仿真相结合是解决工程问题的发展趋势。因此,开展飞机防火试验的仿真研究是完成飞机防火试验的重要支撑。

对试验器燃烧过程的模拟是防火试验仿真的主要内容。目前,各类飞机防火试验均使用NexGen Burner作为试验燃烧器,试验器以Jet-A型航空煤油作为燃料[5]。Jet-A 燃烧过程模拟是主要研究对象。耦合 Jet-A 详细燃烧机理的计算流体力学方法能准确反映燃烧过程的温度、组分随空间、时间的分布。受计算水平的制约，Jet-A 详细燃烧机理尚无法完成防火试验仿真[6]。目前国际上常用的 Jet-A 简化机理（Jet-A 一步反应机理、$C_{12}H_{23}$ 机理）并非以防火试验条件作为初始条件进行简化，将其用于防火试验仿真势必会导致较大的误差[7]。

因此，本文针对飞机防火试验条件对 Jet-A 燃烧反应的详细机理进行简化，得到能够用于飞机防火试验仿真的反应动力学模型。在简化过程中，选用 Sun 等人[8]在直接关系图法的基础上改进而提出的路径通量分析法（Path Flux Analysis，PFA）。多代 PFA 分析了组分间的间接相关性，其机理简化的效果好于一代 PFA。本文利用三代通量路径分析法对反应机理进行简化。选用 Stephen Dooley 等人[9]给出的 POSF-4658 机理（包含 1607 组分、6633 个反应机理）作为 Jet-A 的详细反应机理，这是国际公认的详细机理。

本文对比了详细机理和简化机理的点火延迟时间、反应平衡时的组分浓度等参数以验证简化机理的准确性。同时，针对目前国际上常用的 Jet-A 燃烧反应机理，将简化机理的计算结果与常用的 Jet-A 燃烧反应机理做对比，分析简化机理与其他 Jet-A 燃烧机理的差异。

1　路径通量分析方法概述

路径通量分析方法[7]主要是利用生成通量份额和消耗通量份额表征反应路径的重要程度。通量路径分析方法通过分析系统中的反应组分与预选组分的耦合程度确定反应系统在简化过程中应当保留的组分。路径通量分析方法已经在文献[7]中进行了详细的阐述，本文不再赘述。对于三代路径通量分析而言，预设一个阈值 ε，当通量值 $r_{AB}^{pro\text{-}3st}>\varepsilon$（$r_{AB}^{con\text{-}3st}>\varepsilon$）时，组分 B 相对于组分 A 的生成（消耗）关系不可以忽略。

2　简化机理的构筑

本文基于反应路径通量分析方法对煤油燃烧的反应机理进行简化，简化过程使用普林斯顿大学 Chem-RC[7,10] 代码进行路径通量计算，对于简化结果的验证过程使用 CHEMKIN 代码完成对常微分方程的积分。

由不同初始条件得到的机理简化结果会存在一定的差异[7]，这个差异直接影响模拟结果的准确性。为准确反映 Jet-A 在防火试验中的燃烧特性，选定压力 100～110 PSI，温度 1 000～1 500 K，当量比 0.8～1.5 作为简化的初始条件。

选定 $C_6H_5CH_3$、C_8H_{18}、$C_{10}H_{22}$、O_2、N_2 作为反应路径通量分析的预选组分。图 1 给出了简化机理的组分数、相应基元反应数与给定阈值 ε 之间的关系。由图 1 可知，简化机理随阈值的减小趋近详细机理，但当阈值 ε 处于零的某一邻域时，简化机理仅能维持预先选定的组分，其他的耦合关系都将忽略；组分数、机理数并不是阈值 ε 的连续函数，这由耦合组分群体间的非线性关系造成的，这些组分群体或被整体地保留在机理中或者被整体地去除。

选择 ε=0.72 时的简化机理，该机理包含 78 种组分，196 个反应机理。

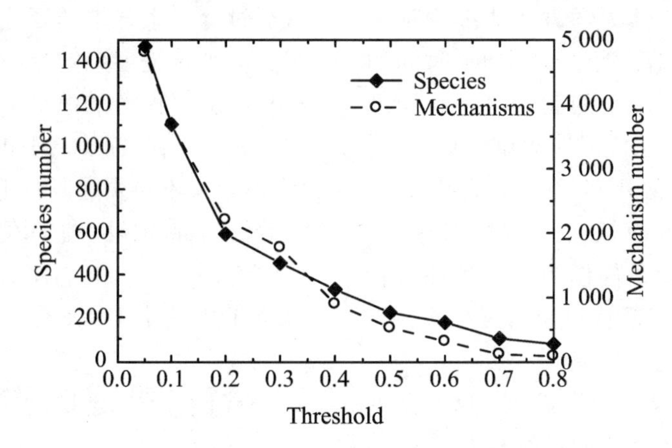

图 1　简化反应机理的组分数目、相应基元反应个数与给定阈值 ε 之间的关系

3　简化机理的验证

得到 Jet-A 反应的简化机理，利用零维均质混合器模型和层流预混火焰模型对简化机理进行验证，比较详细反应机理和简化机理在平衡温度、点火延迟时间以及层流火焰速度的差异。零维模型以及层流火焰模型是为了对本文简化的 Jet-A 反应动力学模型进行检验，分析其在防火试验条件下的燃烧特性。

在零维均质混合器模型中，取初始条件压力 110 PSI，初始温度 1 200 K，燃料当量混合，得到计算结果如图 2 所示。零维均质预混燃烧模型假设系统中的组分在任意时刻均匀充分地混合，并忽略了扩散作用对于化学反应过程的影响，这有利于从反应动力学的角度分析不同机理的化学反应过程。对于点火延迟时间和绝热火焰温度的计算，简化机理与详细机理的计算值、实验值

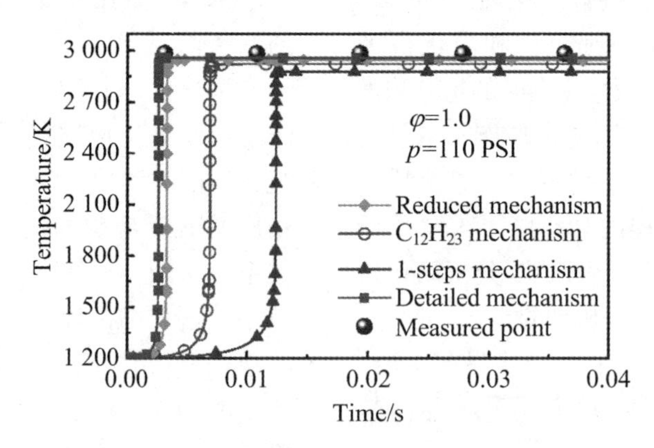

图 2　零维均质混合器中不同反应机理的温度分布

吻合良好，误差不足3.2%。但$C_{12}H_{23}$机理和一步反应机理的点火延迟时间计算值存在较大差距，这是由于$C_{12}H_{23}$机理和一步反应机理简化过程的初始条件不是防火试验条件所导致的。所以在防火试验条件下，本文得到的简化机理在绝热火焰温度和点火延迟时间的预测上精度较高。

在零维均质混合器中，初始压力110 PSI，燃料当量混合，初始温度1 000～1 500 K，点火延迟时间随初始温度的变化如图3所示。简化机理与详细机理、实验值的点火延迟时间有很好的吻合度。简化机理在防火试验条件下计算得到的点火延迟时间明显比$C_{12}H_{23}$机理和一步反应机理准确。总之，简化机理在防火试验仿真中明显优于其他的Jet-A机理。

图4中对比了Jet-A简化机理计算的层流火焰速度与实验值[11]，燃料温度500 K，压力100 PSI。层流预混火焰模型既考虑了燃烧过程中化学反应动力学对结果的影响，又考虑了流动过程(对流和扩散)对结果的影响，能够较为真实地反映Jet-A的气相燃烧过程。从计算结果来看，在当量比0.8～1.4

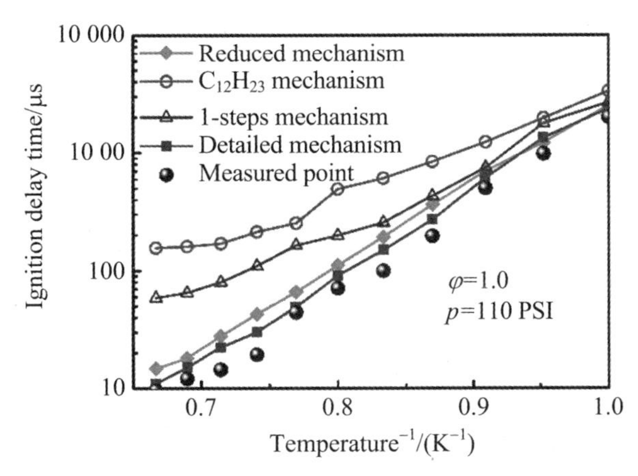

图3　不同初始温度下不同反应机理计算得到的点火延迟时间的对比

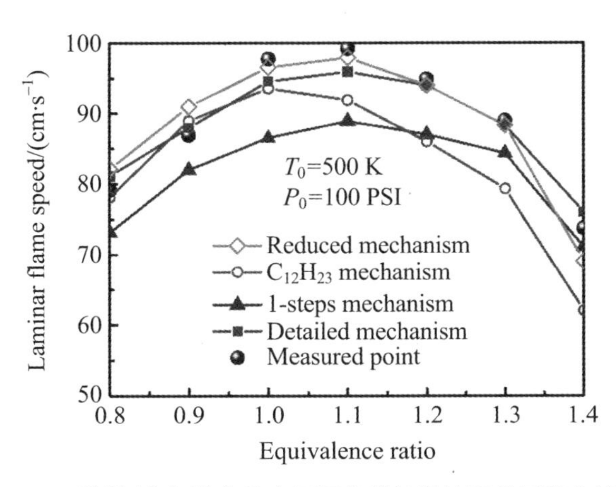

图4　Jet-A燃料/空气混合物在不同化学计量比下的层流火焰速度

的区间内，本文得到的简化机理能够比较准确地反映实验结果。贫油程度增加或富油程度增加并不会使计算结果与实验值产生较大的差异。由图 4 的结果可知，在较宽的当量比范围内本文得到的 Jet-A 燃料简化机理能够很好地反映实际 Jet-A 燃料的传播特性，这在燃烧场模拟过程中是十分重要的。

本文根据航空发动机防火试验条件下得到的 Jet-A 燃料简化机理计算的点火延迟时间、绝热火焰温度及火焰速度与详细反应机理的计算值吻合较好，简化机理计算的层流火焰速度能够比较准确地复现实验中的数值。Jet-A 燃料的简化机理能在一定程度上定量地预测 Jet-A 燃料真实的燃烧过程。

4 结论

本文利用反应路径通量分析方法，以航空发动机防火试验工况作为初始条件对详细反应机理进行简化，得到了组分数为 78、基元反应数为 196 的简化机理。采用该简化机理对燃料的点火延迟时间、绝热火焰温度以及层流火焰速度进行了计算，将相关计算结果与详细反应机理的计算结果进行对比分析。对比结果表明本文的简化模型在航空发动机防火试验条件下具有较高的准确性，能够准确反映出 Jet-A 燃料的反应过程，能够用来对防火试验中 Jet-A 燃烧过程进行准确的数值模拟。与详细的反应机理相比，简化机理有效地将组分数由 1 607 减少到 195。因此，该简化机理能够用于防火试验仿真之中，本文得到的燃烧反应动力学模型可以比较准确地模拟试验器的燃烧场。该模型在求解中可以减少方程的维数，明显地削减计算量。将简化机理应用于燃烧场模拟能够节约计算时间和计算资源成本。因此，应用该 Jet-A 反应动力学模型进行的防火试验模拟可以有效地为防火试验提供支持。

防火试验利用燃烧器产生燃烧场模拟火灾情景，两者对应的工况相似，因此本文得到的燃烧反应动力学模型还可用于飞机火灾模拟仿真的研究之中。

致谢

本文受到中国民航大学天津市民用航空器适航与维修重点实验室开放基金资助的资助。感谢美国 Connecticut 大学的 Tianfeng Lu 教授在本文写作过程中的指导，以及为本文提供 Chem-RC 代码。

参 考 文 献

[1] Northwest Mountain Region-Transport Airplane Directorate. Advisory circular 20-135: Powerplant Installation and Propulsion System Component Fire Protection Test Methods [R]. Washington D C: AC, 1990: 120-135.

[2] Federal Aviation Administration: Powerplant Engineering Report No. 3A, Standard Fire Test Apparatus and Procedure, Revised March1978.

[3] Administration US Department of Transportation, Faderal AviationAdministration. CFR14

Part 33: Airworthiness standards: Aircraft engines [S]. Washington DC: FAA, 2013.

[4] Administration US Department of Transportation, Faderal AviationAdministration. CFR14 Part 25: Airworthiness standards: Transport category airplanes [S]. Washington DC: FAA, 2015.

[5] Kao Y H. Experimental Investigation of NexGen and Gas Burner for FAA Fire Test [D]. University of Cincinnati, 2012.

[6] KIM D, MARTZ J, VIOLI A. A surrogate for emulating the physical and chemical properties of conventional jet fuel[J]. Combustion and Flame, 2014, 161(6): 1489-1498.

[7] TIANFENG L, YIGUANG J, CHUNG L. Complex CSP for chemistry reduction and analysis[C]. In 39th Aerospace Sciences Meeting and Exhibit, American Institute of Aeronautics and Astronautics, 2001.

[8] SUN W, CHEN Z, GOU X. et al. A path flux analysis method for the reduction of detailed chemical kinetic mechanisms[J]. Combustion and Flame, 2010, 157(7): 1298-1307.

[9] DOOLEY S, WON S H, CHAOS M, et al. A jet fuel surrogate formulated by real fuel properties[J]. Combustion and Flame, 2010, 157(12): 2333-2339.

[10] VASU S S, DAVIDSON D F, HANSON R K. Corrigendum to "Jet fuel ignition delay times: Shock tube experiments over wide conditions and surrogate model predictions"[J]. Combustion and Flame, 2009, 156(4): 946.

文章编号:SAFPS1508 飞机火灾探测技术

飞机火警探测系统技术综述

王凯,徐建伟

(中航飞机研发中心,西安 710089)

摘要:本文以过去和当前在飞机上安装使用的火警探测系统及其探测元件为研究对象,结合飞机防火系统实际应用经验,对飞机不同的火警探测系统进行了描述,并总结了其各自的优缺点。工程设计人员可参考本文充分了解各种不同技术的性能,掌握各个方案之间的差异,为一个特定的飞机平台选择最优的火警探侧系统设计方案。

关键词:飞机;防火系统;火警探测

中图分类号:X936;X932 **文献标识码:**A

0 引言

从莱特兄弟驾驶第一架飞机起飞到现在,飞机的发展已经经历了 100 多年的历史。从军事到民用,人们在获得巨大成就的同时,也伴随着一起起的灾难。

飞机上可能出现的安全事故很多,火灾是可能发生的最严重的灾情之一。一旦发生火灾,巨大的载油量、多种火源、各种管路及线路的铺设以及飞行任务的多变性,都将对机组人员、乘客和飞机的安全产生极其严重的威胁。为此,人们设计了不同的飞机防火系统来避免和消除可能发生的火灾险情。

如果能在火灾发生阶段尽早意识到危情,并采取有效的措施,就有可能将火灾消除在萌芽状态。基于这一认识,人们将火警探测视为防火的最为重要的方面。

本文结合目前飞机上常用的火警探测系统进行讨论,涉及热感应式火警探测系统、光学火警探测系统以及烟雾探测系统。

1 火警探测系统

1.1 热感应式火警探测系统

热感应式火警探测系统的原理是利用热感应元件对环境温度进行监控,当温度达到报警温度时,热感应元件就会接通火警探测系统电路,实施告警和灭火。

1.1.1 点式火警探测系统

大约在 20 世纪 30 年代,人们在飞机发动机舱首次使用了火警探测系统。

当时人们以一种易熔合金作为探测元件，当温度达到预定值时，合金便融化，从而接通外部壳体和被绝缘的导电芯体之间的电路。最早使用这一系统的是B-25。但其缺点异常明显，火警信号一旦发出就不能取消，因此不能给出“火扑灭”信息，属于一次性产品。

到了20世纪40年代，人们发明出一种热电耦式探测元件，并将其应用于飞机发动机舱。这种探测系统能给出“火扑灭”信息，并可重置，是火警探测技术的一次显著进步。

这段时期，双金属片热敏开关式探测元件也相继出现。人们在喷气式飞机的发动机舱广泛使用，因其稳定性和低故障率，一直沿用至今。

尽管热电偶和热敏开关式火警探测系统因挽救了大量飞机及人员而备受赞誉，但是它们属于点探测器，相对于需要覆盖的区域其探测范围太有限，而且，由于热感应元件依靠热对流来工作，需要从失火部位向探测器传递热量，而环境气流会对其产生影响，因此，这种探测系统对探测器的布置有很高的要求。

1.1.2 连续型火警探测系统

20世纪50年代中期，连续型探测元件被研发出来，人们据此开发出了连续型火警探测系统，使得探测范围大大增加。这种探测元件如同一根很长的导线，可沿整个火区敷设，因此能够覆盖很大的空间。直到今天，连续元件热探测技术仍然是应用于飞机发动机舱火警探测最为普遍的手段。

经过多年发展，连续型探测系统已经开发出多种形式，广泛应用的主要有平均型热感应元件探测系统和气动型热感应元件探测系统。

平均型热感应元件探测系统的探测元件的告警值是其总长度上的平均温度值。因此，它的缺陷也异常明显，要是只有一小段探测元件受热，则需要温度更高才能达到其告警值；要是很长一段敏感元件都受热，则其告警值就会降低。因此，人们通常将这种探测元件紧挨着“局部热点”敷设。

平均型连续探测元件可单独或同时监测电阻和电容的变化。它有一条或两条金属丝，被封装在陶瓷做成的芯体中，外面包以金属管套。当温度升高时，内部导体与外部套管之间的电阻减小，同时电容增大。当内部导体与外部套管之间的电阻降到某一预定值时，监控装置发出告警信号；当危险消除，温度返回正常时，电阻增大，电容减小，警告消除。使用多重电阻/电容设定就可设置多种告警值分别指示失火和过热。

气动型热感应元件探测系统依靠增大气压来达到其告警值。其热感应元件由一个充氢气的芯体和包在外面的金属套管组成，芯体和套管之间充有氦气。当环境温度升高，氦气的压力增大到设定值时，其上的压力开关闭合，发出警告；当温度返回正常值时，压力降低，警告解除。假如出现局部高温，芯体就会释放出吸附的氢气，快速增大内部压力，压力开关闭合，发出警告；热感应元件冷却后，氢气被芯体吸附回去，内部压力降低，警告解除。

对于上述两种连续型热感应元件，其设计报警时间为：直接放入1 100 ℃火焰中，5 s内输出告警信号；从火焰中

移除后重置时间短于 30 s。

1.1.3 离散型火警探测系统

就在平均型火警探测系统使用后不久，一种离散型火警探测系统也投入使用。与平均型不同，离散型系统所采用的探测元件基本上不依靠对一定长度的敏感元件加热来达到其告警值。目前只有采用电气原理的"离散"型探测系统。它采用的探测元件有一条或两条金属丝，被封装在陶瓷做成的芯体中，外面包以金属管套，陶瓷芯体空腔装有低融共晶盐。只要对很小的一段探测元件进行加热，低融共晶盐就会融化，此时，内部导体与套管之间电阻迅速减小(同时电容增大)，监控装置即发出告警信号。

尽管这种探测元件基本不受加热长度影响，但目前不能像平均型探测系统那样设定多重告警值，或者任何形式的模拟温度。

1.2 光学探测系统

基于光学原理的火警探测技术大约出现在 20 世纪 50 年代初期。早期的光学探测元件是基于硫化光电管来检测闪烁的红外辐射，由于同样频率的红外辐射太多，因此假报警率超高。

后来推出了一种硫化镉探测器，它可以监测可见光谱中的两个狭窄的波段——红色和绿色波段，20 世纪六七十年代越来越多的飞机使用这种探测器，但主要局限于一些通用飞机和直升机。

到了 20 世纪 70 年代初，美国空军开发出了一种高温紫外火警探测系统(UVAFDS)。它采用一种冷阴极充气管，对低于 280 nm 的辐射起反应，并对 200～250 nm 范围波长辐射高度敏感，对较长的波反而不敏感，这一差异至关重要，因为在火焰辐射中短波辐射仅占一小部分，与其他可能导致假告警的辐射源的辐射相比也很小。

虽然这种技术看起来很先进，但是大多数飞机使用部门对这些新技术并不热情，所以 UVAFDS 很少在飞机上使用。

在新型军用飞机设计中，特别强调隐身技术，这可能导致意外的危险。为了减少飞机的热频谱信号，飞机设计者在发动机周围布置了燃油箱。这样虽然减少了飞机的可探测性，但会增大鼓掌影响后果，比如燃烧室烧穿或密封失效而导致的燃油流进发动机舱。因此，这种情况必须尽早探测出来。正是基于这种考虑，美军最新一代战斗机目前都采用了紫外火警探测系统。

1.3 烟雾探测系统

目前最为常用的货舱火警探测技术是烟雾探测系统，经过 50 多年的发展，烟雾探测器也在不断改进。烟雾探测器有两种基本设计原理:离子式和光电式。离子式探测器对流经电场的离子化燃烧物进行监测;光电式探测器则监测光线的衰减、反射、折射或者对某一波段光线的吸收，正因为如此，这种探测器属于光学探测器。

早先人们使用一种离子式探测器，它采用放射性同位素作为辐射源来给燃烧产物充电，然而这个放射源还会给别的东西充电，如小水珠、灰尘等。这种探测器灵敏度随压力变化而变化(随高度变化)。另外,随着使用年限的增加,这种探测器会更加灵敏,假报警也会随之增多。

由于离子式探测器太不可靠,于是人们转而研究基于光学原理的探测器,但这种探测器在消除假报警方面依然不是很令人满意。

现在大多数飞机货舱中采用高品质光电式烟雾探测器,依靠位于放射性辐射源和探测装置质检的特定物质引起的光散射或者光反射辐射来工作。采用固态电路设计烟雾探测器后,作为时间和温度函数的灵敏度较少由于告警值漂移而受损,从而使固态烟雾探测器较少出现假报警,因为它们的灵敏度设定在很长时间内可以保持在较准的报警值上,而这些告警值能够适应货舱的环境。固态烟雾探测器的另一个优点是使用了长寿命元件,比如固态光电式烟雾探测器使用长寿命的发光二极管作为光源。但是它也有缺点,由于这种装置依靠收集失火后的特殊粒子而工作,而且属于点探测器,因此其工作成功与否高度依赖于其安装位置。此外,火区内的空气流动也会对烟雾探测器的工作产生影响。

人们一直在考虑将其他探测技术应用于货舱,或者取代烟雾探测器,或者作为它的补充,但无一能真正取代烟雾探测器的地位。由于飞机货舱装载物及装载量的不确定性,会存在只发很少热量或暗火的环境,监测火焰的光学探测器及检测温度的热感应探测器很难测出来,因此,就目前而言,烟雾探测系统似乎是最合适的。

2　几种火警探测技术比较

如果机组人员能够尽早在危险状况发生阶段发现它,并且立即采取正确的措施,就能减少甚至消除危害。因此,能否成功地对飞机进行防护,探测系统的反应时间就成为了关键因素。美国空军在 Wright Patterson 空军基地进行的一项研究很能说明问题。他们的最初目的是为了评估各种灭火剂在发动机动态环境下的有效性。在试验过程中,还观察到一个有趣现象:当使用 Halon1301 扑灭模拟发动机舱中着火时,灭火剂是按适时方式释放的(12 s),根据确认的灭火剂计量估算准则,这种灭火剂的性能是可接受的。然而,只要允许火在发动机舱存在时间超过 15 s,根据 MIL-E-22285 中的接受评估要求确定的灭火剂计量就显得不够了。其原因是,如果存在足以冲淡灭火剂浓度的空气流,而且还存在可燃物时,最初着火得到的高热表面就会再次点着这些可燃物。这个研究发现,只要按 12 s 的间隔时间喷射灭火剂,高热表面就不会生成。这样,从火灾形成到探测的快速辨别,连同执行灭火的快速反应,就成为决定防火系统成功的关键环节。表 1 中列出了几种火警探测器的探测原理和主要性能。

显然,传统连续型火警探测系统可能代表着使用最广和技术风险最低的方式,主要是因为人们已从多年使用中获得了大量经验。因其设计寿命长,承受温度高,因而在发动机舱广泛应用。

表1 火警探测器的探测原理和主要性能

探测器	紫外探测器	红外探测器	连续热感应元件	烟雾探测器
反应速度	1～2 s	0.1～2 s	放进火中最长 5 s	≤60 s
响应率	高	高	低	低
估计视界	180°	120°	依靠热传递	依靠空气对流
使用温度	正常 205 ℃/短时间可达到 260 ℃	正常 130 ℃/短时间可达到 150 ℃	不大于 650 ℃	不大于 70 ℃
虚警率	低	极低	低	对灰尘和潮湿敏感
MTBF	高	中等	极高	中等
系统成本	低	中等	高	高

3 火警探测系统使用建议

发动机舱、APU 舱等部位火警探测是人们最先关注也是研究最深、技术最成熟的，它结构较小且相对密封，连续型火警探测器是较好的选择。现在，最新研制的飞机发动机舱通常选用气动型火警线作为火警探测系统的探测元件。

对于货舱，不论对现代烟雾探测器采取了多少改进措施，在其使用上依然存在许多限制。这种装置依靠失火时特殊粒子的传递来工作，其成功高度依赖于其安装位置，但人们只能依照经验或者怀疑可能失火位置来定位。此外，烟雾探测器能否在火灾初始就探测到火情，还取决于空气的流动。因此，推荐使用红外机理的烟雾探测器作为货舱使用的推荐技术，而且以双套构型安装后，可以获得更好的效果。

人们已经在考虑，在设计下一代货舱火警探测系统时，联合使用热感应、光学、特殊气体测试等各种技术，将它们与烟雾探测结合起来使用，并采用灵活处理、模糊逻辑、趋势信息等先进技术。

4 结束语

在现代的飞机设计中，我们只要根据火区的结构形式，可能的着火源，可燃物的类别、气流、气压等相关因素统筹考虑，再结合当今成熟的火警探测技术，就能为特定的飞机设计出合适的火警探测系统。

参考文献

[1] 飞机设计手册. 航空工业出版社.
[2] 吴龙标，方俊，谢启源. 火灾探测与信息处理[M]. 北京：化学工业出版社，2006.
[3] 王志超. 民用飞机防火系统研究[J]. 民用飞机设计与研究，2011(3).
[4] 向淑兰，付尧明. 现代飞机货舱火警探测系统研究[J]. 中国测试技术，2004(5).
[5] Aircraft Fire detection suppression Kidde Aerospace & Defense Technical Paper.

文章编号：SAFPS1509　　　　飞机火灾探测技术

飞机火警误报警研究与对策分析

卢建华，郭巍

（海军航空工程学院控制工程系，山东 烟台 264001）

摘要：能否控制飞机火警系统的误报警直接影响着飞机的飞行安全及作战、训练任务的完成。本文通过分析误报警故障，研究了增加余度控制、设置监控电路、执行机构国产化、改装火警探测器等方法，重点分析了执行机构国产化的研究方法、研制步骤和具体设计方案，设计了组合板原理电路、保护板原理电路和执行机构接口定义及内部连接关系。

关键词：飞机火警系统；误报警；执行机构国产化；原理电路

中图分类号：X936；X932　　　　**文献标识码**：A

0　引言

某型飞机装配的火警系统，其作用是用来监测发动机机舱中是否发生火灾。当发生火灾时，向综合告警系统、飞行记录系统、语言告警系统等发出告警信号，使飞行员正确判断并做出灭火操作。其性能的好坏直接影响着飞机的飞行安全及作战、训练任务的完成。

然而火警系统在某型飞机飞行训练中屡次发生误报警现象，严重干扰了飞行员的正确飞行操作，危及飞机的飞行安全，因此，迫切需要弄清其故障产生的原因，并采取相应措施，消除误报警现象，保障飞机的完好率和出勤率。

目前，较为成熟的飞机发动机火警系统从传感器的角度分类主要有热电耦式、气动式、离子烟雾感应式等几种，以热电偶传感器应用较为广泛。以上三种形式火警系统的动作执行机构均为模拟电路，其工作原理主要是火警条件判别、报警信号输出、自检系统交联等，其中的火警判别电路起核心作用，设计中要求对报警灵敏度、系统工作可靠性、防止误报警作一个综合考虑。神经网络技术、计算机技术在飞机货舱、飞机发动机火警系统中的应用是火警系统发展的趋势，在该领域的研究已经有了一定的进展，但仍然停留在实验室阶段，还没有在飞机上得到真正的应用。

针对某型飞机在飞行训练过程中屡次出现的火警系统误报警这一问题，在熟悉飞机火警系统结构、工作原理和相关技战术指标的基础上，从传感器、放大执行机构的电路设计和工艺设计等环节分析故障可能产生的原因，提出相应的解决方案。

为了解决误报警故障，拟采取增加余度控制、设置监控电路、国产化执行机构和改变传感器等对策措施，减小误报警的发生概率。并对以上各种措施的可行性和可操作性进行分析比较，找出最佳方法，达到消除误报警的目的。

1 火警系统产生误报警故障的原因分析

飞机发动机发生火灾时，通常会在较短的时间内伴随着较大的温升，传统的仅靠检测绝对温度的检测方法有局限性，导致误报警率较高。本文采用速率检测算法与绝对温度检测相结合，即被检测的温度变化速率信号连续超过某一极限达到一定次数，且绝对温度超过发动机舱的正常温度极限时，可确定认为有效火警。

某型飞机装有两套火警信号系统，现在采用的是简单的逻辑电路对火警进行判断，但是存在以下问题：一是在电路的报警灵敏度和误报率之间存在矛盾，原设计为了保证报警灵敏度，大大降低了基准电压，使误报率明显提高；二是各个敏感支路在输出上是“或”的逻辑关系，没有考虑6条敏感支路相互之间的联系，也会导致误报率上升；三是由于飞机上存在电源波动、电磁辐射等干扰源，使得该火警信号系统误报率一直居高不下。

在熟悉了飞机火警系统的组成、工作原理的基础上，可以采取以下措施减小火警系统发生误报警的概率。

2 对策分析

2.1 增加余度控制

在原有控制执行电路（控制盒1）的基础上，增加一套控制执行装置（控制盒2），与原有控制执行电路构成“与”逻辑，其原理框图如图1所示。这样，只有两个控制执行机构同时输出高电位，才能使火警信号灯燃亮，从而可以有效地避免误报警情况的出现。

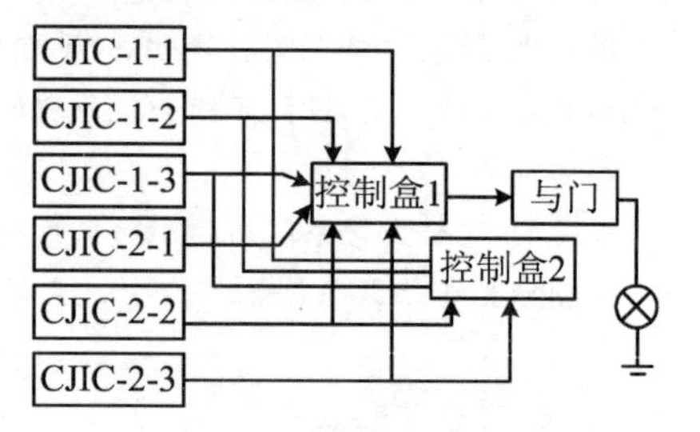

图1 余度控制原理框图

2.2 设置监控电路

在原有控制执行电路中设置监控电路，如图2所示。

通道1、通道2传感器只要有一路出现误报警信号，继电器K1或K2就吸合，发送故障信号，点亮警告灯。增加监控电路之后，火警传感器只有在输出大于30 mV时，接通J3继电器，才能使原来执行部件输出火警信号有效，从而有效地滤除了误报警现象。

2.3 执行机构国产化

鉴于火警系统屡次发生误报警现象，通过对多起故障现象的分析，借助地面测试，可以断定原执行机构稳定性差，可靠性低，有必要摒弃原设计方案，对其进行国产化改装设计。其总体方案如图3所示。

图3中,各电路采用集成电路技术进行设计,由自行设计的稳压电源统一供电。

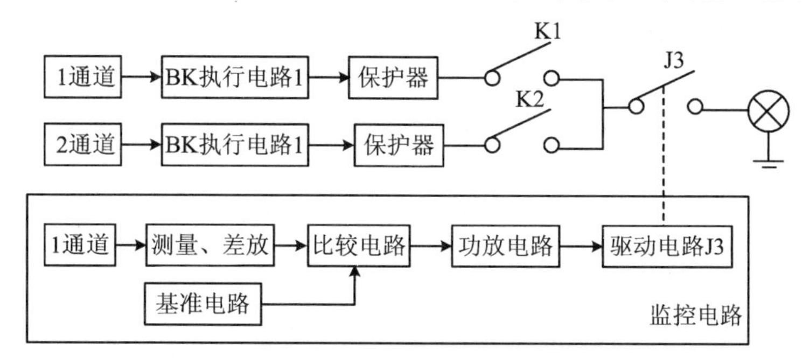

图2 监控电路原理框图

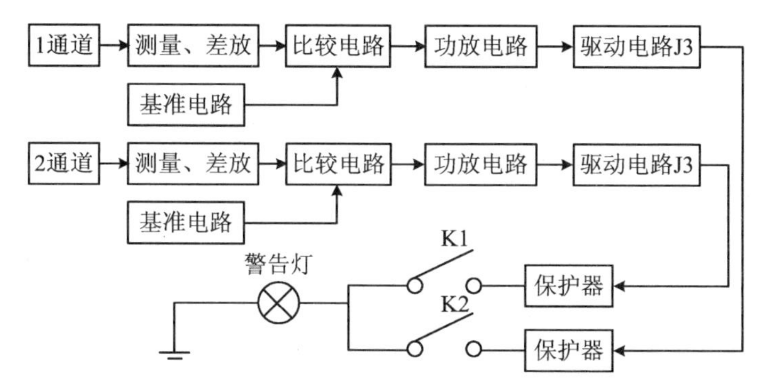

图3 原执行机构国产化原理框图

该方案以先进的集成电路技术、可靠的元器件来保证执行机构的工作的准确性、稳定性和可靠性。沿用原来的热电耦式传感器,不改变原有火警系统的结构布局和外部接口,具有较好的可行性。抛开原有的设计思想,进行放大执行电路的国产化设计,在功能、性能上达到进口产品要求。

2.4 以先进的气动式火警探测器进行改装

通过对误报警原因的分析,产生误报警现象的另一主要原因来自于火警传感器。因此对火警传感器进行改装,也是消除误报警的有效手段。通过调研发现,目前国内外应用较多的是结构简单、技术成熟、可靠性高,代表了火警系统的使用和发展方向的气动式火警探测器。国产JH7A飞机采用的就是该种探测器,在日常飞行训练中几乎没有发生过误报警现象。欧美装备的飞机也大都采用该种火警探测器。

采用气动式火警探测器,需要对发动机的结构、探测器的安装位置进行充分的考虑,改动面广、工作量大。

综合考虑上述四种改进方案,增加余度控制的方案确实可以有效地解决误报警问题,可是控制盒的增加也同时增加了其本身的故障概率,体积和成本上也大大增加,特别是当余度通道出现故障,此时如果飞机确实出现火警故障,火警系统不能实现报警,这对飞机的安全飞行造成较大隐患。设置监控电路也存在类似的问题，且增加监控电路仍然没有解决火警控制盒电路本质的问题，其电路本身仍然存在严重的故障隐患；而采用气动式火警探测器虽然设计理念先进，技术也比较成熟，但是它的要求与原机型的器件布局差别过大，如果采用则需要大量地改动发动机的结构、探测器的安装位置等部件，工程实现难度相当大，所以这三种解决方案在真正地解决误报警故障方面都或多或少存在一定的问题，通过分析比较选用第三种解决方案，利用先进的设计理念，采用集成电路技术对该型飞机的执行机构进行国产化。

另一方面，某型飞机原火警信号处理系统以模拟电路设计为主，且结构、原理复杂。在火警信号处理系统各部件都正常的情况下，执行模块能否正常工作是火警信号系统能否发挥作用的决定因素。因为在火警信号系统的电气电路中，执行模块起着承上启下的作用，它对火警传感器的信号进行故障鉴别、信号放大，再经过驱动电路功率放大后传输给保护电路，进而输送给信号装置发出告警。而原执行模块在模拟电路设计方面存在设计思想落后、元器件冗余现象明显的问题，因此故障隐患较大，火警传感器的工作稳定性差，这些原因都是导致整个火警系统工作不可靠的重要原因。因此，进行原执行模块的国产化研制尤为必要。

3　执行机构国产化方法

3.1　研制方法

对于该设备的研制，总的指导思想是借鉴俄罗斯进口产品功能、性能的要求和设计思路，采用现行飞机火警系统信号处理的设计思想，利用集成电路技术进行设计。具体方法是：

1. 透彻搞清火警系统的原理、组成、功用、性能以及与其他设备的连接、功能、信号控制关系，将每个相对独立功能部分单独画出电路功能图并加以逐项分析。

2. 初步设计总体设计方案和初步设计方案。

3. 调研、选择方案中所有关键元器件的落实。

4. 修改总体设计和分方案设计，面模板上电路调试，绘制印制板调试，结构工艺设计。

5. 为了保证质量，壳体加工、工艺安装外协。

6. 设计模拟电路进行模拟仿真调试。

7. 利用原火警系统传感器，进行执行模块的动、静态测试。

着眼提高部队的技术保障能力，以实用性为出发点，方便部队的使用和维护，在完全满足飞机火警系统安全工作的前提下，采用集成电路和先进的工艺进行设计，使新研制产品的各项技战术指标达到并部分超过原有俄罗斯进口产品的要求。为此，在该项目的研制过程中，我们遵循了以下原则：

1. 保持原火警系统执行机构的接口关系及安装位置不变。

2. 体积、重量不大于原执行机构。

3. 新研制的执行机构以苏 30 飞机的火警系统为使用对象，重点实现该型飞机火警系统在突发火灾情况下的正常报警功能，降低误报警概率。其性能指标以俄方所提供的各项性能数据为准。

4. 具有良好的使用性、可维修性和高可靠性，方便部队使用维护。

5. 研制过程符合标准化要求。

3.2 研制步骤

在火警系统执行机构的研制过程中，严格按照国家标准对航空产品研制开发的要求实施。主要步骤有：

1. 调研论证。从2007年年初开始，课题组主要成员便开始陆续在部队一线和其他相关科研院（所）进行了调研论证，对火警系统执行机构国产化研制的可行性及其功能、技战术指标要求进行了全面的调研，了解了目前国内飞机火警系统执行机构的一些相关设计方法和手段。通过对原有俄罗斯进口产品工作电路的分析和研究，了解了火警系统误报警故障的原因。通过调研，认识到采用集成电路技术对火警系统执行机构进行国产化研制在技术上是可行的，而且可以提高其可靠性、维修性、并可减轻设备的重量，提高设备的寿命。

2. 总体方案设计。在调研论证的基础上，掌握了苏30飞机火警系统的组成、功能和性能指标要求，通过对俄罗斯进口产品的详细测绘，掌握了全面的参数要求。完成了该装置国产化设计的总体设计方案、《苏30飞机火警系统执行机构国产化研制的详细设计方案》，同时，编写了进行执行机构国产化研制的《可靠性维修保证大纲》、《标准化大纲》和《质量保证大纲》以及《苏30飞机火警系统执行机构国产化研制的任务要求》，并组织人员对详细设计方案进行了评审。

3. 具体硬件电路设计。完成了信号转换电路、火警判别电路、信号放大电路、驱动电路、执行电路和电源电路（包括供电电源电路、基准电源电路）的设计并在实验室进行了调试。通过调试，对详细技术方案又进行了进一步的修改和完善。在此基础上，完成了1台原理样机。

4. 地面对接试验。为了验证新研制产品在功能上能否满足原有俄罗斯进口产品的功能要求，赴使用单位，利用地面测试设备，对新研制产品进行了功能性检测。试验证明，设备功能齐全，达到设计任务书所规定的要求。

5. 环境实验。为了确保新研制产品满足装机要求，编写了《某型飞机火警系统执行机构环境试验大纲》、《某型飞机火警系统执行机构电磁兼容性分析报告》和《某型飞机火警系统执行机构"三防"性能分析报告》，接着进行了设备的相关环境试验，包括高温试验、低温试验、温度冲击试验、振动试验和湿热试验。

3.3 具体设计方案

在明确了火警系统执行机构的功能、组成、结构、工作原理与其他设备的工作关系及技战术性能的要求后，又经过进一步的分析、研究和相关实验，确定了执行机构国产化的具体实施方案。总体原理电路由组合板电路和保护板电路两部分组成。

1. 组合板原理电路

组合板原理电路如图4所示。其功能是对火警通道进行火警探测，输出

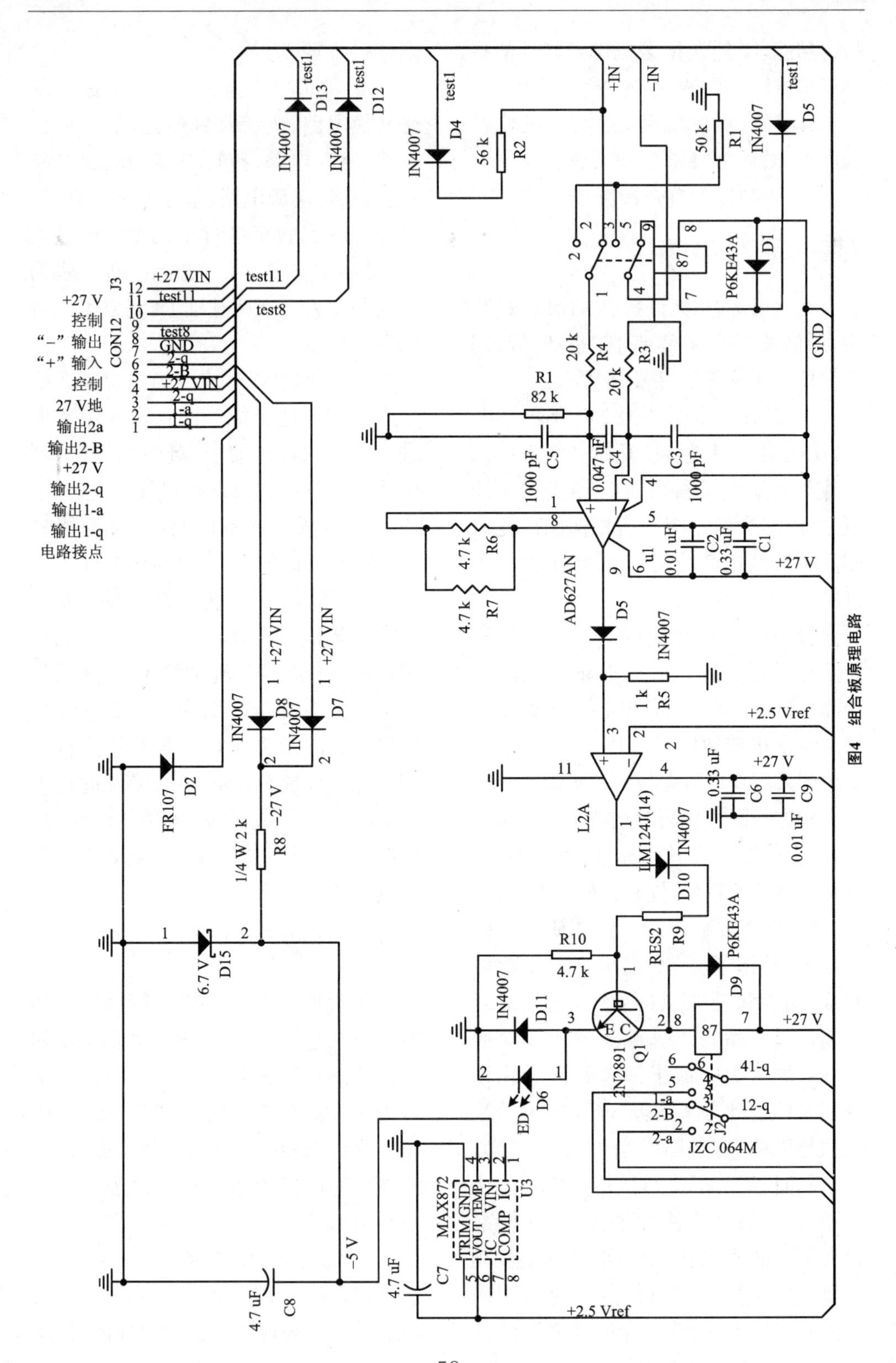

J3
CON12
+27 VIN
test11
test8
GND
+27 V
控制
“–”输出
“+”输入
27 V地
输出2a
输出2-B
输出2-q
输出1-a
输出1-q
电路接点
IN4007
D13
D12
D4
test1
56 k
R2
+IN
–IN
50 k
R1
D5
P6KE43A
D1
20 k
R4
R3
82 k
1000 pF
C5
0.047 uF
C4
C3
AD627AN
4.7 k
R6
R7
0.01 uF
C2
0.33 uF
C1
1 k
R5
+2.5 Vref
L2A
LM124J(14)
C6
C9
D8
D7
FR107
D2
1/4 W 2 k
R8
–27 V
6.7 V
D15
D10
RES2
R9
R10
4.7 k
D11
D9
2N2891
Q1
D6
ED
41-q
12-q
JZC 064M
MAX872
U3
TRIM
VOUT
GND
TEMP
VIN
COMP
4.7 uF
C7
C8
–5 V

图4　组合板原理电路

动作信号给保护板，具备自检测功能。

图 4 中，U1：AD627AN 仪表放大器。该仪表放大器可采用单、双电源供电，输出电压范围为(±2.2～±18 V)，最大静态电流 85 μA，可提供精确的交、直流电压信号。其封装图如图 5 所示。

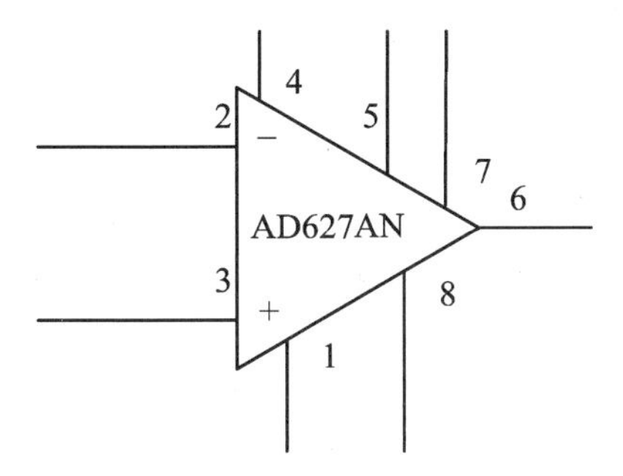

图 5　AD627AN 仪表放大器封装图

图 5 中，2 端为反相输入端，3 端为同相输入端，5 端接参考电位，6 端为输出端。在 1、8 端不接电阻的情况下，可以利用放大器的内部电路提供 5 倍的增益。如果 1、8 端跨接一电阻 RG，即可根据设计要求，合理选择电阻值可获得 5～1 000 倍的增益。增益可用以下公式表征：

$Gain=5+(200/RG)$，所以，可通过 $RG=200/(Gain-5)$ 来确定 RG 的大小。

该放大器具有以下特点：

典型增益精度：0.03%；

增益漂移：10 ppm/℃；

最大输入偏置电压：200 μV；

最大输入电压漂移：3 μV/℃；

最大输入偏移电流：10 nA；

带宽(G=+5)时，80 kHz。

主要应用：热电偶放大器、低功耗设备数据获取、便携式电池供电设备、低电源医疗器械等。

U2：LM124 通用放大器，工作为比较器状态，2 端接参考电源 2.5，V3 端为同相输入端，1 端为输出端。

Q1：末级驱动三极管；

U3：精密参考电源模块+2.5 V；

J1：输入信号与检测信号转换继电器；

J2：报警信号输出继电器。

U1 信号放大模块工作原理：热电偶输入自 J3 的 9 端(+)、10 端(−)输入，分别送到 U1 的 3 端和 2 端，热电偶输入信号经 U1 放大 83 倍。R6∥R7=2.35 KΩ，目的是将传感器输入的 30 mV 的信号放大至 2.5 V。

U2 比较器电路的工作原理：正常情况下，一旦 U2 的 3 端小于基准电压 2.5 V，因此，其输出端 1 输出低电位，保护电路不动作，一旦出现火警，U2 的 3 端将大于基准电压 2.5 V，其输出端 1 输出高电位，约为 23 V，驱动 Q1 动作，发出报警信号，并向飞行参数记录系统送出一高电位信号。

检测电路的工作原理：严格按照进口产品的自动检测逻辑进行设计。按压外部检测按钮(机上)，将在 J3 的 11 端出现+27 V 的检测电源。该正电经过 D13，D3 至继电器 J1 的工作绕组，J1 触点转换，常开触点闭合(2 组)，其作用有两个：一路将热电偶的输入从 U1 断开，并且将热电偶作为连接通路接入检测电路(目的是同时检测热电偶的断路与否)；另外一路将检测电源经过 D4、R2、R1 分压后，得到大于 60 mV 的检测信号，加至 U1 的 3 端，此时 U1 的 2 端接地，这样使 U1 的 6 端输出大于 2.5 V 的信号，同样会使 Q1 动作，输出报警信号。在热电偶对地短接和断路的两种故障情况下按压检测按钮系统都不会报警。

2. 保护板原理电路

保护板原理电路如图 6 所示。其功能是综合 6 个通道的动作信号，输出火警信号和给定自检测信号。在 JX2 的 8、9、10 端的任一端有报警信号（＋27 V），都会使 J1 动作，将 JX2 的 12 端上的＋27 V 接至 JX2 的 1 端输出，该输出信号直接通过 CZ2 的 L 端输出报警。

如果在 JX2 的 6 端有来自 CZ2 的“试验器”信号，产生与报警相同的动作。

整个电路的工作电源采用机上＋27 V 直流供电。

3. 执行机构接口定义及内部连接关系

执行机构接口定义及内部连接关系如图 7 所示。

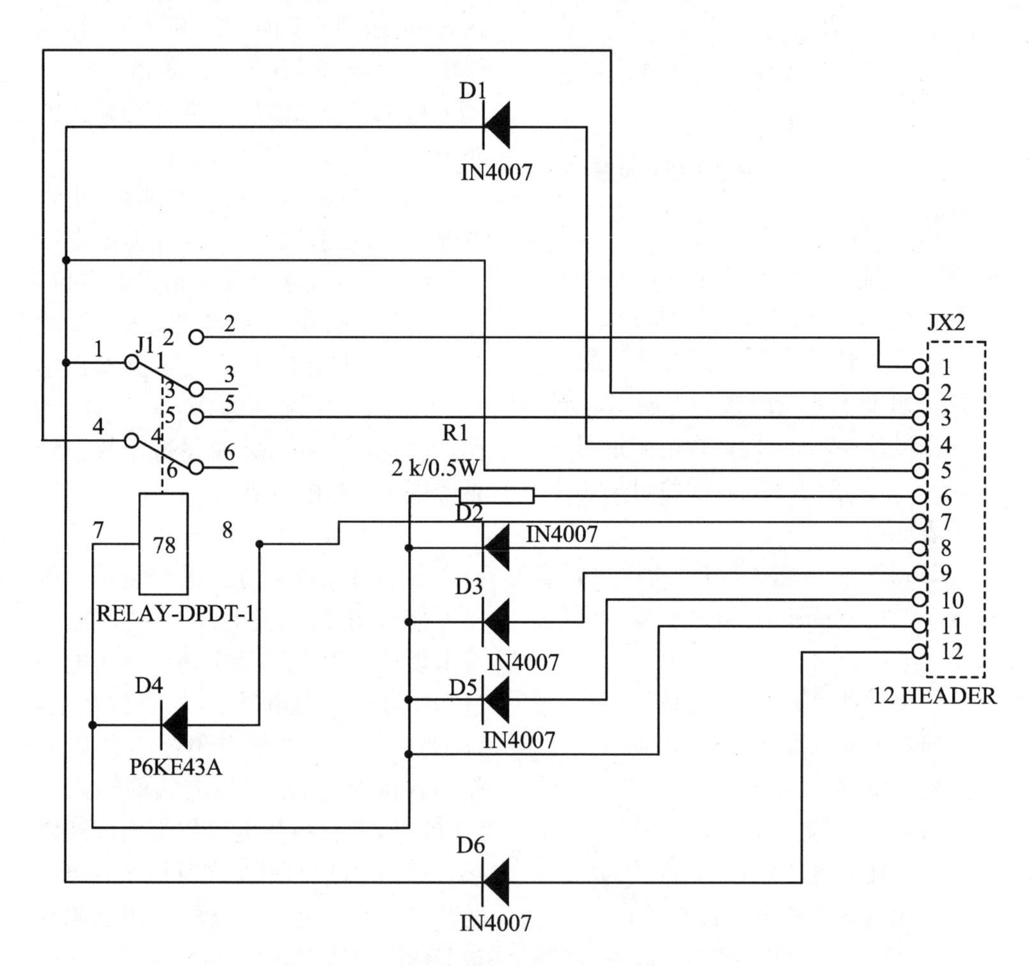

图 6　保护板原理电路

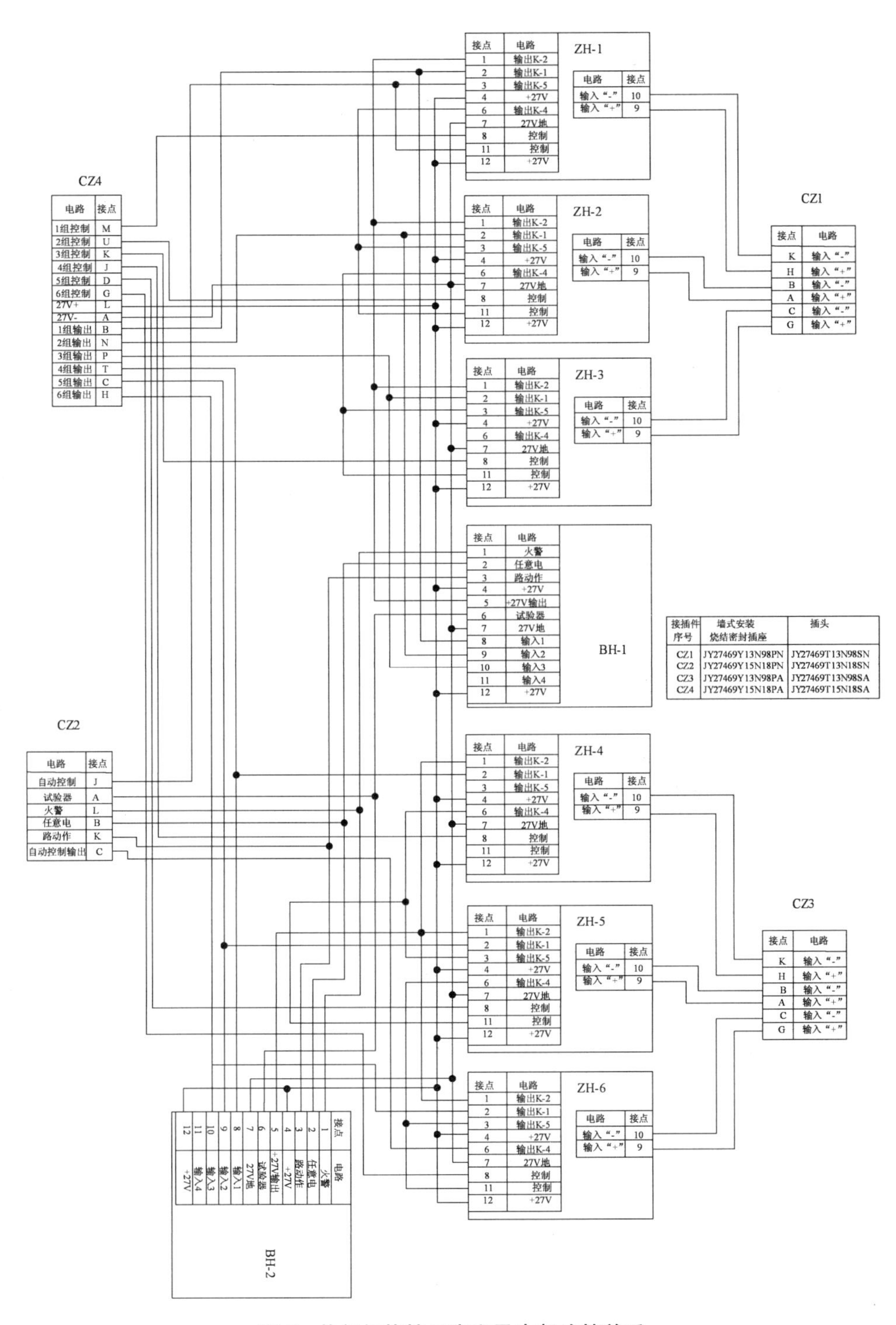

接插件序号	墙式安装烧结密封插座	插头
CZ1	JY27469Y13N98PN	JY27469T13N98SN
CZ2	JY27469Y15N18PN	JY27469T13N18SN
CZ3	JY27469Y13N98PA	JY27469T13N98SA
CZ4	JY27469Y15N18PA	JY27469T15N18SA

图 7　执行机构接口定义及内部连接关系

4 结束语

飞机火警系统的作用是用来监测发动机舱中是否发生火灾，使飞行员正确判断并做出灭火操作，因此控制飞机火警的误报率十分重要。本文的研究内容通过了实验室验证，但是装机使用还需要进一步的研究和试验。

参考文献

[1] Mike Burns. Low-Cost，Noise-Immune，Isolated Thermocouple Signal Processor[R]. Texas Instruments Application Report，2007，1.

[2] 飞机/发动机灭火系统的设计与计算[J]. 西北工业大学学报，2006(1)：40-48.

[3] Anthony J. Calise. Neural Networks In Nonlinear aircraft Flight Control [J]. IEEE AES Systems Magazine，1996.

[4] 李国勇. 智能预测控制及其MATLAB实现[M]. 北京：电子工业出版社，2010：17-20.

[5] Phillip E. Allen，Douglas R. Holberg. CMOS模拟集成电路设计[M]. 北京：电子工业出版社，2005.

[6] 姚宏浩. 先进控制方法在TF/TA飞行控制系统中的应用[D]. 西北工业大学，2004.

[7] 谢仕宏. MATLAB R2008控制系统动态仿真实例教程[M]. 北京：化学工业出版社，2009：290-291.

[8] LabWindows/CVI Programmer Reference Manual[M]. National Instruments Corporation，2000.

文章编号：SAFPS15010 其他与飞机防火相关内容

飞机火警系统虚警故障处理

连永久，宁永前，杨子仲，于新

（沈阳飞机设计研究所，沈阳 110035）

摘要：通过对某型飞机产生总警告的 14 种情形进行逐项分析，认定总警告信号是火警信号，且属于虚警，针对导致火警系统虚警的五个因素开展了检查和试验工作，确定导致火警系统虚警的原因是由于该机火警控制盒偶发故障引起的。

关键词：火警；虚警；告警

中图分类号：X936；X932 **文献标识码：**A

0 事故经过

2008 年，某型飞机起飞两点滑跑过程中，飞行员发现左发火警告警，报告指挥员，指挥员命令飞行员立即收油门、放伞、刹车，中断起飞，飞机冲出跑道后被拦阻网拦住。

1 事故原因分析

问题发生后，飞行员反映，耳机中有“左发火警”语音告警，同时总告警灯闪亮、左发火警灯亮。飞参判读发现，从飞参开始记录起，17 秒时，出现 1 秒总警告信号，19～22 秒连续出现 4 秒总警告信号，后来故障不再现。

从某型飞机系统工作原理[1]看，导致总告警灯亮的情形有 14 种，分别是总温探头驻点温度超温、舱盖未锁、主油箱剩油 700 千克、左滑油压力降到 0.13 兆帕、右滑油压力降到 0.13 兆帕、油箱满油、左直流发电机断电、右直流发电机断电、左交流发电机断电、右交流发电机断电、主液压系统压力降到 13.73 兆帕、助力液压系统压力降到 13.73 兆帕、左火警、右火警。

2 事故原因定位

针对某型飞机产生总警告的 14 种情形进行逐项分析，排查结果如下：

1）飞参采集了左发滑油压降、右发滑油压降、主液压降、助力液压降、舱盖未锁信号，判读飞参数据时没有发现告警信号，可以排除上述 5 种情形导致总告警灯亮的可能性。

2）从通话录音看，飞机从启动、滑跑起飞到发生问题，时间将近 9 分钟；当日该架次飞机加油 4 200 千克；飞参剩余油量信号从油量表采集而来，飞参显示飞机剩油量、发动机转速与温度工作正常，说明各油泵及油量表工作正常，可以排除起飞过程中油箱满油和剩油 700 千克告警的可能性。

3) 总温告警信号来源于总温传感器，当日飞行时大气温度为 13.9 ℃，飞参记录大气总温最高 18.5 ℃，不具备极温告警的条件，且大气总温告警时没有语音告警，因此，该告警可以排除。

4) 从负载分配看，电台、飞参等设备挂载在右直流汇流条，减速伞、起落架、襟翼等电气控制设备挂载在左直流汇流条；大气机、航姿系统挂载在左交流汇流条，平显等设备挂载在右交流汇流条。上述设备从飞参记录参数、飞行员飞行情况、空地通话录音看，均工作正常，并且从系统原理看，飞机交、直流电源系统出现断电后，不会自动恢复正常，这与飞参只记录 5 秒总警告信号的状态不相符合，因此，可以排除左、右交、直流发电机断电的可能性。

5) 检查发动机各部附件，没有变形和燃烧的痕迹，各连接螺栓固定牢靠、保险良好，管路无泄漏现象，同时结合飞参中记录的发动机参数正常，可以排除发动机失火的可能性。

6) 判读该机飞参数据，记录连续完整：

0:00:17，出现第 1 次总警告信号；飞机指示空速 342 千米/小时，左发低压转子转速为 99%，右发低压转子转速为 99.11%，左、右发排气温度分别为 706.3 ℃和 712.8 ℃。

0:00:19～0:00:22，出现总警告信号。

0:00:21，左、右发低压转子转速、发动机排气温度均开始下降。

0:00:31～0:00:35，左、右发低压转子转速稳定在 38%左右。

0:00:34 以后，发动机停车导致总警告信号出现。

综合以上分析，可以认定飞参记录的总警告信号是火警信号，而且属于虚警，同时结合“左发火警”语音告警和左发火警灯亮，可判断为左发火警。

3 故障排查工作

导致飞机左发火警系统虚警的因素有以下 5 个方面：

1) 火警控制盒偶发故障；

2) 火警传感器绝缘性能降低；

3) 系统线路绝缘不好；

4) 火警检灯按钮内部短时连电；

5) 告警控制盒内部 27 V 电源线与火警信号线有短时搭接现象。

围绕上述 5 方面的因素，进行了以下检查工作：

1) 检查火警传感器外部未见异常，固定良好，附近没有发现金属丝等多余物；拔下机背插头，测量传感器绝缘电阻，为无穷大。

2) 检查系统电缆(座舱-发动机舱)，外表无破损、挤压现象；测量系统线路绝缘电阻，阻值为无穷大。

3) 分解飞机机背电缆插头，检查 14、17 号插孔、插钉接触情况良好。

4) 分解检查座舱内 6 号插头至火警灯座电缆，无挤压、磨损，导通、绝缘良好。

5) 测量 6 号插头至防雨防冰断路器线路，导通良好。

6) 检查左、右火警告警灯后端导

线，焊接可靠。

7）火警系统通电检查，工作正常。

8）用外场检查仪对火警系统进行检查，无异常。

9）拆下火警控制盒进行了4个循环约50次离位校验，没有发现异常。

10）拆下告警信号灯盒与中心告警控制盒进行离位校验，没有发现异常。

11）由于飞机损伤，无法进行试车，将该机的火警控制盒串到某型飞机上进行试车检查，没有出现火警虚警信号。

12）将左、右火警灯送成品厂，按试验规范要求进行冲击、振动、加速度、高低温、湿热等环境试验和分解检查，没有发现异常。

13）分解告警控制盒，内部导线绑扎固定良好，没有发现磨损串电的现象。

14）将火警控制盒送成品厂，按试验规范要求进行冲击、功能振动、加速度、湿热等环境试验，发现火警控制盒偶尔发出火警信号。

4 结论

导致该起事故的原因是飞机火警系统虚警，经分析，火警系统虚警是由于该机火警控制盒偶发故障引起的。

参考文献

[1] 某型飞机技术说明书.

文章编号:SAFPS15011　　飞机防火基础理论

飞机货舱低气压环境对火灾探测参量影响的研究

王洁[1,2],陆松[1],程旭东[1],张和平[1]

(1. 中国科学技术大学火灾科学国家重点实验室,合肥 230026;
2. 武汉科技大学,武汉 430081)

摘要:旨在为飞机货舱火灾探测系统设计和研制提供理论支撑,在飞机货舱环境模拟实验舱内开展了70 kPa、80 kPa、90 kPa和100 kPa下正庚烷火灾实验,分析了低气压环境对顶棚温度、烟气密度和气体浓度火灾探测参量的影响规律。由于低压下空气密度较小,卷吸系数减小,因此,顶棚最高温升增加,顶棚温度衰减变快。同时,低压下烟气密度降低,并与压力呈指数关系,指数系数约为0.946,扩展了前人研究结果的应用范围。CO浓度最大值随压力降低而增加,且CO增长速率与压力呈负指数关系。CO_2增长速率随着压力降低而略有减少。

关键词:飞机货舱;低气压环境;火灾探测;顶棚温度;烟气密度

中图分类号:X936;X932　　**文献标识码:**A

0 引言

飞机货舱火灾如果得不到有效控制,可能导致飞机发生灾难性的安全事故,造成严重的人员伤亡和财产损失。飞机货舱火灾探测是预防飞机火灾事故的关键。飞机货舱内压力随着飞行高度增加而下降,其中,民航客机在巡航高度10 000 m时,货舱压力约为80 kPa。前人研究[1]表明低气压环境会延迟火灾烟雾探测器响应时间,甚至使其不能发出火警信号。同时,在压力降低的过程中,水雾会形成,也会造成烟雾探测器的误报[2]。

环境压力对燃烧的影响得到了一些学者的关注[3-9]。研究[3-6]发现燃料质量损失速率随压力降低而减少,呈指数关系,并与火源尺寸有关。Li,Yao,Niu等学者[6-8]发现低压下火焰高度增加,并探讨建立统一的数学表征模型。高压燃烧室实验结果表明烟颗粒浓度与环境压力有很强的依赖关系[9]。因此,低气压环境下腔室内烟气运动可能会与常压情况下烟气分布不同。相应地,顶棚处火灾探测参量也会随着压力变化而改变。但是,前人研究大多关注于低气压环境对火焰温度及高度的影响,并通过在高压低压环境中开展大量实验,建立相关火焰温度及高度表征模型，而关于低气压环境下火灾探测参量变化规律的研究非常少。因此，本文旨在为飞机货舱火灾探测系统设计和研制提供理论基础，探讨低气压环境对火灾探测参量（烟气温度、烟气密度、气体浓度）的影响具有实际应用意义。

1 实验设计

实验在一个全尺寸飞机货舱环境模拟舱内完成。整个实验过程中，模拟舱内压力可以维持在设定值。该实验舱由主体腔室、压力控制系统、通风系统和其他配套系统（如照明和监视系统）构成。主体腔室是一个具有弧形壁面的扁平柱体，如图 1(a)所示。壁面为 8 mm 不锈钢板。腔室内部尺寸为长 467.0 cm、高 112.0 cm、底部宽 122 cm、顶部宽 300 cm，与波音 737-700 前货舱尺寸相同。前后壁面装有抗高压矩形门，门上面开有矩形钢化玻璃观察窗。左右弧形侧壁上也设有两个矩形钢化玻璃观察窗，便于实验人员直观观察内部实验情况。实验舱内压力由真空泵及其配套控制系统调节。在进行低气压环境火灾实验前，先启动压力控制系统，真空泵以设定的速率将腔室抽成设定的低压环境。整个实验过程中，压力控制系统会使舱体内部维持在设定压力，上下浮动不超过 3%。压力调节范围为 70 kPa 至 100 kPa。本研究中压力分别设定为 100 kPa、90 kPa、80 kPa、70 kPa，对应真实飞机在海平面和巡航高度（约为 10 000 m）下的货舱内压力。

根据火灾探测器检测标准[10,11]，

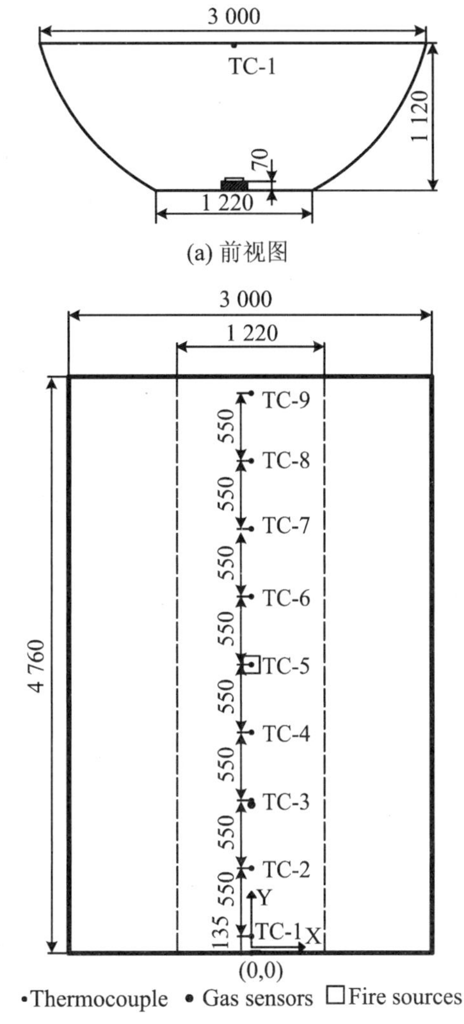

(a) 前视图

(b) 俯视图

图 1 实验装置示意图

本文燃料选用正庚烷。考虑到本文研究内容服务于飞机货舱火灾探测系统，探测器监测到烟气特征参量不可能过大，同时参考前人研究（Krull, et al, 2006）中火源设计，本文实验采用的油盘均为小尺寸，位于腔室地板中心，如图 1(b)所示。油盘由 3 mm 后钢板制成，内部深 30 mm。油盘尺寸分别为 12 cm×12 cm (D12)、10 cm×10 cm

(D10)、8 cm×8 cm (D8)、6 cm×6 cm (D6),每次实验中液体高度均为 10 mm。采用精度为 0.01 g 的电子天平测量燃料质量损失,测量记录时间间隔为 1 s。由于底部放置电子天平,火源初始高度为 7 cm。货舱顶棚布置 9 根热电偶(TC-1-TC-9),水平间距均为 0.55 m。所有热电偶均为精度±1%直径 1 mm 的 K 型热电偶。四种气体传感器安装在顶棚 Y 轴 1.20 m 处,分别测量腔室内 CO、CO_2、O_2浓度,测量精度分别为±3%、±3%、±1%、±2%。一组激光发射装置放置在靠近热电偶束,激光路径为 1 m。最初环境温度和相对湿度分别为 23～25 ℃和 67%～69%。

2 实验结果及分析

2.1 顶棚温度分布

顶棚最高温升是稳定阶段 350～450 s 内实验测得稳定的平均值。图 2 是不同压力下顶棚最高温升。从图中可以看出,顶棚最高温升随着压力的降低而增加,变化区域与火源质量损失速率相反。前人[12]通过常压(1 atm)和低压(0.64 atm)实验对比,发现低压(0.64 atm)情况下卷吸系数小于常压情况下卷吸系数。因此,在低压环境中,燃烧区域会被拉伸,火焰高度也会随之增高。低压环境下空气密度较小,相同质量的燃料需要更长的卷吸范围来获取更多的新鲜空气以支撑燃料的完全燃烧,因此火焰高度增加。

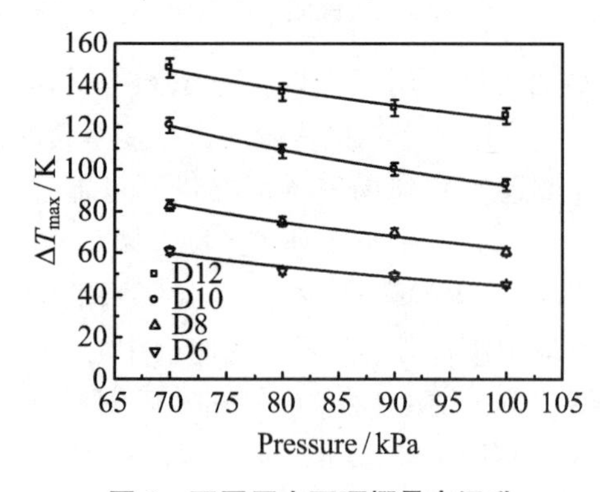

图 2　不同压力下顶棚最高温升

图 3 是不同压力下顶棚温度衰减情况。顶棚温升是稳定燃烧阶段 350～450 s 内实验数据的平均值。从图中可以看出,对于相同尺寸油盘,靠近火源处(r/H=0.5)顶棚温升在低压情况下大于常压下,而在距离火源较远处(r/H=2)顶棚温升在不同压力下基本相同。也就是说,不同压力下顶棚温度衰减速率不同。随着压力的降低,顶棚

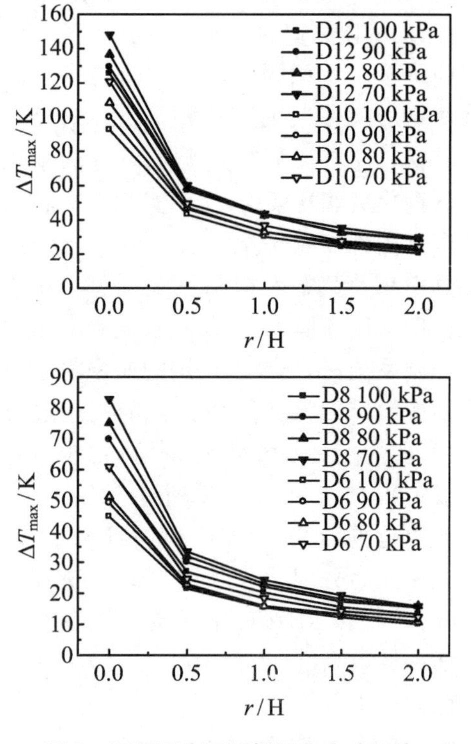

图 3　不同压力下顶棚温度衰减规律

温度衰减更快。低压情况下火源质量损失速率减少，热释放速率减少，从而使沿着顶棚蔓延至远处的烟气温度降低，即使烟气流动过程中与冷空气和腔室壁面热损失不变。

2.2 烟气密度

图4是不同压力下减光系数随时间变化曲线。可以看出，对于同样尺寸的油盘，减光系数会随着压力降低而降低。例如：油盘D10在70 kPa时最大减光系数为2.25 m^{-1}，比100 kPa时的2.41 m^{-1}减少了0.16 m^{-1}。目前飞机货舱内广泛使用火灾探测器是光电烟雾探测器，低压环境下较小的减光系数会延迟探测器报警时间，甚至使其不能发出正常报警信号。

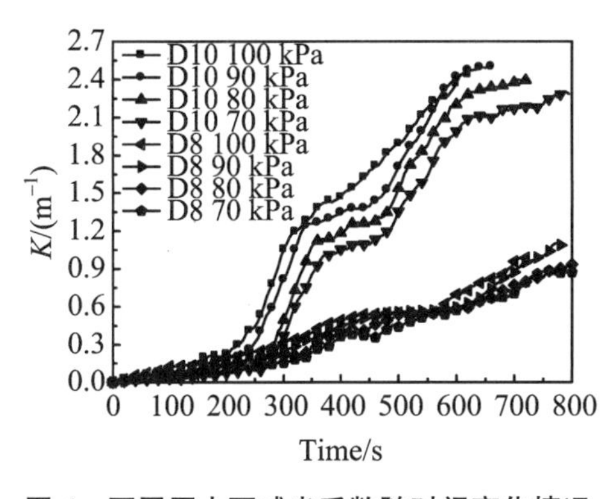

图4 不同压力下减光系数随时间变化情况

图5是300 s时不同压力下减光系数值。可以看出，减光系数与压力呈指数关系。指数因子为0.946。前人[13]研究了压力(0.1至0.73 MPa)对丙烷层流扩散火焰中烟颗粒组成的影响，发现烟尘体积分数 f_v(m^{-3})正比于压力，具体如下：

$$f_v \propto P^n \tag{1}$$

其中，当压力范围为100～4 000 kPa时，n 大于0.9。我们将烟尘体积分数与压力的关系扩展到低压情况(70～100 kPa)，具体关系式如下：

$$K \propto P^{\chi_2} \tag{2}$$

其中，χ_2 为0.946，与前人研究结论相符。

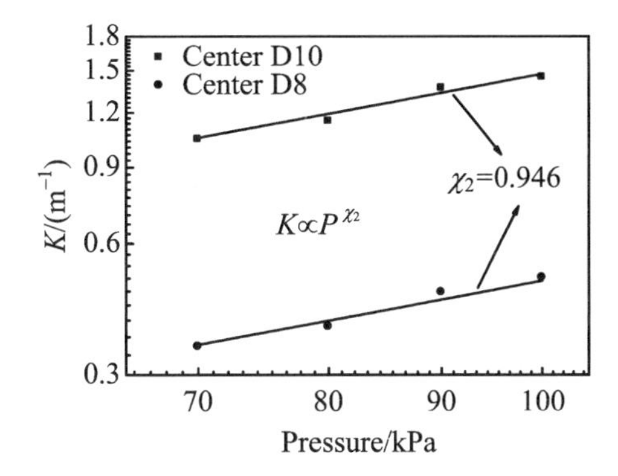

图5 300 s时减光系数与压力关系

2.3 气体浓度

图6是不同压力下CO浓度随时间变化曲线。整体变化趋势成线性。相同尺寸油盘的CO浓度最大值会随着压力降低而增加。70 kPa时的CO浓度最大值几乎是100 kPa时的2倍。造成CO浓度增加的原因有以下两点：一是低压下氧气浓度降低，不完全燃烧产物CO量增多；二是低压情况下烟气

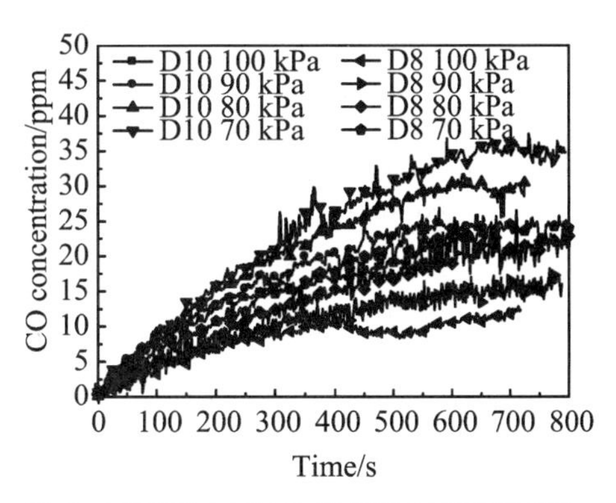

图6 不同压力下CO浓度随时间变化情况

沉降速度减慢，从而使大量烟气积聚在顶棚下。

图7进一步给出300 s时CO增长速率与压力关系。可以看出，CO增长速率随着压力降低而逐渐增大，与压力呈指数关系，油盘D10和D8的指数系数分别为−0.95和−1.06。

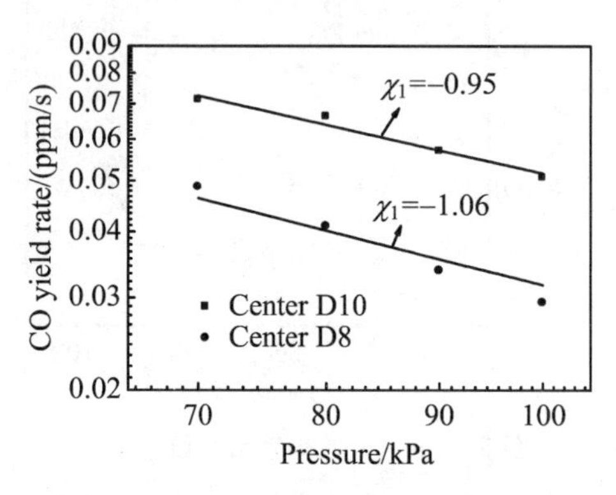

图7　300 s时CO增长速率与压力关系

图8是不同压力下CO_2浓度随时间变化曲线。整个燃烧过程中CO_2几乎呈线性增长趋势。相同尺寸油盘下，低压情况下CO_2浓度略小于常压情况。与CO浓度最大值相比，压力对CO_2浓度最大值影响较小。低压下CO_2浓度增长更加缓慢，由于在低压环境中较低的火源质量损失速率。表1是300 s时CO_2增长速率，在低压情况下略有减少。油盘D10和D8的CO_2增长速率在压力从100 kPa降至70 kPa时分别减少了2.41 ppm/s和1.3 ppm/s。

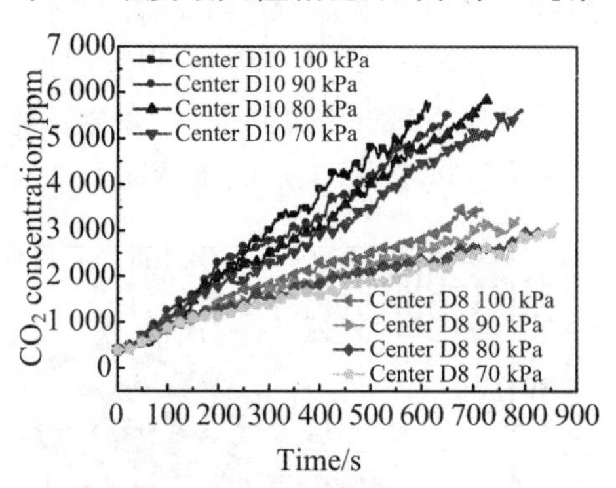

图8　不同压力下CO_2浓度随时间变化情况

表1　不同压力下300 s时CO_2增长速率

（单位：ppm/s）

油盘尺寸（cm）	100 kPa	90 kPa	80 kPa	70 kPa
D10	8.66	7.68	7.14	6.25
D8	4.53	3.73	3.58	3.23

3　结论

在飞机货舱环境模拟实验舱70～80 kPa压力范围内开展了正庚烷实验，研究了压力对顶棚温度、烟气密度和气体浓度火灾探测参量的影响。主要结论如下：

1. 顶棚最高温升随着压力的降低而增加，衰减比常压情况更快。

2. 烟气密度随着压力降低而减小，与压力呈指数关系，指数系数约为0.946，扩展了前人研究结果的应用范围。

3. CO浓度最大值随压力降低而增加，且CO增长速率与压力呈负指数关系。CO_2增长速率随着压力降低而略有减少。

参 考 文 献

[1] WANG Y. The influence of Tibetan low ambient pressure on fire smoke signals law in confined ceiling jet zone and fire detection algorithm research [D]. PhD thesis. State Key Laboratory of Fire Science, University of Science and Technology of China, 2011.

[2] WIESER D, JAUCH P, WILLI U. The influence of high altitude on fire detector test fires. Fire Safety Journal [J], 1997, 29: 195-204.

[3] CLEARY T, GROSSHANDLER W. Survey of Fire Detection Technologies and System Evaluation/Certification Methodologies and Their Suitability for Aircraft Cargo Compartments [M]. 1999: 52.

[4] FANG J, YU C Y, TU R, et al. The influence of low atmospheric pressure on carbon monoxide of n-heptane pool fires. Journal of Hazardous Materials [J]. 2008, 154: 476-483.

[5] FANG J, YU C, QIAO L, et al. Preliminary Study of Low Air Pressure Influence upon Standard Fires in Tibet [M]//LI S C, WANG Y J, AN Y, et al. Progress In Safety Science And Technology, 2008, 7:731-734.

[6] LI Z H, HE Y P, ZHANG H, et al. Combustion characteristics of n-heptane and wood crib fires at different altitudes. Proceedings of the Combustion Institute [J]. 2009, 32: 2481-2488.

[7] YAO W, HU X, RONG J, et al. Experimental study of large-scale fire behavior under low pressure at high altitude[J]. Journal of Fire Sciences, 2013, 31: 481-494.

[8] NIU Y, HE Y, HU X, et al. Experimental study of burning rates of cardboard box fires near sea level and at high altitude[J]. Proceedings of the Combustion Institute, 2013, 34: 2565-2573.

[9] JOO H I, GUELDER O L. Soot formation and temperature field structure in co-flow laminar methane-air diffusion flames at pressures from 10 to 60 atm[J]. Proceedings of the Combustion Institute, 2009, 32: 769-775.

[10] Aerospace standard AS 8036: cargo compartment fire detection instruments[S]. Society of Automotive Engineers, 1985.

[11] EN-54 Part 9, Fire sensitivity tests[S]. BSI Standards, 1984.

[12] TANG F, HU L H, WANG Q, et al. An experimental investigation on temperature profile of buoyant spill plume from under-ventilated compartment fires in a reduced pressure atmosphere at high altitude[J]. International Journal of Heat and Mass Transfer, 2012, 55: 5642-5649.

[13] Bento D S, Thomson K A, Gulder O L. Soot formation and temperature field structure in laminar propane-air diffusion flames at elevated pressures[J]. Combustion and Flame, 2006, 145: 765-778.

文章编号：SAFPS15012　　飞机火灾探测技术

飞机货舱烟雾探测系统布置优化技术及平台开发

张沛，孟曼利

（中航工业一飞院，西安 710089）

摘要：对飞机货舱烟雾探测系统布置原则进行了论述，提出了一套飞机货舱烟雾探测系统布置方法，并开发出了一套烟雾探测系统布置优化平台。对烟雾探测系统布置中的几个关键技术问题进行了详细讨论，并以某型运输机货舱为实例进行了仿真计算。

关键词：烟雾探测；布置方法；仿真计算

中图分类号：V　　**文献标识码：**A

0 引言

飞行事故伴随着航空业的发展，空中失火是导致飞行事故的重要因素[1]。运输类飞机货舱内空间大，货物装载构型多样，同时布置有各种电气设备，铺设大量的电气线缆，一旦发生火情，如果没有及时发现并采取相应措施，就会危及飞机安全。

烟雾是火灾的前兆和伴随产物，也是早期火灾探测的基础，现代飞机货舱火警探测大部分采用烟雾探测技术。目前飞机货舱内的烟雾探测系统布置通常采用经验设计或参考相关机型进行布置，没有一种成熟、有效的烟雾探测系统布置方法[2]。因此，从飞机货舱烟雾探测系统性能优化的角度出发，研究适用于飞机货舱环境的烟雾探测布置方法无疑具有重要意义。

1 烟雾探测系统布置原则

在飞机货舱内合理地布置烟雾探测器，应满足以下原则：

1）安全性：即所有的探测区域都在烟雾探测器的保护范围内，不存在探测“死角”。

2）经济性：充分利用每个烟雾探测器的保护空间，在保证安全性的前提下，使探测器的用量最少。

因此，在飞机货舱烟雾探测系统的布置原则是要在满足安全性的前提下，提高系统的经济性。

2 研究目标

根据《中国民用航空规章》第

25.858 条规定，对于每个装有烟雾探测装置的货舱或行李舱，必须满足："该探测系统必须在起火后一分钟内，向飞行机组给出目视指示[3]。"本条款明确给出了飞机货舱或行李舱烟雾探测系统的性能要求。因此，对于一个给定的飞机货舱，本文的研究目标是在满足《中国民用航空规章》第 25.858 条要求的前提下，确定烟雾探测器的数量和位置两个元素。

3 研究步骤

本文采用 FDS（Fire Dynamics Simulator）作为烟雾仿真工具，通过反复迭代计算，最终输出探测器的数量和位置。

FDS 是美国国家标准与技术研究院（NIST）开发的一款火灾动力学场模拟软件，它以火灾烟气流动和热传递过程为重点研究对象[4]，是目前公认优秀的烟气模拟工具。目前，FDS 在建筑等领域已经有了广泛的应用，但是采用火灾模拟软件进行飞机烟雾探测系统布置设计国内还刚起步。本文提出的研究流程如图 1 所示。

第一步：初步确定飞机货舱内烟雾探测器的数量和位置（具体确定方法见 4.1 节）。

第二步：根据飞机货舱的实际尺寸、典型货物装载构型和烟雾探测器的初步布置位置建立 FDS 模型。

第三步：对已建立的模型划分网格。

第四步：设置模型各种属性和边界条件，包括根据飞机环控系统的实际情况设置货舱供气口和排气口属性，壁面、地板、货物和各种设施的材料属性，一个火源的位置和参数，烟雾探测器性能参数。

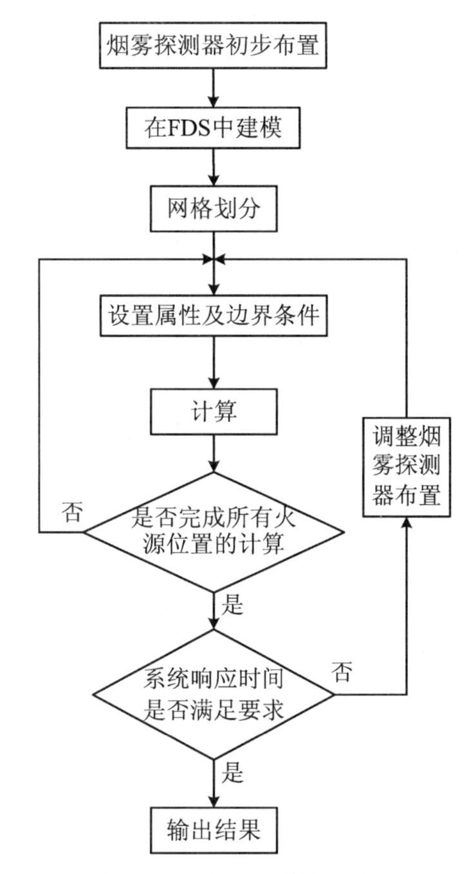

图 1　烟雾探测系统布置流程

第五步：进行仿真计算。

第六步：判断是否完成所有火源位置的计算。如果未完成，则转入第四步，进行下一个火源位置的计算（火源位置的确定方法见 4.3 节）；如果已完成，则转入下一步。

第七步：查看所有火源位置的计算结果，判断货舱烟雾探测系统的响应时间 t 是否小于 60 s。若 $t>60$ s，则系统布置不满足要求，需要调整烟雾探测器布置,转入第四步进行重新计算;若 $t \leqslant 60$ s,则系统布置满足要求,转入下一步。

第八步:输出计算结果,结束。

4 关键技术研究

4.1 烟雾探测器初步布置

1) 烟雾探测器初步数量的确定

烟雾探测器初步数量的确定可由公式(1)计算出:

$$N = \frac{S}{A} \tag{1}$$

式中,N 为烟雾探测器数量,计算结果取整数;S 为货舱探测区域的面积,根据飞机货舱三维数模确定;A 为烟雾探测器保护面积,由烟雾探测器供应商提供。

2) 烟雾探测器初步位置的确定

烟雾颗粒是火灾早期的重要特征。如图 2 所示,烟雾颗粒从火源产生后,因为高温气体比周围空气的密度低所引起的烟气热浮力效应,烟气首先向火源上方运动;当到达货舱顶部时,在顶部逐渐积聚,然后再向附近区域扩散。

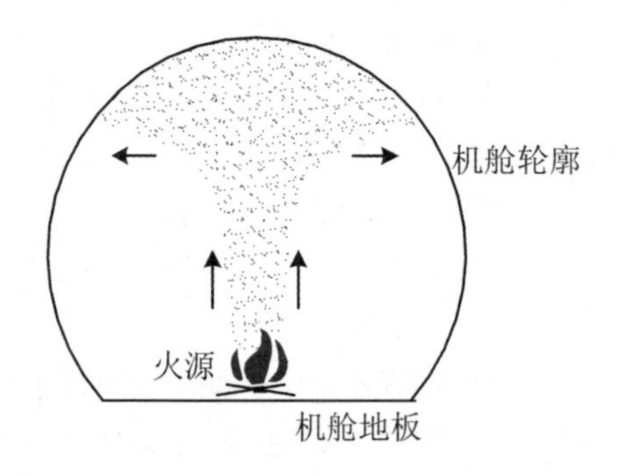

图 2 货舱内烟雾产生及扩散路径示意图

因此,在初步布置时通常将烟雾探测器均匀的布置在货舱顶棚,考虑到飞机货舱通常是对称结构,一般将烟雾探测器均匀布置在飞机对称面上,示意图如图 3 所示。

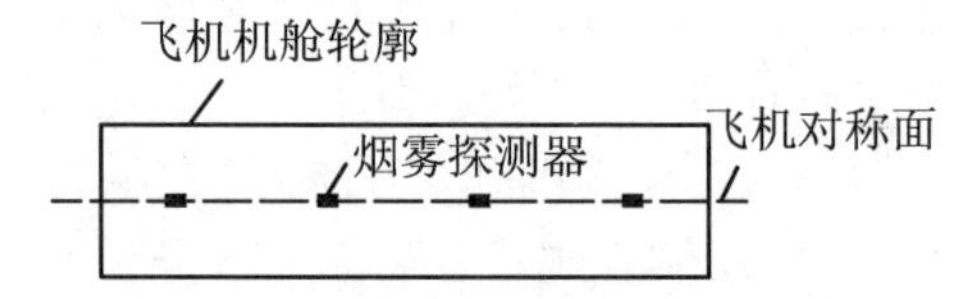

图 3 烟雾探测器初步布置示意图

根据以上计算方法和布置原则,能够得到初步烟雾探测器数量和布置。

4.2 不规则曲面 FDS 建模[5]

FDS 的效率在于它对数字网格的简化,仅能够对矩形几何体进行直接建模,目前主要应用在规则形面的场景中,但是飞机外形和内部结构中有大量的不规则形面,无法对不规则形面进行建模制约了 FDS 在航空领域的应用。

上海交通大学的邵钢等人提出了一种用矩形方块来拟合圆弧墙或斜线墙的算法[6],能够较好地解决等截面隧道的建模问题,但是对于飞机上一些曲率变化较大的非规则形面建模则无法顺利完成;ARX-FDS、PyroSim 等几款软件能够解决 AutoCAD 环境下的曲面建模问题,因为 CATIA 与 AutoCAD 软件格式不兼容的问题,转换效率低,需要手工进行大量的修改,也无法较好地用于航空领域。

本文提出一种用大量小矩形块逼近不规则曲面的方法,利用 CATIA 软件结合编程方式,能够高效地完成不规则曲面自动建模,其工作流程如图 4 所示。

本文提出的不规则曲面自动建模

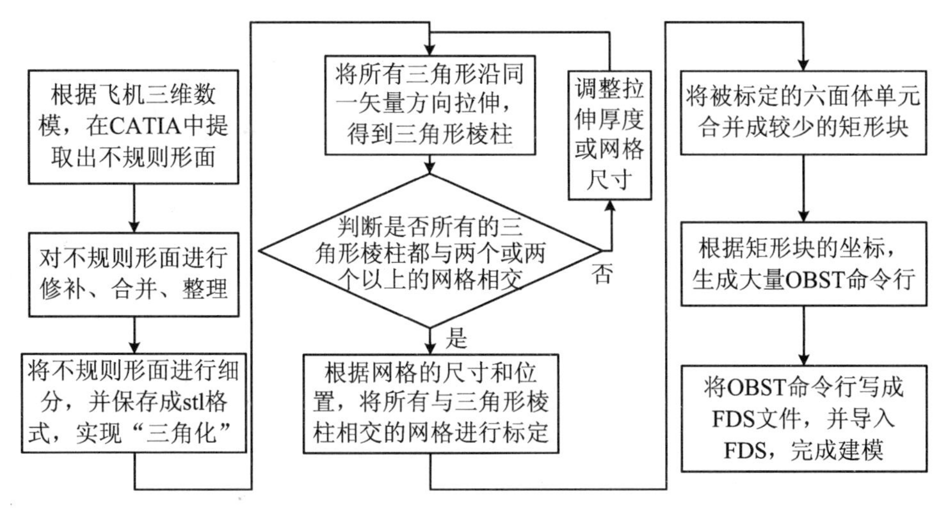

图 4　FDS 非规则形面建模流程

思想是：首先将不规则形面进行“三角化”；然后将所有的三角形沿同一矢量方向拉伸，得到三角形棱柱。根据网格的尺寸和位置，将所有与三角形棱柱相交的网格进行标定，为了节省计算机资源，提高建模效率，再将被标定的六面体单元合并成较少的矩形块；最后根据合并后的矩形块的坐标生成 OBST 命令行，导入 FDS 后完成建模。不规则形面 FDS 建模示意图如图 5 所示。

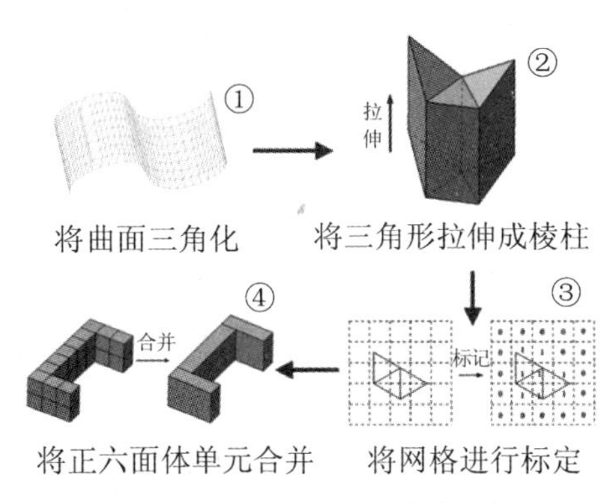

图 5　不规则形面 FDS 建模示意图

4.3　火源位置的确定

根据 AC25-9A《烟雾探测、穿透、排烟试验和相关飞行手册应急程序》，火源（烟雾发生装置）应布置在货舱内货物装载区域的边界上。

为了保证区域内不存在探测“死角”，本文提出火源位置应按照以下方法确定：

1）在飞机货舱的俯视图中选取相邻两个烟雾探测器连线的中点，再向货物装载区域边界进行投影得到一系列火源位置；

2）在货舱的前后两端，选取货物装载区域边界上距离烟雾探测器最远的位置设置火源。

火源位置选择示意图如图 6 所示。

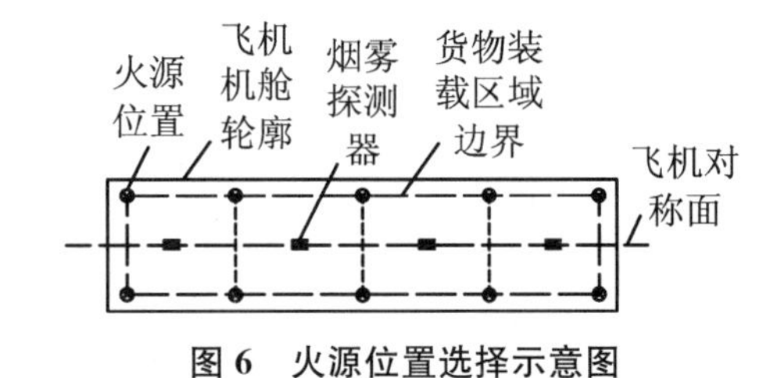

图 6　火源位置选择示意图

4.4 探测器反应时间的确定

目前,飞机货舱多采用光电式烟雾探测器。如图7所示,由于空气样本从烟雾探测器外部进入到探测器传感腔需要一段时间,因此探测器内部的减光率值相对于探测器外会有一个滞后时间,图中 t_B-t_A 即为探测器反应时间。

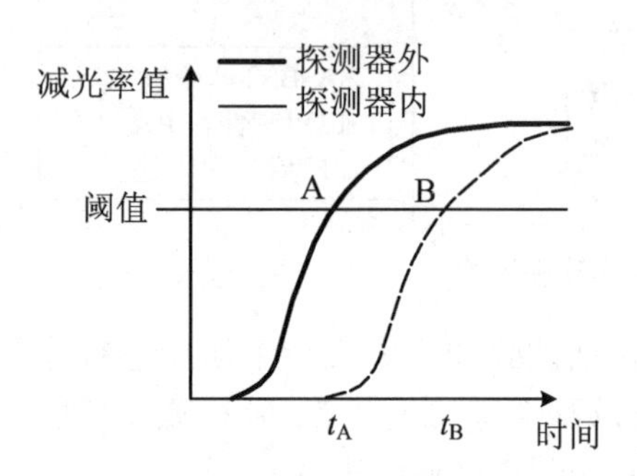

图7 烟雾探测器反应时间示意图

根据《中国民用航空规章》第25.858条,货舱烟雾探测系统应"在起火后一分钟内,向飞行机组给出目视指示",而根据AS8036《货舱火警探测装置》和HB7098-1994《民用航空器货舱和行李舱烟雾探测器最低性能要求》,光电式烟雾探测器应在空气样本进入探测器后30s内输出告警信号。由此可见,烟雾探测器反应时间有可能会占据烟雾探测系统整个响应时间相当大的一部分。因此,烟雾探测器反应时间的确定,对于飞机货舱烟雾探测系统布置方法研究非常重要。

本文采用Cleary模型来确定烟雾探测器反应时间[7],具体公式如下:

$$\delta t = \delta t_e + \delta t_c \tag{2}$$

$$\delta t_e = \alpha_e u^{\beta_e} \tag{3}$$

$$\delta t_c = \alpha_c u^{\beta_c} \tag{4}$$

式中,δt 为烟雾探测器的响应时间;δt_e 为空气样本进入烟雾探测器外壳的时间;δt_c 为空气样本进入烟雾探测器传感腔的时间;u 为烟雾探测器安装处的自由气流速度;α_c、β_c、α_e、β_e 为烟雾探测器的特征参数。

从公式(2)、(3)、(4)可以看出烟雾探测器的响应时间是其安装处自由气流速度的函数,通过确定 α_c、β_c、α_e、β_e 值就可以在计算中得到烟雾探测器的响应时间。

α_c、β_c、α_e、β_e 值一般由供应商进行确定,通常通过试验进行标定,也可以通过仿真计算,对烟雾探测内部结构进行详细建模后确定。

5 平台开发

以VC++为编程工具开发出了技术平台,该平台能够自动读入CATIA等三维建模工具输出的stp格式文件,完成非规则形面建模、网格划分、边界条件设定等工作后,调用烟雾仿真工具FDS软件进行计算,然后再调用MATLAB软件读入FDS计算结果,利用遗传算法优化出烟雾探测系统布置。开发平台界面如图8、图9所示。

图8 烟雾探测系统布置优化平台主界面

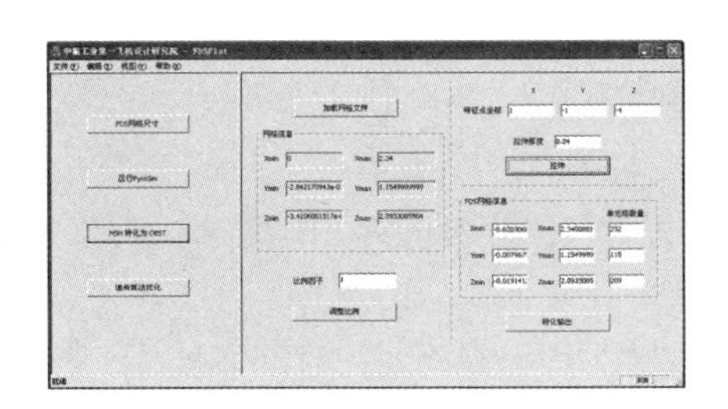

图 9　烟雾探测系统布置优化平台操作界面

6　实例

以某型运输机货舱烟雾探测系统为例，对上述研究方法进行验证。根据飞机三维数模，货舱长 22 m、宽 4 m，则货舱探测区域的面积 $S=22\times4=88\ m^2$；选用的烟雾探测器保护面积 $A=15\ m^2$；根据公式(1)烟雾探测数量 $N=88/15=5.9$，取整数为 6。

将 6 个烟雾探测器均匀布置在货舱顶棚，同时保证这些探测器分布在飞机对称面内。根据飞机货舱数模建立 FDS 模型，如图 10 所示，其中货舱前段、尾段和内部设施的非规则曲面采用

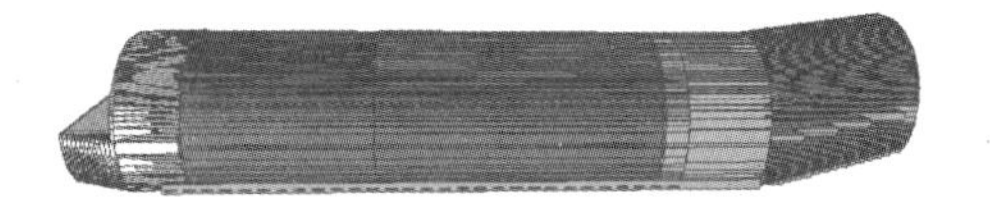

图 10　某型运输机货舱 FDS 模型

4.2 节提出的方法进行建模。

对模型进行网格划分，并根据飞机环控系统的实际情况设置货舱供气口和排气口属性，壁面、地板、货物集装箱和各种设施的材料属性。烟雾探测器的告警阈值为透光率 80～85%/ft。采用 4.4 节提供的模型来定义探测器的响应时间，由供应商标定的 4 个烟雾探测器特征参数为 $\alpha_c=1.0$，$\beta_c=-0.8$，$\alpha_e=1.8$，$\beta_e=-1.1$。

将上述参数输入到烟雾探测系统布置优化平台中进行计算，根据计算得到的探测器响应时间，以遗传算法为工具进行布置优化，经过两轮迭代，输出了满足 1 min 响应时间要求的烟雾探测系统布置，如图 11 所示。

7　结论

本文提出了一套飞机货舱烟雾探测系统布置设计方法，采用数值仿真技术指导飞机货舱烟雾探测系统设计，并开发出了一套烟雾探测系统布置优化平台，提高了系统的设计效率和精度，对提高飞机整机安全性水平具有重要意义。

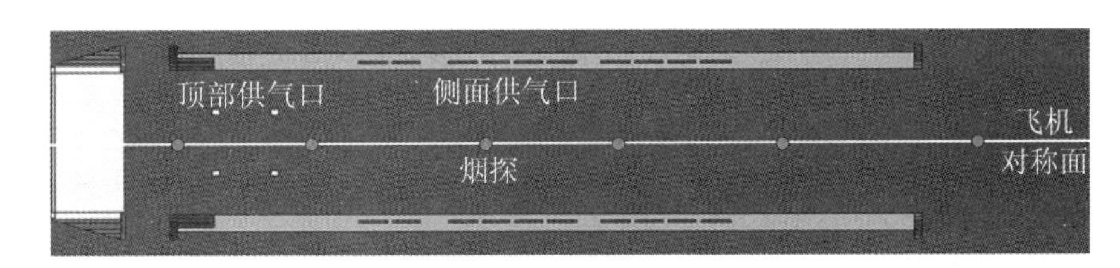

图 11　烟雾探测系统仿真计算结果

参 考 文 献

[1] 孙明,魏思东,谭麒瑞. 飞机火警信号异常与处置时机[J]. 四川兵工学报,2009,30(9):84-87.

[2] 孟曼利,张沛. 一种飞机机舱烟雾探测系统试验方法:中国,ZL201110037667.5[P]. 2012-12-26.

[3] 中国民用航空规章第25部.

[4] Hack A. Fire Protection in Traffic Tunnels-Initial Findings from Large-scale Tests [J]. Tunneling and Underground Space Technology, 1992, 7(4):363-375.

[5] 张沛,孟曼利,张金明. FDS非规则形面建模方法研究[J]. 飞机工程,2011,3:48-50.

[6] 邵钢,杨培中,金先龙. FDS中非矩形边界隧道的自动建模[J]. 计算机工程与应用,2005,36:213-216.

[7] Kevin McGrattan, Simo Hostikka, Jason Floyd, Howard Baum, Ronald Rehm, William Mell, Randall McDermott. Fire Dynamics Simulator Technical Reference Guide[M]. Version 5. Washington, DC:NIST Special Publication,2007:39-40.

文章编号：SAFPS15013　　飞机火灾探测技术

复合抛物面聚光器在光电感烟探测器的应用研究

郑荣，陆松，杨慎林，张和平

（中国科学技术大学火灾科学国家重点实验室，安徽 合肥 230026）

摘要：为了增强光电感烟探测器对前向或后向散射光的接收和筛选能力，基于复合抛物面聚光器的设计原理，设计可应用于光电感烟探测器的聚光器结构。根据常见光电感烟探测器光学测量腔的设计结构，提出了可行的侧面光线入口设计方式以及安装方式。利用光学软件进行光学模拟，采用格点光源照射不同剖切角度的聚光器，研究了不同剖切角度对聚光器的光线接收角度和空间范围的影响，结果表明选择合适的剖切方式，可以有效增大聚光器的角度接收范围或空间接收范围。

关键词：复合抛物面聚光器；光电感烟探测器；光学测量腔；光学模拟

中图分类号：X936；X932　　**文献标识码：**A

0　引言

目前应用广泛的点型光电感烟探测器大多基于 Mie 散射理论设计制作，按照接收散射光的散射角度大小可将探测方式分为前向、后向和多角度探测。根据不同的使用场所，对探测器有不同的性能要求。美国联邦航空管理局（FAA）规定飞机货舱火灾探测器必须在发生火灾后 1 分钟内报警，这要求火灾探测器具有非常高的灵敏度[1-3]。但是，提高探测器的灵敏度会导致其对干扰粒子也十分敏感，造成高误报率。通常火灾早期只有少量的烟雾颗粒产生，黑烟及小粒径颗粒引起的散射光强相对较弱[4]，探测器接收不到足够强度的信号而不能及时响应，延长了报警响应时间。因此为了降低响应时间，可以通过加强探测器光学测量腔室内部的受光器对散射光的收集能力，增强探测响应信号。

目前已有的改进措施是在传感元件的前方位置安装聚光透镜或表面反射式聚光器，通过调整安装相对位置，将散射光汇聚到光敏区域，比如德国西门子公司 FDOOTC441 型火灾探测器产品以及诺蒂菲尔 FSL-751 型智能高灵敏度激光感烟探测器均使用了该技术。但是现有改进技术仍有不足，即聚光器只能增强接收散射光的强度，不能对散射光的散射角度进行选择性收集。也就是说，收集的散射光线来自前向散射和后向散射，而不是前向散射或后向散射。可以认为,光电感烟探测器的前向散射光接收元件目的只是接收前向散射光而不需要接收后向散射光,接收到的后向散射光可以认为是干扰光线,对于后向散射光接收传感元件也是如此。因此,如果能设计一种聚光器,满足:选择收集散射光线,即可限定接收散射光线的散射角度范围;保证足够的信号强度,即收集光线的范围足够大,将会有利于提高现有探测器的探测与抗干扰性能。

在太阳能利用及照明领域,复合抛物面聚光器(Compound Parabolic Concentrator,以下简称 CPC)以光利用率高、结构简单、成本低等特性受到广泛关注与研究。CPC 是一种非成像聚光器,根据边缘光线原理设计[5,6],可对入射光线的入射角进行选择收集,因此可以根据 CPC 的设计原理,设计应用到探测器中,并满足上述两点要求。本文根据常见光电感烟探测器及相关元器件的尺寸参数,确定 CPC 设计参数,利用光学模拟软件 tracepro 建立 CPC 初始模型,并结合实际安装方式,提出对 CPC 的侧面光线入口设计方式以及剖切方式,采用格点光源进行光学模拟,分析了不同剖切角度对设计的聚光器角度和空间接收范围的影响,为光电感烟探测器的前后向散射聚光器的设计方式提供依据和参考。

1 CPC 初始模型

1.1 设计参数

CPC 设计通常需要五个设计参数[7]:焦距、入射口半径、出射口半径、长度和最大聚光角,在 tracepro 中以 CPC 的焦平面为基准将长度参数分为前段长度和后段长度。根据标准 CPC 的设计参数计算公式,至少需要确定两个参数才能计算出其他设计参数,对于非标准 CPC,则需要根据实际需求来确定相关设计参数,比如相配合物件的尺寸、要求的性能指标等等。

为了确定 CPC 初始模型的设计尺寸,考虑了常见探测器光学测量腔的设计方法、相关的元器件尺寸以及已有聚光器设计方法和设计参数对 CPC 形状的影响效果等多种因素。在 tracepro 中建立如图 1(a)所示 CPC 初始模型,为了方便比较,图 1(b)为 FSL-751 型探测器内部的聚光器模型示意图,可以看出二者的大小相近,但是设计原理相差较大:CPC 的内部反射面为抛物面,而图 1(b)所示的内表面则为圆柱面或圆锥面。

(a) CPC 初始模型

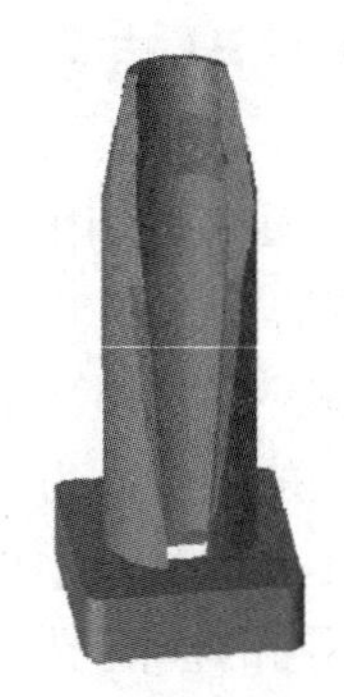

(b) FSL-751 型探测器内部聚光器模型

图 1

综上,在 tracepro 中建立的 CPC 初始模型设计参数如下:前段长度 26.5 mm,后段长度 0 mm,侧向焦点位移 2.75 mm,焦距 4.33 mm,轴倾斜度 35°,厚度 1 mm。从以上设计参数可知

CPC初始模型的焦点位于出射口边缘，收集的光线可以遍布聚光器的整个出射口。

1.2 侧面光线入口设计

从图1(a)可以看出CPC初始模型的入射口开口较小，为了让设计的聚光器能够接收到较大空间范围内的光线，参考图1(b)中已有聚光器的设计处理方式，对CPC初始模型进行剖切来增大光线入射口。为此，可以将对CPC侧面光线入口的设计过程分为两步进行：确定剖切角度和确定剖切高度，如图2(a)所示，不考虑CPC的厚度参数，将剖切角度定义为剖切平面与CPC中心轴线的夹角，剖切高度定义为在剖切面的垂直方向上剖切部分的高度。在剖切角度确定的情况下，定义零基准面和相对剖切高度：剖切面过入射口边缘，以最大剖切高度进行剖切，此时剖切面即为零基准面；相对剖切高度大小为剖切面到零基准面的距离，当剖切高度大于零基准面对应的剖切高度时，相对剖切高度为正，反之为负。

从上述对CPC侧面光线入口设计方式的定义可以看出，CPC剖切方式的选择情况非常多，为了方便后面开展研究，我们选择这样一种剖切方式的聚光器：剖切面过入射口边缘，以最大剖切高度进行剖切。显然，这种剖切方式不会影响聚光器的长度，可以得到如图2(b)所示的三个聚光器，从左到右剖切角度依次15°、35°、50°，可以看出，随剖切角度增大，聚光器的侧面光线入口相应地减小了，接收散射光线的空间范围也减小了，但是，由小角度剖切方式得到的聚光器收集光线的角度范围明显减小了，不考虑收集光线中直射或多次反射的情况，剖切角度15°的聚光器，接收光线的入射角度范围是−15°～35°，明显要小于剖切角度35°聚光器的入射角度范围−35°～35°。实际上，由于CPC初始模型属于非标准CPC以及剖切角度的影响，使得剖切后的聚光器能够接收到大于上述入射角度接收范围的入射光线，具体的影响效果在后面讨论。

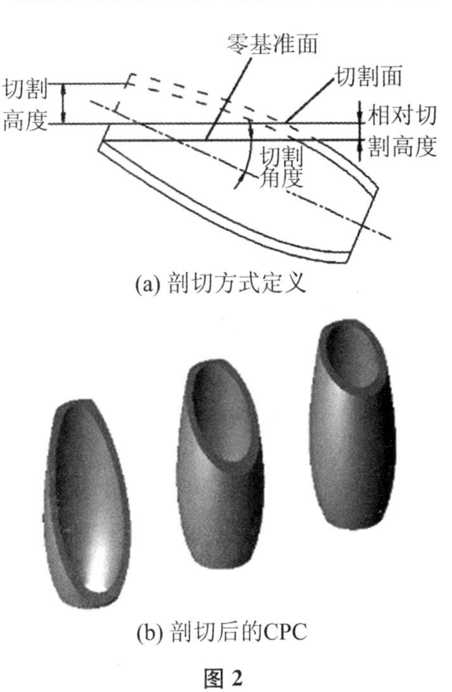

(a) 剖切方式定义

(b) 剖切后的CPC

图2

2 安装方式

上述剖切后的聚光器在安装时应满足如下要求：前向散射聚光器所收集的光线均来自前向散射光线，后向散射聚光器所收集的光线均来自后向散射光线。这样，可以充分获取粒子发生光散射时前向和后向散射光强的差异，有利于实现对火灾与非火灾粒子的识别[8,9]。以探测器内部光源发出的照射光束作为参照物，如图3(a)所示，θ_1 和 θ_2 分别为前向、后向散射聚光器中心轴线与照射光束中心轴线的夹角，提出如下安装方式：

照射光束的中心轴线与前后向散射聚光器的中心轴线均在同一平面上，对于前向散射聚光器，使剖切平面与照射光束的中心轴线平行，即剖切角度等于 θ_1，在剖切平面的垂直方向上，剖切面与照射光束中心轴线的距离为 a mm，确保不会阻挡照射光束的前提下，a 的大小应尽量小；对于后向散射聚光器，使剖切平面与照射光束中心轴线的夹角大于或等于90°，即 $\theta_2 \geqslant 90°$，在剖切平面的平行方向上，聚光器入射口与照射光束中心轴线的最短距离为 b mm，确保不会阻挡照射光束的前提下，b 的大小应尽量小。

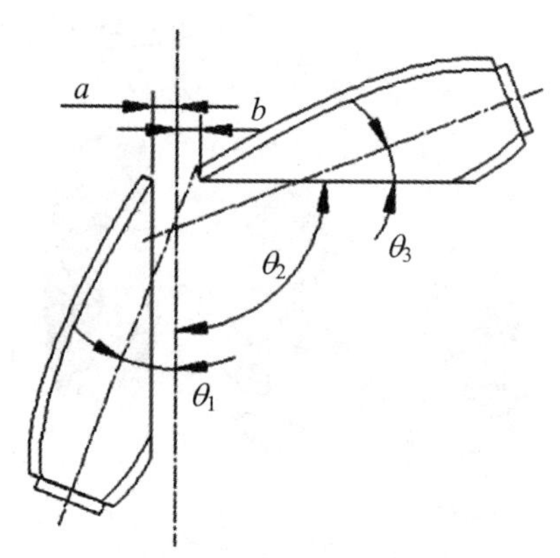

(a) 聚光器与照射光束相对位置

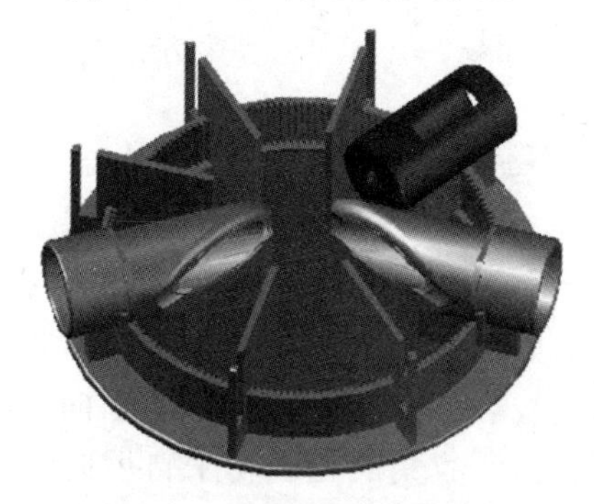

(b) 安装有两个聚光器的探测器模型

图3

按照上述聚光器安装方式介绍，可以建立如图3(b)所示的光学烟室模型内部结构，图中两个黄色部分即为上述聚光器结构，红色部分为发射光源的安装位置。

3 光学模拟

如图4所示，我们采用格点光源以平行光的形式照射聚光器，方向与聚光器的对称面平行，在出射口处设置一个光线接收面，对聚光器收集的光线进行接收。格点光源属性设置如下：在半径20 mm的圆面内，格点图形以矩形形式排布，X、Y 方向格点数均为100，共计发射7 860条平行光线。假定朝向聚光器入射口入射时的入射角为正，将聚光器内表面属性设置成完全镜面反射，光线接收面对光线完全吸收，同时保证格点光源发出的平行光能够完全覆盖聚光器的入射口。光学模拟时，通过改变平行光的入射角(即入射光线与

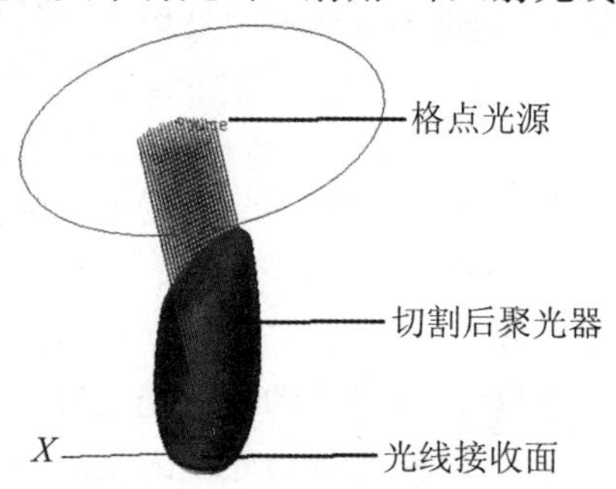

图4 格点光源照射剖切后聚光器

聚光器中心轴线在聚光器对称平面投影的夹角)，研究不同剖切角度(按上述设定，只需控制角度变量)的聚光器收集光线效果的差异性。

选取一系列的剖切角度(15°、18°、21°、24°、27°、30°、33°、36°、39°、42°)的聚光器，同时选取一个只有长度参数与CPC初始模型不同的标准CPC作为对比，在不同入射角度情况下，模拟结果如图5所示。从图中可以看出剖切角度较小的聚光器角度接收范围较小，例如剖切角度为15°的聚光器无法接收到入射角小于−15°的入射光线，但是其优势在于入射口要比剖切角度较大的聚光器要大得多，特别地，在入射角32°附近，小角度剖切的聚光器收集的光线数量达到峰值，且要远高于同入射角度下大角度剖切的聚光器以及标准CPC的接收光线数量。相应地，大角度剖切的聚光器其入射口相对较小，但是其优势在于收集光线的角度范围相对较大，例如从模拟结果可以看出，剖切角度为42°的聚光器对入射角−40°～60°的光线均能收集。

根据光学模拟结果，结合粒子的散射光强分布情况，可以为探测器内前后向散射聚光器选择合适的CPC剖切方式。一般情况下，烟雾粒子的光散射角度越小，散射强度越大，对于前向散射聚光器，需要有较大的角度接收范围，特别是对小角度散射光线的收集，对空间接收范围要求不高，因此建议将CPC的最大聚光角作为剖切角度，这样可以同时保证有足够大的侧面光线入口。后向散射聚光器需要更多地考虑对散射光线的空间接收范围，因此建议选取小角度剖切的方式，特别地，可以根据特定烟雾颗粒的散射光强分布，可以选取对一定散射角范围内的散射光线进行收集以实现对该烟雾颗粒的有效识别。

值得注意的是，图5结果表明经过剖切后的聚光器的入射角度接收范围有了明显变化，比如聚光器能够收集到入射角为50°的光线，这是因为剖切后的聚光器具有较大的侧面光线入口，光线可以直接入射或在聚光器内表面多次反射到达光线接收面上，如图6所示。另外，在入射角大于35°时，从图5中可以看出剖切的聚光器收集到的光线数量急剧下降，入射角大于35°的光线只占了总体的小部分，影响效果可以忽略不计。

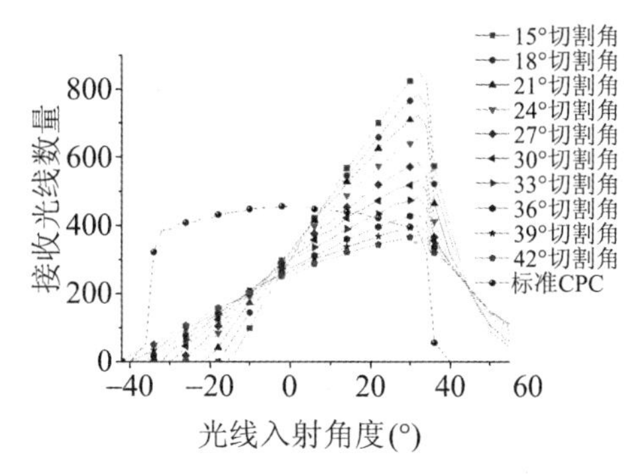

图5　光学模拟结果

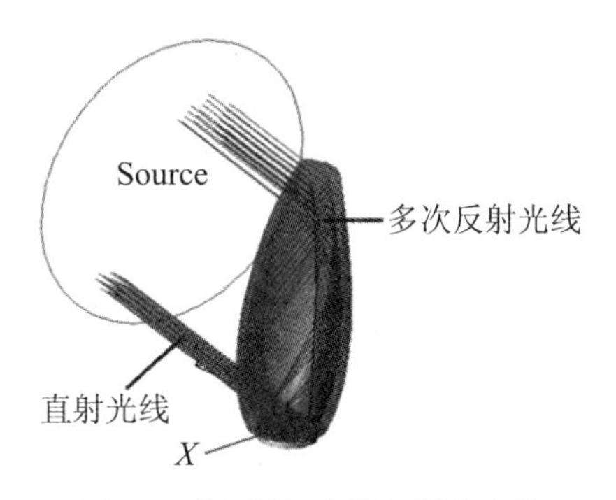

图6　50°入射角光线入射聚光器

上述情况是可以预料到的，这是因为建立的CPC初始模型属于非标准

CPC，基于CPC初始模型，将长度参数设置为10.77 mm时可以得到一个标准CPC。对于该标准CPC，存在的显著问题是内部反射面较小，对光线的空间接收范围相应减小，从图5中可以看出该标准CPC接收光线的角度范围集中在−35°～35°范围内，并且数量维持在400左右，直接应用到探测器上显然是不合适的。

综上分析，相对于标准CPC，通过"加长"方式可以有效增大收集光线的反射面积，"剖切"方式可以有效增大收集光线的空间范围并显著改变角度接收范围，结合实际情况可以设计得到适用于光电感烟探测器的聚光器结构，提高探测器性能。

4 结论

本文为目前广泛应用的点型光电感烟探测器设计了散射光聚光器，该聚光器具有一定的角度筛选功能及聚光性能。根据CPC的设计原理，提出对复合抛物面聚光器的侧面光线入口设计方式以及在光学测量腔的安装方式。通过对不同剖切角度的CPC初始模型及相应的标准CPC模型进行光学模拟，得到了不同入射角情况下的光线收集情况，结果表明通过对CPC进行适当"加长"与"剖切"设计，可以有效增强聚光效果，因此为探测器选用聚光器的设计方式提出如下参考建议：1）前向散射光聚光器的剖切角度近似等于CPC最大聚光角；2）后向散射光聚光器剖切角度略小于CPC最大聚光角；3）前后向散射聚光器根据实际安装尺寸适当"加长"设计。

参考文献

[1] DEPARTMENT OF TRANSPORTATION. Federal Aviation Administration. Code of Federal Regulations 14 CFR Part 25.858，1997.

[2] 孙爽. 点型光电感烟火灾探测器的灵敏度[J]. 消防科学与技术，2002，21(6)：39-41.

[3] 2005 G B. 点型感烟火灾探测器技术要求及试验方法[D]. 2005.

[4] HULST H C. Light scattering by small particles [M]. Courier Corporation，1957.

[5] WELFORD W T，WINSTON R. Optics of nonimaging concentrators[J]. Light and solar energy，1978.

[6] WELFORD W T，WINSTON R. High Collection Nonimaging Optics Academic [J]. New York，1989：2.

[7] 汪飞，隋成华，叶必卿. 关于复合抛物面聚光器设计参数的研究[J]. 光学仪器，2010(3)：68-72.

[8] 孙悟. 双波长法区分火灾烟颗粒与干扰颗粒[D]. 合肥：合肥工业大学，2013.

[9] 孙悟，邓小玖，李耀东，等. 双波长抗干扰光电感烟探测机理[J]. 物理学报，2013，62(3)：30201.

文章编号：SAFPS15014　　

高温碟形双金属片动作响应特性技术研究

赵四化[1]，匡勇[1]，马兵[1]，屈秀坤[1]，苏晓阳[1]，李基堂[2]

（1. 天津航空机电有限公司，天津 300308；
2. 中国人民解放军总参谋部陆航部军事代表局，天津 300308）

摘要：高温碟形双金属片是火警温度继电器的核心元件，其结构复杂，无法建立数学模型，受热动作响应特性难以通过理论公式进行技术研究。因此本文采用有限元分析方法，通过 Solidworks 结合 ANSYS 对双金属片进行热-结构耦合场分析，获得了碟形双金属片的受热动作响应特性，并且通过不断改变高温碟形双金属片的外形结构进行求解分析，根据分析结果总结出了高温碟形双金属片的结构与其受热动作响应特性之间的关系，为高温碟形双金属片的结构参数设计和数据调节提供理论依据。

关键词：高温；碟形双金属片；有限元；动作响应特性

中图分类号：X936；X932　　**文献标识码：**A

0　引言

高温碟形双金属片是发动机防火产品温度继电器的核心零件，其结构设计质量直接影响温度继电器性能指标的准确性，进而影响整个飞机防火系统的稳定性。高温碟形双金属片是一种高温突变响应的双金属片，该类双金属产品具有温度特性固定，动作温度精度高，控温温度高，触点通断重复性好，动作可靠，使用寿命长等诸多优点，在各种温感场合具有广泛的应用[1]。

高温碟形双金属片结构外形如图1所示，其结构直接决定了碟形双金属片温度继电器的受热动作响应特性。目前国内外对碟形双金属片的温度变形响应特性分析主要集中在低温碟形双金属片，其外形一般为单圆弧碟形片。根据板壳理论，将热应力简化为弯曲应力，建立数学模型进行分析计算，计算过程十分复杂，可应用性较差，且存在较大误差。而高温碟形双金属片外形结构更加复杂，一般由多段圆弧拼接而成，无法建立数学模型进行理论公式计算，一般是通过工人的生产经验进行总结，获得其受热变形规律。

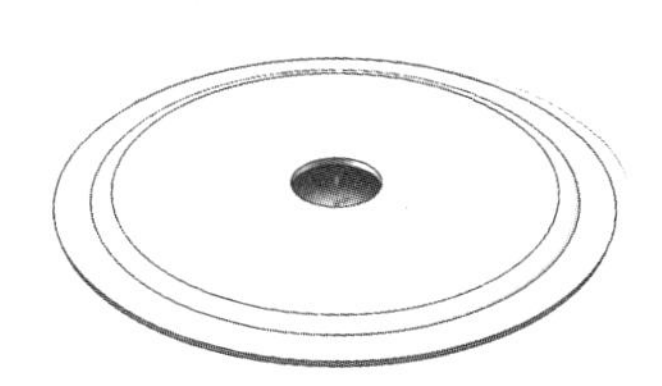

图1　碟形双金属片

基于高温碟形双金属片外形小巧且

复杂的特点，本文采用 Solidworks 进行建模，导入 ANSYS 进行热-结构耦合场分析，获得动作响应特性，根据分析结果来总结高温碟形双金属片的结构与其受热动作响应特性之间的关系。

1 高温碟形双金属片简介

1.1 工作原理

高温碟形双金属片由两层不同形状的金属组成，膨胀系数较大的为主动层，膨胀系数较小的为被动层，当高温碟形双金属片受热后，在弯曲应力的作用下高温碟形双金属片会向被动层弯曲，当温度达到一定程度后，高温碟形双金属片会发生跳跃屈曲翻转，称此温度点为断开温度点；当温度下降后，高温碟形双金属片会向主动层弯曲，当温度降到一定程度后，高温碟形双金属片会再次发生跳跃屈曲翻转，称此温度点为接通温度点[2,3]，其跳跃屈曲过程如图 2 所示。

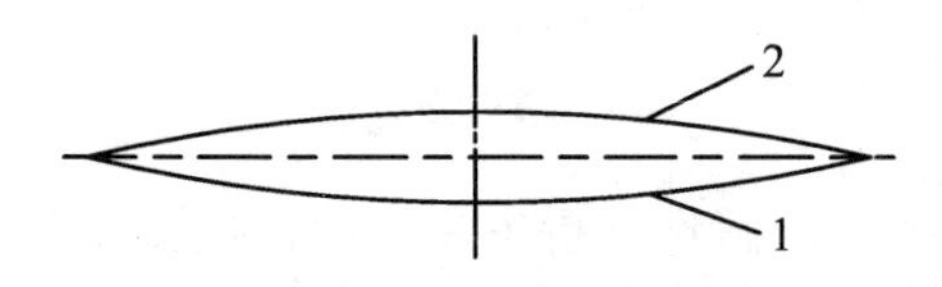

1. 跳跃前状态　　2. 跳跃后状态

图 2　跳跃屈曲过程示意图

1.2 结构特征

高温碟形双金属片轴向剖视图如图 3 所示，主要由三段圆弧①、②、③，四个关键点 A、B、C、D 组成，其中圆弧①和圆弧③的挠度较小，而圆弧②的挠度较大。根据调试经验总结得知，影响高温碟形双金属片动作响应特性的主要因素是三段圆弧的挠度。

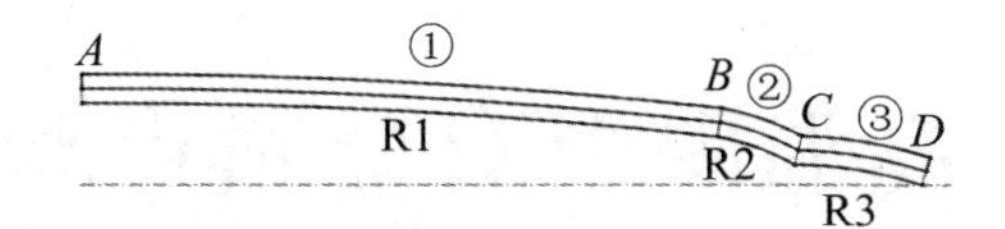

图 3　高温碟形双金属片轴向剖视图

为了分析研究高温碟形双金属片动作响应特性与结构之间的关系，在分析过程中通过不断改变 A、B、C、D 四点的 Y 轴坐标来调节圆弧①、②、③的挠度，根据分析结果统计规律。

2 热-结构耦合场有限元分析过程

2.1 高温碟形双金属片模型建立

本文分析过程中对高温碟形双金属片进行轴对称简化，将 3D 模型转换成 2D 剖面进行热-结构耦合场分析，提高了求解精度和效率。按照结构测量的数据应用 Solidworks 绘制剖面图（如图 2 所示），转化成 IGES 模型导入 ANSYS 进行分析。

2.2 单元及材料属性定义

热-结构耦合场有限元分析包括直接分析法和间接分析法，不同的分析方法对应不同的单元。本文采用直接分析法，应用具有热-结构耦合场分析能的 LANE13 单元，该单元具有大变形和应力刚度能力，能够应用在非线性分析过程中[4]。

仿真过程定义的主要材料属性如表 1 所示。

表 1　材料属性

温度(℃)	弹性模量(GPa)		泊松比		线膨胀系数(/℃)	
T	E_1	E_2	V_1	V_2	A_1	A_2
<100	200	180	0.3	0.28	3.0E−6	1.60E−5
<200	192	173	0.3	0.28	3.2E−6	1.64E−5
<400	175	161	0.3	0.28	3.5E−6	1.69E−5
<500	153	144	0.3	0.28	4.0E−6	1.73E−5

2.3　网格划分及载荷施加

网格划分如图 4 所示，采用映射网格的方式来控制网格质量和数量，分别对三个圆弧段进行四边形网格划分，消除了尖锐、变长比很大的网格单元，能够提高运算结果的精度和效率。

图 4　网格划分

由于高温碟形双金属片加热翻转和冷却翻转是一个变温度载荷的过程，这里我们采用瞬态分析，施加随时间变化的均匀温度场。其施加的载荷如图 5 所示。

T=TIME/60×550(0 s<TIME<60 s)

T=(120−TIME)/60×550(60 s<TIME<120 s)

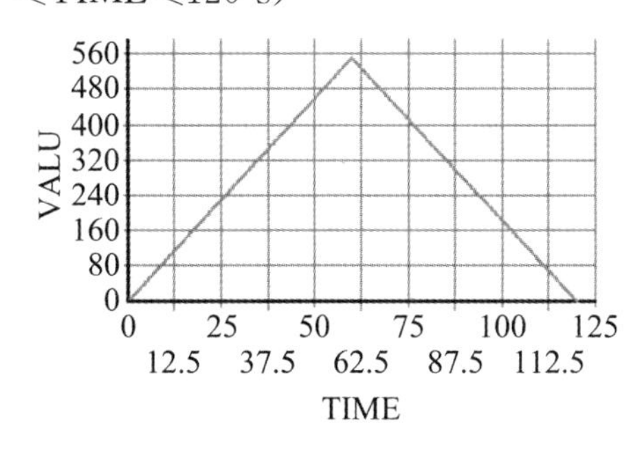

图 5　载荷施加

升温和降温的周期是 120 s。

最高温度是 550 ℃、起始温度是 0 ℃。

载荷步为 240 步加载。

2.4　分析求解及后处理

为了定型分析高温碟形金属片的断开温度点和接通温度点，计算 D 点 Y 轴方向的位移随时间(温度)的变化。其结果如图 6 所示。

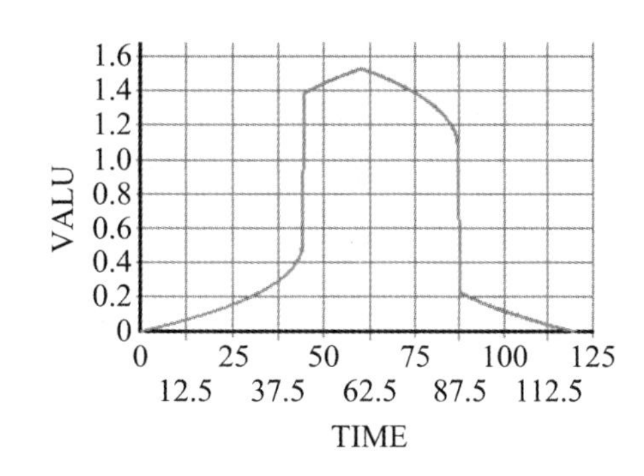

图 6　D 点 Y 轴方向的位移随时间变化

从结果中我们可以看出，高温碟形双金属片在整个升温和降温过程中，存在两个突变点，分别对应断开温度点和接通温度点，且断开温度高于接通温度，与实际过程相符，变形云图如图 7 所示。

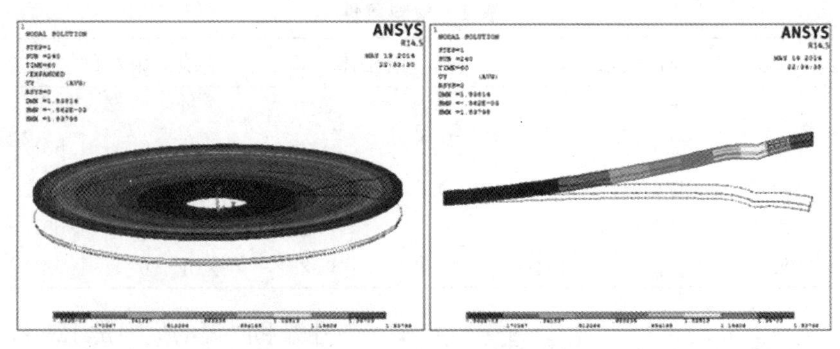

图7　变形结果云图

3　结构与动作响应特性关系分析

3.1　圆弧①挠度对动作响应特性的影响

根据表1描述的调解方式，改变圆弧①起始两点 A 和 B 得 Y 轴差值，获得分析结果如表3所示。

表3　圆弧①不同挠度下的分析结果

$Y(A-B)$/mm	断开温度/℃	接通温度/℃
0.5	481.25	270.42
0.44	428.54	291.05
0.43	421.67	295.63
0.42	412.5	297.92
Δ0.41	405.63	300.21
0.40	396.46	304.79
0.39	389.58	307.08
0.38	382.71	307.08
0.3	330	309.37

注：Δ表示基础对照数据，其他数据是调整后结果

根据分析结果，以温度差为 Y 轴，坐标变化量为 X 轴作图，总结其变化规律，如图8所示。

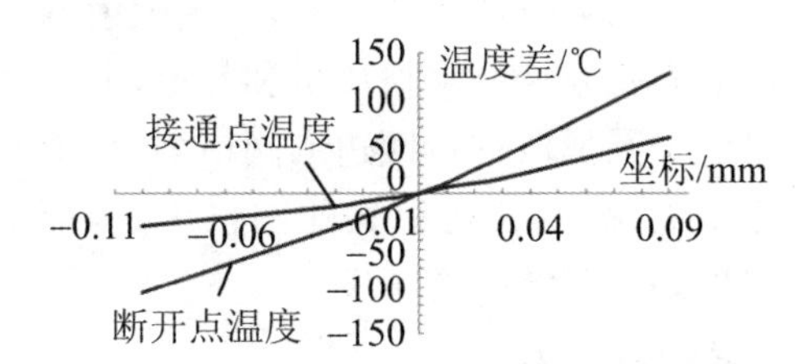

图8　圆弧①挠度对动作温度点的影响曲线

根据图8分析结果可知：圆弧①挠度越小，断开点温度越低，接通点温度越高；圆弧①挠度越大，断开点温度越高，接通点温度越低。断开点的温度变化差值要大于接通点的温度变化差值，也就是说，圆弧①的挠度对断开点温度的影响要大于接通点温度的影响，而且它们之间的影响存在反向关系。

3.2　圆弧②、③挠度对动作响应特性的影响

按照同样的方法可以获得，圆弧②、③挠度对动作温度点的影响曲线，如图9、图10所示。

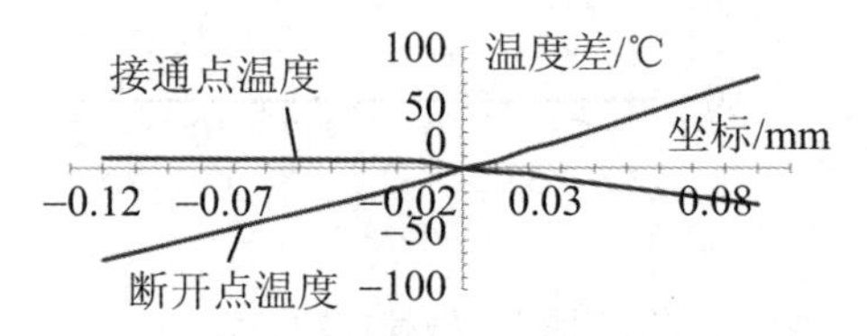

图9　圆弧②挠度对动作温度点的影响曲线

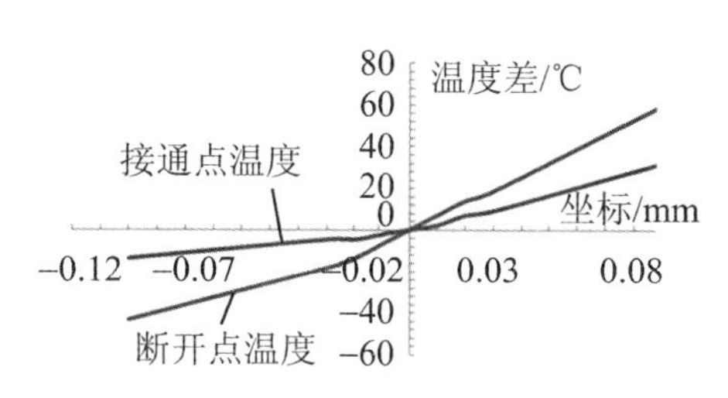

图 10　圆弧③挠度对动作温度点的影响曲线

根据图 9 分析结果可知：圆弧②挠度越小，断开点温度越低，接通点温度越低；圆弧②挠度越大，断开点温度越高，接通点温度越高。断开点的温度变化差值要大于接通点的温度变化差值，也就是说，圆弧②的挠度对断开点温度的影响要大于接通点温度的影响，而且它们之间的影响存在正向关系。

根据图 10 分析结果可知：圆弧③挠度越小，断开点温度越低，接通点温度越低；圆弧③挠度越大，断开点温度越高，接通点温度越高。断开点的温度变化差值要大于接通点的温度变化差值，也就是说，圆弧③的挠度对断开点温度的影响要大于接通点温度的影响，而且它们之间的影响存在正向关系。

4　试验验证

为了验证分析结论的准确性，同时制作高精度模具来提高生产效率，试验过程中共做了四套冲压模具，其成型的高温碟形双金属片数据变化规律符合本文分析的高温碟形双金属片动作响应特性。双金属片一次成型后数据满足工艺需求，提高生产效率 3 倍以上。图 11 是实验过程中应用的模具实物。

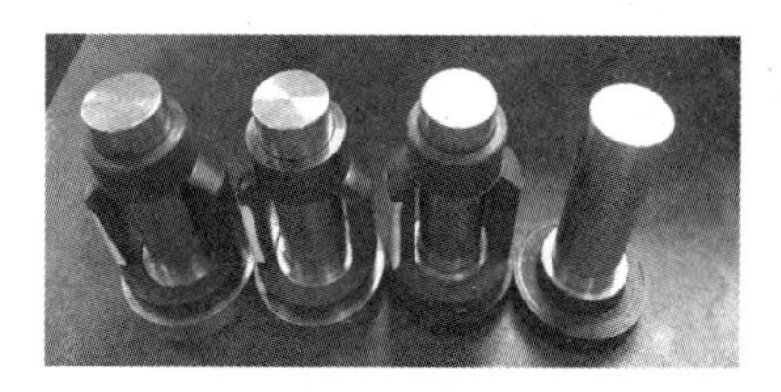

图 11　模具

5　结论

本文以高温碟形双金属片为研究对象，介绍了其工作原理和结构特征，应用 Solidworks 建模，不断改变高温碟形双金属片的结构，导入 ANSYS 进行一系列非线性热-结构耦合场有限元分析，获得其受热变形动态过程，并根据分析结果归纳了高温碟形双金属片结构与其动作响应特性之间的关系，为高温碟形双金属片的外形参数设计和数据调节提供了理论支持，为冲压成型模具提供了设计依据，大大提高了高温碟形双金属片的生产效率和生产质量，具有重要的借鉴意义。

参 考 文 献

[1] 朱宝全，等. 碟形双金属片受热变形分析[J]. 电站系统工程，2010(5)：28-30.
[2] 滕志君，等. 热继电器双金属元件工作原理与稳定性分析[J]. 低压电器，2013(18)：56-58.
[3] 周晓红，等. 碟形双金属片在热保护器中的应用[J]. 技术创新，2012(11)：38-41.
[4] 胡仁春，等. ANSYS15.0 多物理耦合场有限元分析从入门到精通[M]. 北京：机械工业出版社，2014.

文章编号:SAFPS15015 飞机灭火技术

固定式航空灭火瓶设计和试验技术

陈涛

(哈尔滨飞机工业集团有限责任公司,哈尔滨 150066)

摘要:本文主要介绍直升机和飞机上固定式航空灭火瓶的工作原理、工作方式,并对其设计和试验技术要求进行较全面的技术说明,使设计人员掌握直升机和飞机上固定式航空灭火瓶的设计准则和方法,用以指导航空灭火系统设计及工程应用。

关键词:固定式;航空灭火瓶;设计;试验技术

中图分类号:X936;X932 **文献标识码:**A

0 引言

随着国内直升机和飞机的快速发展,各种新型号直升机和飞机在申请适航当局的型号合格证过程中,需要按照相关中国民用航空规章 CCAR23 部、CCAR25 部和 CCAR29 部要求进行诸多试飞项目的适航验证。其中,发动机舱灭火剂浓度飞行试验验证是灭火系统一项主要合格审定内容,影响发动机舱灭火剂浓度的因素较多、关系复杂,如发动机舱构造形式、流动的空气气流、灭火区域内附件分布、灭火系统设计性能等,其中,直升机和飞机发动机舱灭火系统中的固定式航空灭火瓶设计和试验技术尤为重要。

目前,国内直升机和飞机设计人员在航空灭火瓶设计和试验技术上,军用飞机和直升机定型过程以及中国民用航空适航当局在受理审查航空灭火瓶过程中,由于可参照执行的标准、规范和文件资料(包括 FAA 的标准、美军标)匮乏,不仅给设计工作、定型审查和适航审查工作带来不便,更主要的是容易遗漏影响飞行和使用的安全因素以及不能有效保证审查工作的同一性。

本文主要针对直升机和飞机动力装置、辅助动力装置所用的固定式航空灭火瓶的设计和试验技术进行分析、达到设计、定型审查和适航审查的同一性。其他航空灭火瓶设计和试验亦可参考。

1 灭火瓶类型

目前,国内直升机和飞机动力装置固定式航空灭火瓶在设计原理、结构组成上划分主要包括两大类:

(1) 俄式航空灭火瓶主要来自前苏联时代和俄罗斯直升机和飞机发动

机舱上灭火瓶的研仿。国内早期，这类航空灭火瓶应用得很多，现在应用得也不少。俄式航空灭火瓶（如图 1 所示）典型特征为：具有利用连杆原理动作的容器阀，容器阀为主体部分；灭火瓶内安装有虹吸管，虹吸管与容器阀的释放口连通；灭火瓶释放口设置在瓶体上部。

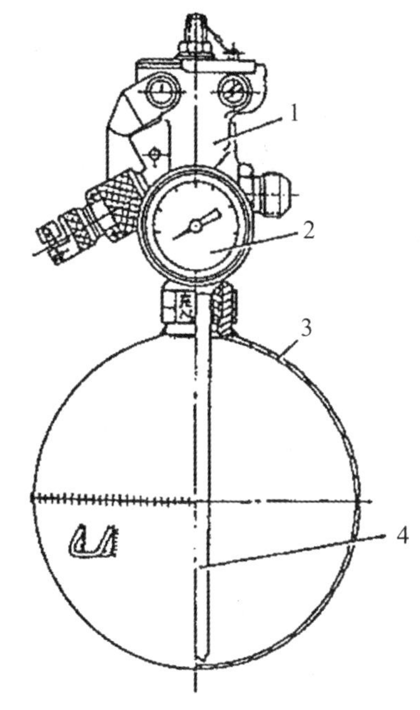

1. 锁闭机构；2. 压力表；3. 瓶体；4. 虹吸管

图 1　俄式单释放头航空灭火器

（2）欧式航空灭火瓶主要来自法国和欧洲直升机公司直升机和飞机发动机舱上灭火瓶的研仿。国内早期，这类航空灭火瓶应用得较少，现在应用得越来越多。欧式航空灭火瓶（如图 2 所示）典型特征为：以灭火瓶的瓶体为主体部分；灭火瓶内无虹吸管；灭火瓶释放口设置在瓶体底部。

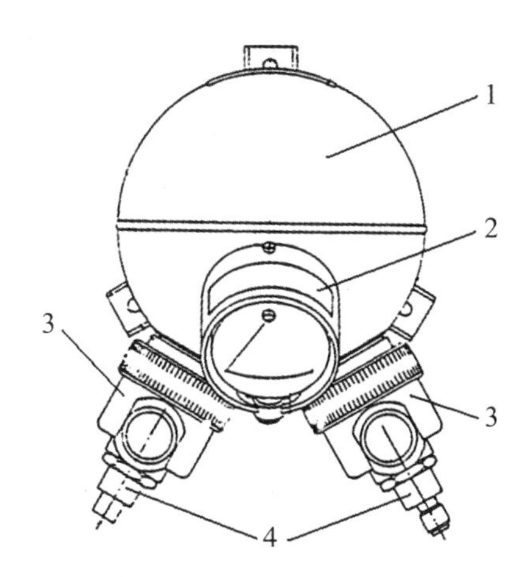

1. 瓶体；2. 压力表；3. 释放头；4. 引爆管

图 2　欧式双释放头航空灭火瓶

2　组成和功能

2.1　俄式航空灭火瓶

该类型航空灭火瓶（如图 1 所示）一般体积较大、重量较重，机上比较容易固定。其主要包括容器阀、瓶体、压力表、虹吸管、引爆管等部分。一般灭火瓶的压力表、引爆管等附件直接连接在容器阀上。其中：

（1）容器阀

容器阀为灭火瓶主体部分，是连接阀体、充填装置、保险装置、驱动器、释放口等部分的组合体。充填装置用于充填灭火剂；保险装置用于自动释放由于高温产生的瓶内高压；驱动器用于打开灭火瓶释放灭火剂的通路；释放口用于灭火剂释放。根据使用需要，容器阀上可以设置多个驱动器和释放口。

（2）瓶体

瓶体用于贮存灭火剂。瓶体一般为圆球形或圆柱形。常用的瓶体主要有金属焊接瓶体、金属内胆加玻璃钢或碳纤维等复合材料缠绕的外壳组件。

(3) 压力表

压力表用于监控灭火瓶内工作压力是否满足使用要求。

(4) 虹吸管

虹吸管用于灭火瓶尽最大可能释放掉全部灭火剂。

(5) 引爆管

引爆管为依靠电流工作的火工品，安装在容器阀上的驱动器内，用于动作驱动器。引爆管的配置数量应与驱动阀的数量一致。

2.2 欧式航空灭火瓶

该类型航空灭火瓶(如图 2 所示)一般体积较小、重量较轻，机上比较难固定。其主要包括瓶体、充填装置、保险装置、压力表、释放头、引爆管等部分。其中：

(1) 瓶体

瓶体为灭火瓶主体部分，可以看作是连接充填装置、保险装置、压力表、释放头、引爆管的组合体。瓶体一般为金属焊接件。根据使用需要，瓶体上可以设置多个释放头。

(2) 释放头

释放头内安装有引爆管，当引爆管通电引爆后释放头用于释放灭火剂。

(3) 其他部分

充填装置、保险装置、压力表、引爆管的功能与俄式航空灭火瓶相同。其中，压力表一般还内置有低压压力开关，用于监控灭火瓶最小工作压力以及灭火瓶正常排空。

3 工作原理

3.1 俄式航空灭火瓶

当直升机和飞机在地面或飞行过程中，驾驶舱仪表板上出现动力装置火灾报警时，按照相应应急程序操作灭火按钮，引爆发动机灭火瓶上的引爆管，瓶内灭火剂会瞬间释放到起火区域进行灭火。

其中，引爆管引爆后灭火瓶内灭火剂的释放由容器阀内的驱动器进行控制。驱动器结构组成如图 3 所示，该机构主要由壳体、弹簧夹头、套筒、活门座、活门座连杆、保险销等组成。

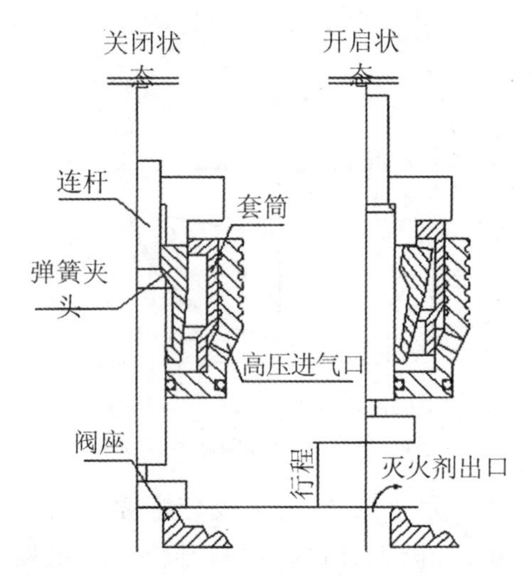

图 3 灭火瓶容器阀内驱动器机构工作原理

当电爆装置不引爆引爆管时，弹簧夹头被夹紧，套筒不能向上运动(即弹簧夹头被套筒锁闭)，使活门座的连杆无法向上运动，活门座密封灭火瓶内灭火剂的出口，无法释放灭火剂。当电爆装置引爆引爆管时，产生的高压气体从高压进气口进入套筒底部，套筒向上运

动，弹簧夹头松开，活门座的连杆在灭火瓶内压力的作用下向上运动，活门座被开启，灭火瓶内的灭火剂从释放口释放。

3.2 欧式航空灭火瓶

该航空灭火瓶机上操作程序与俄式航空灭火瓶相同：当直升机和飞机在地面或飞行过程中，驾驶舱仪表板上出现动力装置火灾报警时，按照相应应急程序操作灭火按钮，引爆发动机灭火瓶上的引爆管，瓶内灭火剂会瞬间释放到起火区域进行灭火。

欧式航空灭火瓶在控制灭火剂释放上原理比较简单（如图 4 所示），主要是在每个瓶体释放头位置处安装几十微米至几百微米厚度的金属膜片，当引爆管引爆后，瞬间产生的高能量将金属膜片炸开，灭火剂从该开口释放出去，通过相应管路进入灭火区域。

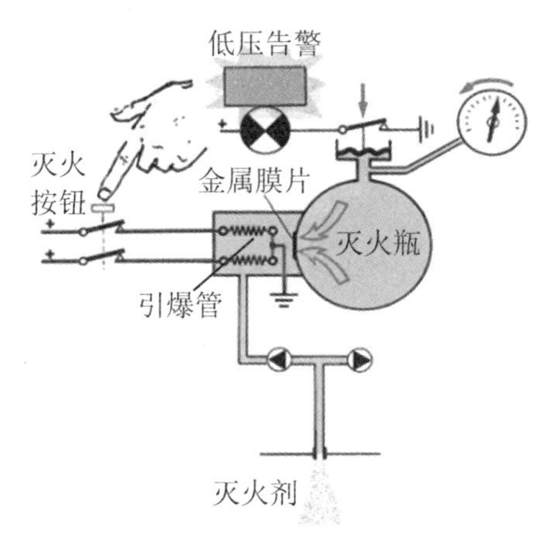

图 4　欧式航空灭火瓶工作原理

4　设计技术

4.1　制造材料

材料的选用应符合相关的国家标准、国家军用标准、航空工业标准和其他专业标准的规定，在满足标准要求的情况下，选用材料的重量要最轻。

灭火瓶使用的任何材料，尤其与灭火剂直接接触的材料（包括成品件），不应因温度、压力变化等因素与灭火剂发生化学反应而造成危害，具体要求如下：

（1）所使用的金属材料，应耐腐蚀或经适当的防护处理后耐腐蚀，防腐蚀设计应符合 GJB/Z 594A 2000 中 4.3 的规定；在直接接触部位不易使用不同类金属，如使用不同类金属，应有适当的防腐蚀保护或用适当的绝缘材料将不同金属隔开，接触偶设计应符合 GJB/Z 594A 2000 中 4.2 的规定；不应使用镁合金。

（2）在灭火瓶设计和制造中，不应使用易老化的非金属材料。

（3）对于瓶体及受压力影响部位，不论金属材料、非金属材料或金属与非金属混合材料，选用的材料应有足够的疲劳强度。

4.2　结构设计

1. 航空灭火瓶的结构设计应充分考虑最低和最高环境温度对使用性能的影响。灭火瓶结构设计根据直升机和飞机的装机要求和灭火性能要求，可以设计成以容器阀为主体部分的俄式航空灭火瓶或以瓶体为主体部分的欧式航空灭火瓶，其他结构组成应与主体部分保持一致。

2. 航空灭火瓶的瓶体最小厚度可按如下公式进行计算：

（1）圆球形航空灭火瓶

$$S=\frac{Pn\cdot Do}{4[\delta]\cdot\varphi}+C$$

(2) 圆柱形航空灭火瓶

$$S=\frac{Do}{2}\left(1-\sqrt{\frac{[\delta]\cdot\varphi-1.3Pn}{[\delta]\cdot\varphi+0.4Pn}}\right)+C$$

(3) 计算出的最小壁厚应同时满足下式，且不小于1.5 mm

$$S\geqslant\frac{Do}{250}+1$$

上述公式中：

S——瓶体设计最小壁厚(mm)；

Pn——瓶体的水压试验压力(MPa)；

Do——瓶体外径(mm)；

φ——焊接瓶体的焊缝系数，由设计确定，一般取0.9；

C——腐蚀裕量，由设计确定，一般取0.2～0.5 mm；

$[\delta]$——瓶体材料的许用应力(MPa)。

3. 瓶体的爆破压力应大于等于瓶体最大工作压力的3倍。瓶体的爆破试验的破口应呈缩性破口，并且在爆破试验中破裂处不允许有任何碎片飞出。

4. 对于俄式航空灭火瓶，其容器阀性能应满足GB795《卤代烷灭火系统容器阀性能要求和试验方法》的相关技术要求，并且在阀体上应设置两个或两个以上用于安装驱动器的位置，如若选装的驱动器的失效概率极小则除外。

5. 根据直升机和飞机的使用要求，每个航空灭火瓶应安装两个或两个以上驱动器(驱动器的失效概率极小则除外)，驱动器性能应满足GB14105《卤代烷灭火系统阀驱动器性能要求和试验方法》的相关技术要求。推荐选用引爆式驱动器。

6. 每个灭火瓶上至少设置一个保险装置。装于其上的保险膜片应满足GB567《拱型金属爆破片技术条件》的适用要求；对于保险膜片的爆破压力允许偏差，在标准大气状态下应小于±3%或±0.5 MPa(取最小值)；在最高使用温度条件下应小于±5%。

7. 每个灭火瓶上应安装有一个压力表，其安装位置应便于在直升机和飞机上检查，所选用的压力表应满足工作范围要求。压力表的量程应满足当灭火瓶内出现可能的最大压力时，表所指示的数值应不大于该表全量程的三分之二。其他性能要求应满足GB14106《卤代烷灭火系统压力表性能要求和试验方法》中的适用条款。根据使用要求，压力表可以具有低压压力报警功能。

4.3 灭火剂

目前，航空灭火瓶仍以充填二氟一氯一溴甲烷灭火剂(1211灭火剂)和三氟一溴甲烷灭火剂(1301灭火剂)为主，推荐选用1301灭火剂。其中：

(1) 三氟一溴甲烷灭火剂(1301灭火剂)应满足GB6051技术要求。

(2) 二氟一氯一溴甲烷灭火剂(1211灭火剂)应满足GB4065技术要求。

4.4 充填压力和温度—压力关系

对于航空灭火瓶，相对灭火区域距离较近时，其充填的1301灭火剂在20 ℃下，充填压力分为2.50 MPa和

4.20 MPa。1211 灭火剂在 20 ℃下，充填压力分为 1.05 MPa、2.50 MPa 和 4.00 MPa。航空灭火瓶相对灭火区域距离较远或灭火区域较大时，相应灭火管网较复杂，灭火瓶充填压力需要增大，具体要求可参考系统详细设计规范。

不同国家和地区的气体灭火系统在不同温度下，灭火瓶贮存压力值有差别。表 1 和表 2 是参照美国 NFPA、英国 BS5306 等标准，结合我国实际气体灭火系统制定的不同温度下灭火瓶贮存灭火剂的温度—压力对照关系。

表 1　不同温度下 1301 灭火剂贮存压力对照表

充填压力 \ 压力(MPa) \ 温度(℃)	−20	−15	−10	−5	0	5	10	15	20	25	30	35	40	45	50	55
2.50 MPa	1.32	1.43	1.55	1.67	1.80	1.93	2.11	2.29	2.50	2.72	2.89	3.14	3.36	3.64	3.93	4.20
4.20 MPa	2.70	2.90	3.07	3.20	3.35	3.55	3.75	3.95	4.20	4.43	4.65	4.90	5.20	5.45	5.80	6.30

表 2　不同温度下 1211 灭火剂贮存压力对照表

充填压力 \ 压力(MPa) \ 温度(℃)	0	5	10	15	20	25	30	35	40	45	50	55
1.05 MPa	0.85	0.89	0.93	0.99	1.05	1.10	1.17	1.24	1.32	1.40	1.49	1.59
2.50 MPa	2.19	2.26	2.33	2.40	2.50	2.58	2.68	2.78	2.88	3.00	3.12	3.24
4.00 MPa	3.58	3.68	3.78	3.89	4.00	4.12	4.24	4.37	4.50	4.64	4.79	4.95

5　性能要求

5.1　灭火瓶性能

灭火瓶应根据选择充装的灭火剂的特性参照有关标准确定自身的性能参数。灭火瓶的充装压力应使在最低使用温度下的瓶内压力满足灭火性能要求；灭火瓶的充装系数不宜超过 60%；当在最低使用温度下灭火瓶喷射时，达到 10%剩余量或达到低压报警条件时的喷射时间不应超过 5 秒。

5.2　使用寿命

根据 6.4 项试验结果，按循环压力疲劳试验的循环数除以 3～6 的系数确定灭火瓶的使用寿命。

6　试验技术

6.1　爆破试验

每个型号的灭火瓶必须进行爆破试验。在批量生产期间，每 200 个灭火瓶至少抽取 1 个进行爆破试验，(年产量不超过 200 个灭火瓶的情况下至少爆破1个,在重大工艺改变和停产半年以上恢复生产时,爆破数量加倍)。爆破压力不小于公称工作压力的3倍;爆破口应为缩性变形,无碎片;爆破口处无明显缺陷;裂口不允许出现在瓶体颈部或释放口部位。

6.2 保险活门试验

不论装设保险膜片机构还是保险活门,应按GB567的要求进行试验,以验证保险机构功能的可靠性和精确度。

6.3 低温喷射试验

在进行低温喷射试验时,灭火瓶应在直升机和飞机使用要求的最低温度(公差允许±5 ℃)的环境中保持24小时,然后在瓶体释放口连接长3 m的钢管(内径不得大于与之相连的直升机和飞机真实管路的内径),钢管的另一端安装1个T形接头,其两端面积之和为钢管截面积的1.2倍。试验时由装于灭火瓶上的引爆管打开灭火瓶释放口,测量灭火剂喷射能力是否满足上述第6.1节的要求。

6.4 疲劳试验

当进行灭火瓶循环压力疲劳试验时,试验介质和环境温度应高于15 ℃;循环压力的上限为最大允许工作压力,循环压力的下限应根据该灭火瓶的使用条件、使用状态及所所选用灭火剂的温度变化特性而确定;试验所确定的频率应保证瓶壳体温度不超过20 ℃,并且不得超过每分钟6次,试验循环次数可初步定为预计寿命的当量数。试验中应定期检查灭火瓶有无裂纹出现,一旦发现裂纹,试验即为终止,记录下裂纹状态(长短、深浅、位置)、循环次数及其他规定记录的参数,作为定寿的依据;如果预计的循环次数仍无裂纹出现,试验可终止,也可按申请方的要求继续试验直至出现裂纹,并以此试验为依据修订灭火瓶的使用寿命。其他要求和试验方法应满足GB9252《气瓶疲劳试验方法》中的适用条款。

6.5 水压试验

每个灭火瓶必须进行水压试验,水压试验压力为公称工作压力的5/3(水温5 ℃以上),水压试验的持续时间为2分钟,承受压力时,压力表不得有回降现象,瓶体不得有渗漏,发现渗漏则予以报废,水压试验时测定的永久体积变形量,不应超过弹性变形量的5%。

6.6 气压试验

灭火瓶经水压试验后均需进行气压试验。将灭火瓶内充装不带油脂的空气至公称工作压力后,放置于水槽内,持续3分钟不得漏气。试验后进行干燥处理,避免生锈。

6.7 弹击试验

将灭火瓶充入工作介质到公称工作压力,挂在支架上,在相距50 m位置处,用12.7 mm口径的高射机枪,以初速为860 m/s的穿甲弹射击。瓶体着弹后,应保持一个整体,在弹孔边缘不应出现脆性裂纹。

7 结论

航空防火灭火技术最早来自于民

用灭火技术，主要是消防行业的灭火技术。航空防火灭火技术要求和特点与民用灭火技术有较大差别，国内外对一些来自民用成熟度较高的航空防火灭火设计和试验技术的修正、固化和发展日益迫切。

本文主要探讨适用于直升机和飞机上固定式航空灭火瓶的设计技术和试验技术。固定式航空灭火瓶主要应用于飞机和直升机发动机舱、辅助动力装置的灭火系统，以及大型飞机和重型直升机的货舱，其设计和试验技术不仅会影响飞机和直升机飞行安全性和使用性，而且其适航性设计要求也越来越重要。

参考文献

[1] 飞机设计手册:第13册:动力装置系统设计[M]. 北京:航空工业出版社，2006.

[2] AC25.1191-1 "1301"固定灭火瓶的批准[S]. 中国民用航空总局.

[3] HB6134-87 航空气瓶通用技术条件.

[4] SA365N1 海豚2型直升机. 培训手册.

[5] SA365N1 海豚2型直升机. 机载设备维护手册.

[6] Y12 飞机. 维护手册.

[7] Mi-171 直升机. 维护手册.

文章编号：SAFPS15016　　　　飞机火灾探测技术

光学迷宫对飞机货舱感烟探测器响应性能的影响

韩玲，林高华，方俊，王进军，张永明

（中国科学技术大学火灾科学国家重点实验室，安徽 合肥 230026）

摘要：针对飞机货舱火灾的探测延迟性问题，探讨了光学迷宫对点型光电感烟探测器响应性能的影响，实验研究了点型光电感烟探测器在有、无迷宫两种情况下烟雾探测的响应过程，对比分析了不同烟量时迷宫的作用，并探讨了探测器迷宫结构的改进方法。实验结果表明，在探测器响应过程中，有光学迷宫的探测器烟雾浓度波动幅度较小，迷宫对烟气有滞留作用，提高了探测器的稳定性；但迷宫会使探测腔室的烟雾浓度明显滞后且低于腔外，增大了探测器的迟滞时间，烟雾浓度较低时这种迟滞影响更为明显，严重影响货舱火警探测器的灵敏度。

关键词：货舱；光学迷宫；点型光电感烟探测器；滞留；迟滞时间

中图分类号：V223.2；TN215　　　　**文献标识码**：A

0　引言

货舱火警探测是现代飞机火警探测系统的一个重要组成部分，目前飞机货舱火警探测大部分采用烟雾探测技术，即在货舱中安装多个点型光电烟雾探测器。根据美国联邦航空管理局（Federal Aviation Administration，FAA）的条例规定，货舱火警探测系统必须在火灾发生 60 s 内探测到火灾，并给机组乘员视觉警示，因此要求货舱采用的点型光电感烟探测器具有较高的灵敏度[1,2]。

然而光电感烟探测器由于其固有的几何结构及所处的环境状况，使得它在火灾探测中对火灾烟雾参量的响应有一定的迟滞，直接影响火灾探测的有效性和及时性，如防虫网、光学迷宫、烟气流对感烟探测器性能的影响等[3-8]。本文针对点型光电感烟探测器的光学迷宫结构整体对烟雾探测的延迟作用，实验研究光学迷宫对烟气与感烟探测器之间作用过程的影响，为设计高性能的飞机货舱光电感烟探测器提供依据和方法。

1　光电感烟探测器和光学迷宫

飞机货舱采用的光电感烟探测器是利用火灾烟颗粒对光的吸收和散射

作用来探测火灾的一种装置，其基本结构如图1所示。当货舱没有发生火灾，采样空气不含有烟颗粒，光敏二极管2接收不到红外发射管1发出的光脉冲，不产生光电流；当货舱因失火产生烟雾时，烟雾进入探测腔室后，烟雾粒子对红外光产生散射，光敏管接收到散射光信号，产生光电流，其强度与烟密度成比例，结合探测算法，触发报警电路，通知机组成员货舱失火[9]。

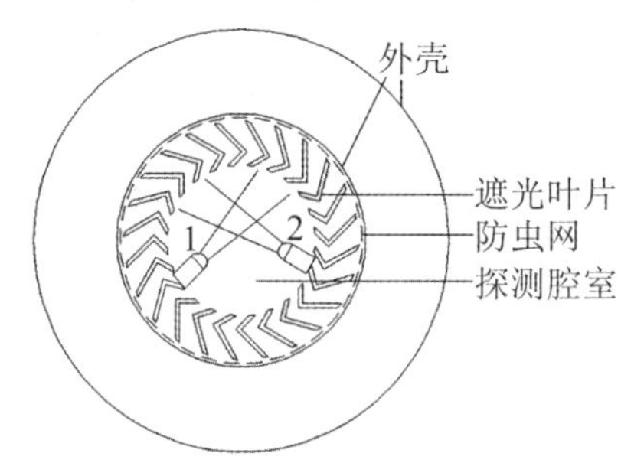

图1　点型光电感烟探测器结构示意图

如图1所示，迷宫的座体上有一定数量的遮光叶片，它与上盖等其他遮光零件构成一个光学暗室，即探测腔室。由于探测腔室对于烟雾进出来说像是一个迷宫，所以也称为光学迷宫。迷宫的主要作用是防止外界环境光直接射入探测腔室，消除环境光线的影响，增强抗环境干扰能力；同时光学迷宫的结构使烟雾粒子在迷宫中合理地分布和流动，且能让红外发射管发出的光能够在迷宫中合理地反射、折射，与烟雾粒子发生正确作用后被光敏管所接收，以实现准确与快速探测[10,11]。然而，迷宫的结构会阻碍烟雾进入探测腔室的气流流动和扩散，降低进烟速率和浓度，严重影响探测器的响应灵敏度。因此合理设计光学迷宫的结构是提高点型光电感烟探测器性能的重要方法之一。

2　实验研究

2.1　实验系统

实验在一个2 m×4 m×2 m的火灾探测模拟燃烧实验室中进行，外加各种测量设备和数据采集系统构成整体实验系统，如图2所示。其中燃烧室在实验过程中是一个不透光封闭的暗室，排除环境光的干扰，顶部安装两个相同规格的点型光电感烟火灾探测器，分别

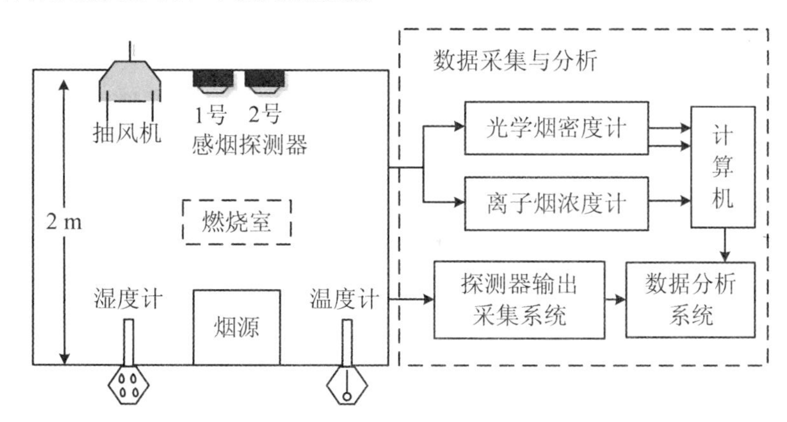

图2　实验系统示意图

编为 1 号和 2 号探测器。选取可重复性好的阴燃棉绳作为烟源，将其放置于探测器正下方。测量仪器用来测量燃烧室的环境参数，包括温度计、湿度计和光学烟密度计等。燃烧室安装抽风机，以便每次实验后期快速排净室内烟气。

选取的两个点型光电感烟探测器均拆除了外壳和防虫网，这里不讨论迷宫的具体几何结构，通过保留或去除探测器的迷宫，以及控制棉绳数量进行相关对比实验，实验条件如表 1 所示。实验中使用的光电感烟探测器均能输出数字量，反映探测器接收烟雾浓度的大小[13]，其最大输出值为 3.299 V。与探测器配套工作的控制器和微机之间利用 RS232 进行串口通信，可实时将探测器输出值进行显示并存储。

表 1　实验工况

实验组	实验编号	探测器	实验燃料（棉绳）	重复次数
一致性	1	1、2 号有迷宫	16 根	3
	2	1、2 号无迷宫	16 根	3
大烟量	3	1 号有迷宫 2 号无迷宫	16 根	5
小烟量	4	1 号有迷宫 2 号无迷宫	8 根	5

2.2　实验测量与结果

1. 一致性实验

1）实验步骤：

将 16 根 20 cm 长、干燥洁净的棉绳捆成一束，固定在支架上，使其自然下垂；1、2 号探测器同时保留或去除迷宫；

实验开始时，先开启实验仪器，再点燃棉绳，待棉绳阴燃连续冒烟后，迅速将棉绳支架放进燃烧室关闭门窗，约 15 分钟后拿出棉绳，开始排烟至初始状态后，结束实验；重复上述实验 2 次，若 3 次的结果相差较大，则继续实验。

2）实验数据：

图 3 是一致性实验 1、2 号感烟探测器（均有迷宫）的输出值。

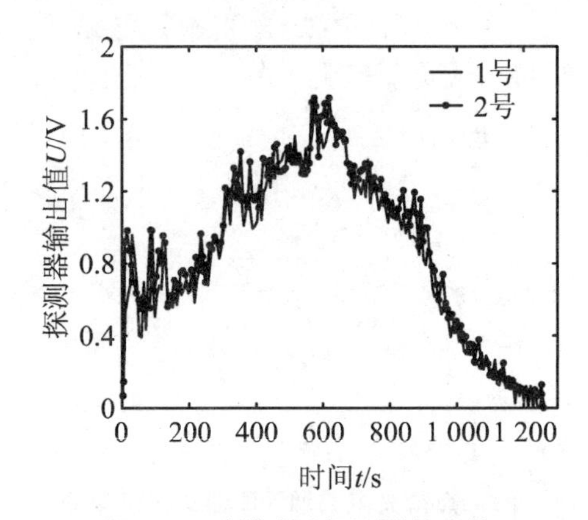

图 3　一致性实验探测器输出值

从图中可看出，1、2 号感烟探测器的输出曲线基本重合，采用皮尔森相关系数（Pearson Correlation）来分析两个探测器输出值的相关性，计算出图中两组数据的皮尔森相关系数 $\mathrm{corr}(y_1, y_2) = 0.9865$，表示它们满足正相关且极高度相关[14]。因此 1、2 号探测器对烟雾的响应过程一致，可以用来进行之后的对比实验。

2. 大、小烟量有无迷宫对比实验

将 1 号探测器保留迷宫，2 号探测器拆除迷宫进行实验，实验步骤与一致性实验相同，大烟量采用 16 根棉绳，小烟量 8 根，实验条件如表 1 所示。

图 4 和图 5 分别是大烟量 1 号（有迷宫）、2 号（无迷宫）探测器与光学烟密度 M 值的输出曲线。图 6 和图 7 分别

是小烟量1号(有迷宫)、2号(无迷宫)探测器与光学烟密度 M 值的输出曲线。

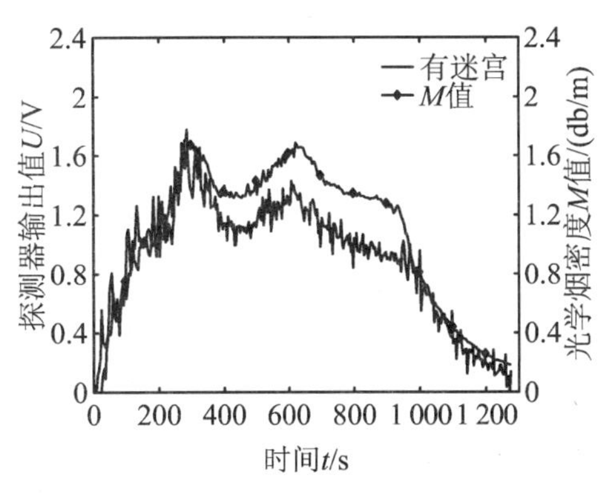

图4 大烟量1号探测器(有迷宫)输出值与光学烟密度

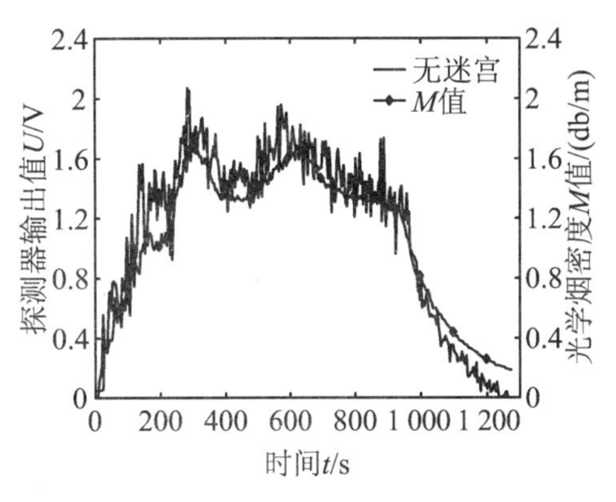

图5 大烟量2号探测器(无迷宫)输出值与光学烟密度

3 结果分析与讨论

对比分析图4、图5和图6、图7,与有迷宫的感烟探测器相比,无迷宫探测器的输出数据波动比较大,探测性能较差。这是由于迷宫的遮光叶片形成的腔室结构对烟雾有滞留作用,使烟雾能在腔室内保留较长时间,有效避免了烟雾进入迷宫后未被探测到就流出,同时减小了外界气流对腔室内的影响,因此光学迷宫使感烟探测器探测到的烟雾浓度变化梯度相对较小,提高了探测器的稳定性。

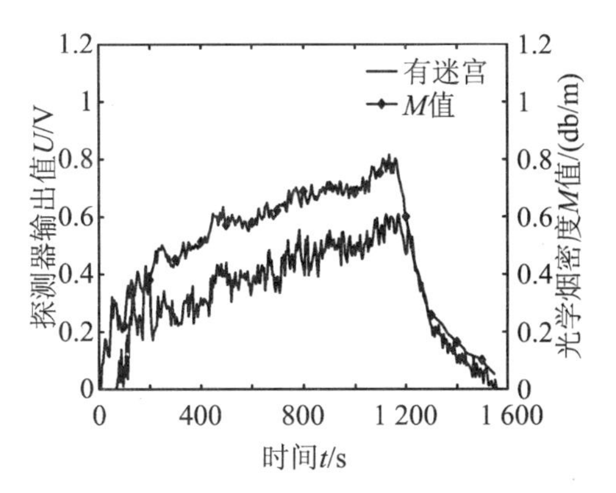

图6 小烟量1号探测器(有迷宫)输出值与光学烟密度

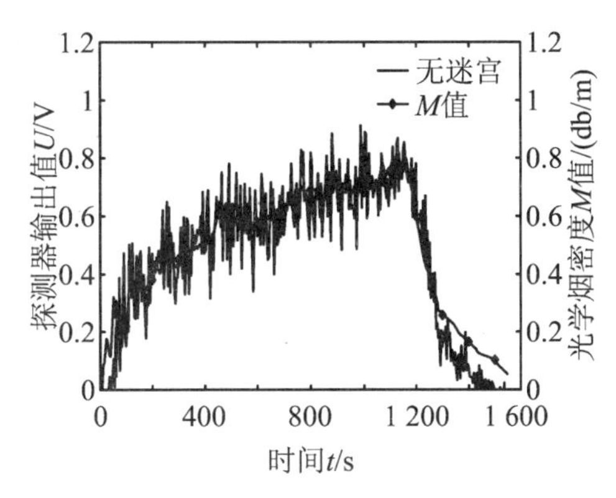

图7 小烟量2号探测器(无迷宫)输出值与光学烟密度

分析不同烟量的两组实验数据,分别将1、2号探测器输出值进行拟合处理,如图8所示。结合图4～图7相应感烟探测器的输出曲线可见,在相同烟量条件下,在实验开始阶段,有光学迷宫的探测器的响应比较缓慢,且在排烟前其输出幅值整体均小于无迷宫探测器的输出值,表明有迷宫的探测器腔内烟雾浓度明显低于腔外。通过比较迟滞时间,即有、无探测器达到同一输出值的响应时间间隔[7]，来分析迷宫对烟雾进入探测腔室的迟滞影响，迟滞时间的定义如下：

$$\Delta t(U) = t_1(U) - t_2(U)$$

其中，U 表示探测器输出值，$t_1(U)$表示有迷宫探测器达到输出值 U 时的时间，$t_2(U)$相应表示的是无迷宫探测器所需时间，两者之差即为迟滞时间，如图 9 所示。

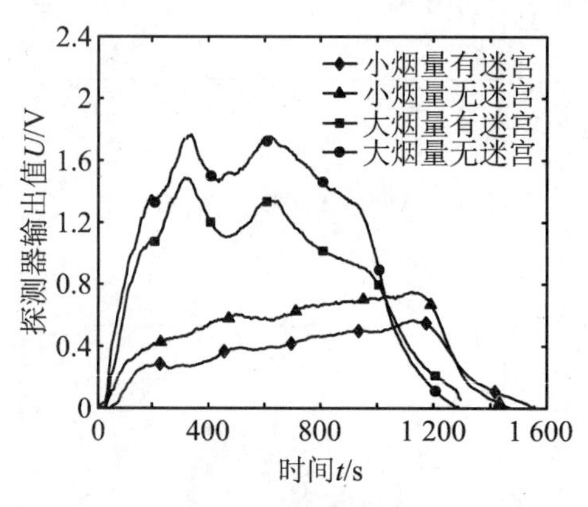

图 8　不同烟量下探测器输出值拟合分析

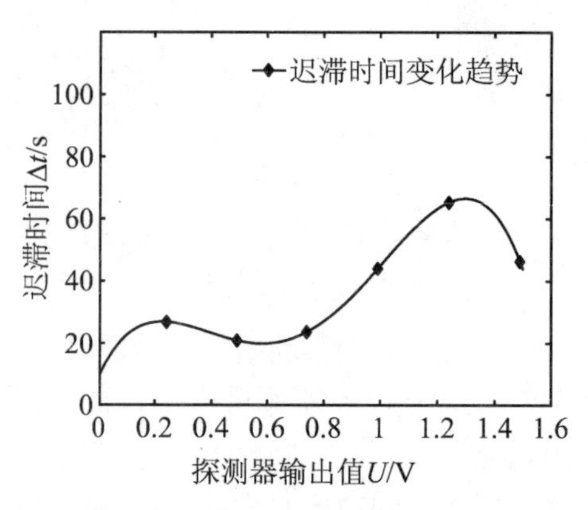

图 9　有迷宫探测器的响应迟滞时间

结合图 8，无迷宫探测器总体上提前 10～60 s，上升幅度也相对较快，而保留迷宫的探测器则存在一定的迟滞时间，尤其在总烟量较小情况下，即在烟雾浓度较低情况下，这种迟滞现象更加明显。这是由于光学迷宫结构影响烟雾的气流和扩散，使得腔室内的烟雾浓度变化滞后于腔外。

在开始排烟至实验结束阶段，即烟雾浓度下降阶段，从图 8 可以看出，无论是大烟量还是小烟量，感烟探测器在无迷宫情况下的下降梯度比较快，同理，这是因为光学迷宫同样阻碍了烟气的流出，减小了探测器的排烟速率。

4　结论

本文采用可重复性较好的棉绳作为烟源，对飞机货舱中使用的点型光电感烟探测器在有、无光学迷宫两种状态进行了实验研究，并对比分析了不同烟量时迷宫对烟雾探测的影响，得出如下结论：

（1）光学迷宫对进入探测腔室的烟雾有滞留作用，能有效避免烟雾进入迷宫后未被探测到就流出，同时减小了外界气流的影响，提高了探测器的稳定性。

（2）光学迷宫增大了点型光电感烟探测器的迟滞时间。由于迷宫的存在，延缓了烟气进入探测器的速率，使探测腔内的烟雾浓度明显滞后且低于腔外，探测器响应延迟 10～60 s，烟雾浓度较低时这种迟滞影响更加突出。

（3）综合光学迷宫对点型光电感烟探测器响应性能的影响，改进迷宫的结构设计不仅需要考虑其遮光效果、气流的单向性等方面；更重要的是必须保证气流的通畅和足够的进烟速率，使光电感烟探测器对烟雾变化具有快速的响应灵敏性，保证及时发现货舱失火，采取灭火措施。

本文实验温度在23 ℃左右，探测器的输出值相对比较小，且从整体上考虑了有无光学迷宫的影响，因此温度、光学迷宫的不同几何结构对烟雾探测的影响，以及减少火警探测误报率是未来需要研究的问题。

参考文献

[1] DEPARTMENT OF TRANSPORTATION. Federal Aviation Administration. Code of Federal Regulations 14 CFR Part 25.858，1997.

[2] 张丹，陆松，李森，等. 民用飞机火灾探测技术浅析[J]. 消防科学与技术，2014(4).

[3] HESKESTAD G. Generalized Characterization of Smoke Entry and Response for Products-of-Combust Detectors [C]. Fire detection of Life Safety，Proceedings of Symposium，1975：93-127.

[4] KESKI-RAHKONEN O. Revisiting Modeling of Fluid Penetration into Smoke Detectors for Low Speed Ceiling Jets [C]. 12th International Conference on Automatic Fire Detection (AUBE. 01)，2001.

[5] Thomas Cleary，et al. Particulate Entry Lag in Spot-type Smoke Detectors [C]. Sixth International Symposium. International Association for Fire Safety Science (IAFSS)，1999.

[6] 谢启源，等. 烟气流速对感烟火灾探测器性能的影响[J]. 安全与环境学报，2004，4(1)：62-65.

[7] 胡君健. 感烟火灾探测器迟滞时间模型的理论和实验研究[D]. 合肥：中国科学技术大学火灾科学国家重点实验室，2005.

[8] 王进军，等. 防虫网对点型感烟火灾探测器迟滞时间的影响[J]. 消防科学与技术，2005，24(5)：586-588.

[9] 向淑兰，付尧明. 现代飞机货舱火警探测系统研究[J]. 中国测试技术，2004(5)：18-20

[10] 吴龙标，等. 火灾探测与控制工程[M]. 合肥：中国科学技术大学出版社，2013.

[11] 刘子巍. 独立式光电感烟火灾探测报警器电路研制[D]. 大连：大连理工大学，2008.

[12] 俞明华. 现代飞机舱内烟雾探测设备浅析[J]. 民用飞机设计与研究，2001(2).

[13] BUKOWSKI R W. Smoke measurements in large and small scale fire testing[R]. Gaithersburg，MD：National Bureau of Standards，1978：78-1502.

[14] JOHN A. R. 数理统计与数据分析[M]. 田金方，译. 北京：机械工业出版社，2011.

文章编号：SAFPS15017　　　　飞机灭火技术

焊接技术对航空灭火气瓶质量的影响

常亮，李金平，赵海涛，李伟

（辽宁美托科技有限公司，辽宁 抚顺 113122）

摘要：本文概述了焊接技术在压力容器行业的应用及本公司针对航空用灭火气瓶的设计结构、使用特点及技术要求所采用的焊接工艺控制方法。内容涵盖了焊接工艺参数的选择、焊接过程存在缺陷的分析、焊后热处理制度、有限元分析方法在压力容器焊接结构优化设计领域的探索性应用，以及针对航空用灭火气瓶的焊接工艺介绍等方面。

关键词：压力容器；焊接；热处理；航空用灭火气瓶

中图分类号：X936；X932　　　　**文献标识码：**A

0　引言

航空用灭火气瓶属于压力容器产品范畴，主要应用于航空环境，起到向飞机发动机灭火系统提供灭火介质贮存的功能。在航空环境中的应用造就了对于产品极其特殊和严苛的要求。这是它与其他压力容器在设计制造和实际应用中的不同之处。如产品轻量化需求、使用环境的高低温交变影响、高频振动负载的考核及功能结构的集成设计等。所以在对其进行设计制造过程中不但应对通用压力容器的成熟经验予以利用，而且还需要在全面继承的基础上根据实际需求进行必要的创新与探索。

航空灭火气瓶的结构设计决定了其制造加工的复杂性，而焊接工艺构成了其制造过程的重要一环，其工艺实施的合理性及稳定性对产品质量的影响尤为重要。产品焊接结构可靠度验证主要是通过进行高低温交变冲击，静压爆破，动态疲劳等实验项目，针对静态载荷、动态交变载荷条件下的焊接部位所能达到的结构强度来表征的。同样，如果在结构设计及焊接工艺实施过程中所形成的缺陷、不合理因素等都可以间接导致产品环境试验的不达标现象，例如包括高低温结构变形、爆破压力值低、提前出现疲劳裂纹等情况。那么对于产品在设计制造全过程中可能出现的缺陷问题的总结及避免办法，对于不合理因素的解决及过程控制等更显得至关重要。能够造成以上验证质量问题的因素很多，但形成的焊接缺陷及热处理制度的失控是其突出原因。通过探伤手段可以发现焊接部位存在的缺陷类型,通过疲劳试验可以对产品焊后热处理制度的控制情况予以批量验证。所以若想提高及保证产品的质量,应该综合考虑对其能够产生各方面影响的诸多原因,分述如下。

1 焊接工艺对压力容器焊缝质量的影响

在压力容器的整个制造过程中,其中最为重要的一道工序就是焊接,焊接工艺会直接影响到压力容器的质量。在实施压力容器焊接时,最为关键的是要控制好焊接工艺参数,包括:预热温度、电弧电压、焊接速度、焊接电流及种类和极性等,其中对焊缝质量影响较为明显的焊接参数是焊接电流、电弧电压以及焊接速度。

1.1 焊接电流对焊缝质量的影响

在其他条件一定的情况下,随着焊接电流的增大,焊缝的熔深和余高均增加,熔宽略有增加,其原因如下:

(1) 随着电弧电流增加,作用在焊件上的电弧力增加,电弧对焊件的热输入增加,热源位置下降,有利于热量向熔池深度方向传导,使熔深增大。

(2) 焊芯或焊丝的熔化速度与焊接的电流成正比。由于焊接的电流增大,导致焊丝的熔化速度增加,熔宽增加量较少,导致余高增加量大。

(3) 焊接电流增大后,电弧潜入工件的深度增大,电弧斑点移动的范围受到限制,因而熔宽的增加量较小。

1.2 电弧电压对焊缝质量的影响

在其他条件一定的情况下,提高电弧电压,电弧的功率相应增加,焊接输入的热量有所增加,同时,由于焊接电流不变,焊丝的熔化量基本不变,形成焊缝的余高减小。

1.3 焊接速度对焊缝成形的影响

在其他条件一定的情况下,提高焊接速度,会导致焊接的热输入减少,从而焊缝熔宽和熔深都减少。

为了提高焊接生产率,且保证焊缝的设计尺寸,可以适当提高焊接电流、电弧电压及焊接速度,但焊接参数的提高都是有限度的,因为在焊接过程中各种因素不适当时,在熔池形成及熔池凝固过程中会产生焊接缺陷,如咬边、裂纹等。

此外,还需要对焊件与焊丝的相对位置、焊丝倾角、焊丝直径等予以控制。因此,在压力容器的焊接过程中,要想形成质量良好的焊缝,就必须保证这些参数的合理匹配。

2 压力容器焊接中常见缺陷的产生及控制

2.1 焊接裂纹成因及对策

在焊接应力及其他致脆因素共同作用下,材料的原子结合遭到破坏形成新的界面而产生的缝隙称为焊接裂纹。焊接裂纹主要分为五大类:热裂纹、冷裂纹、再热裂纹、层状撕裂和应力腐蚀裂纹。焊接裂纹是造成压力容器出现质量问题中最重要的原因之一，焊接裂纹对于压力容器有着非常强的破坏能力。

由于焊接裂纹的产生因素以及裂纹的种类各不相同，因此我们要对焊接过程进行全方位的注意和控制。例如，选用低氢型焊条进行焊接，产生冷裂纹的主要原因就是由于金属中含有过多的氢，避免在焊接过程中氢进入焊接金属中。其次要在焊接完成后进行热处理，一次增强焊接部位金属的韧性，避免焊接裂纹的产生。最后要根据材料的不同、厚度的不同以及环境的不同选择不同的焊接技术，提高焊接的质量，减少由于技术问题产生的事故。

2.2 焊接咬边成因及对策

焊接时，焊缝的焊趾部位被熔化的母材填充，由于填充金属不足而产生的缺口称为咬边（如图 1 所示）。咬边一方面使接头的承载截面面积减小，强度降低，另一方面造成应力集中引起开裂，适当控制焊接速度、焊接电流、电压及焊接的角度都会很好地预防咬边的出现。焊接咬边是压力容器焊接中又一个常见的技术问题，但是优秀的焊接工艺是不允许出现咬边现象的，即便是有些工艺中允许出现咬边存在，仍然需要控制咬边的长度和深度。

为了保证压力容器的质量，迫切需要解决焊接咬边问题。出现咬边现象通常是由于人员能力不过关，而并非技术本身存在的问题，因此我们要提高焊接人员的相关管理。首先，要提高焊接前设计能力，要在焊接前充分了解焊接的材料等，根据不同的数据采取不同的焊接材料和焊接方法，调整好焊接的角度、电流大小等相关内容。其次，在焊接过程中焊接人员要时刻观察焊接部位的变化，一旦发现问题立刻停止，不能继续焊接，否则会造成更大的损失。最后，当出现焊接咬边现象时，要对咬边进行检测和分析，根据数据所得设计补救措施，保证焊接咬边被及时发现并且得到及时治理。

2.3 焊接气孔成因及对策

焊缝中气孔（如图 2 所示）主要分为两种：析出型气孔和反应型气孔。析出型气孔是指焊接过程中熔池溶入一些外来气体形成的气孔（如 H、N 气孔）。反应型气孔是由于冶金反应形成的不溶于金属的气体形成的气孔（如 CO、H_2O 气孔等）。焊接气孔是导致气压力容器气密性不足的主要原因，由

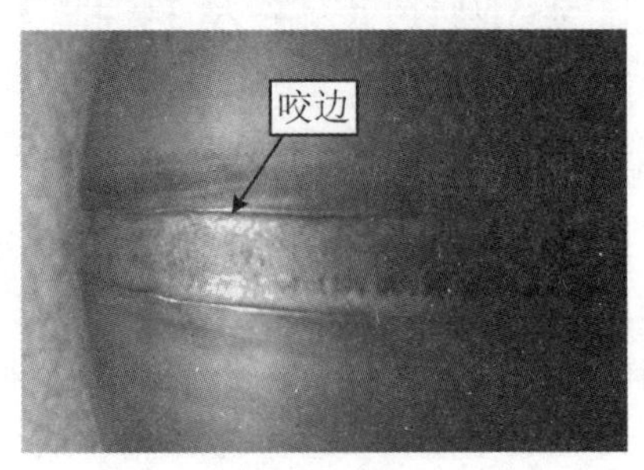

图 1　咬边

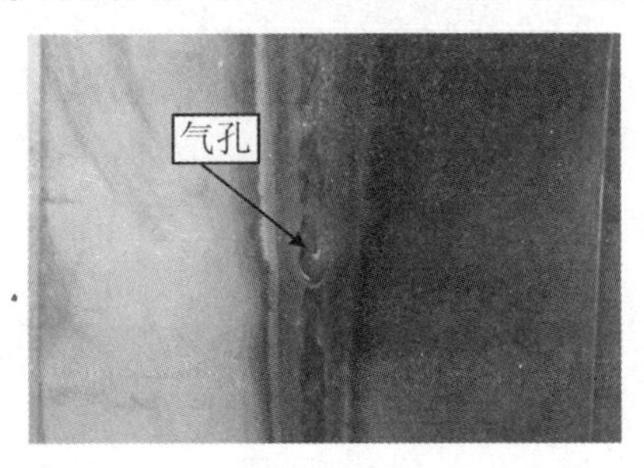

图 2　气孔

于焊接时没有保证接口的平整，这增加了熔池中气体与其接触面积，另外由于坡口边缘有污渍和铁锈等也会增加气体的附着面积，最后，熔渣的密度过大，过于黏稠也会导致气体无法析出，最终留在了压力容器中。

提高压力容器焊接质量，解决焊接气孔问题至关重要，一般采用如下措施应对焊接时产生的气孔。

（1）消除气体的来源：加强焊接区的保护，对焊接材料进行防潮和烘干，采用适当的表面处理方法来消除气体的来源。

（2）正确选择焊接材料：选用含有脱氧剂的焊接材料，在惰性保护气体中适当增加氧化物质，适当调整熔渣的氧化性。

（3）提高焊接工艺：首先，要对接口和坡口边缘的杂质进行擦拭，保证表面没有灰尘，没有油腻，这样可以与焊接材料进行充分接触。其次，我们要注意控制熔渣的浓度，如果熔渣的浓度过于黏稠很难将压力容器材料中的气体析出。

2.4 焊缝未熔合成因及对策

单层焊、多层焊或双面焊接时，焊道与母材之间、焊道与焊道之间未能完全融化结合的部分称为未熔合。

未熔合等焊接缺陷会减小接头的承载面积，引起应力集中，从而降低接头的力学性能，所以防止这种焊接缺陷能很好地提高焊缝质量，应选择适当的焊接参数及焊接热输入量，设计适当的焊接坡口形式及装配间隙，确保焊丝对准焊缝中心进行正确的施焊过程。

2.5 焊缝中夹杂的成因及对策

焊缝夹杂主要分为：夹渣（熔渣残留在焊缝内部）、非金属夹杂物（氧化物、氮化物及硫化物等）、异种金属的夹杂等。夹杂的出现会影响到焊缝的质量及产品的各项性能，因而需要对其进行有效的控制，可以通过如下方法控制夹杂：

（1）严格清理焊层之间的熔渣。

（2）严格控制空气的侵入，加强脱氧、脱硫。

（3）规范焊接参数，保持焊接过程的稳定性。

（4）适当摆动焊条，以利于熔渣的浮出。

3 热处理工艺对压力容器焊接结构质量的提高

压力容器在制造过程中所采用的热处理方式一般有两类：一类为改善金属材料力学性能的热处理，一类为焊后热处理。广义地讲，焊后热处理是指焊后能改变焊接接头的组织和性能，或降低残余应力的过程，包括退火、完全退火、固溶、正火、正火加回火、回火、消除应力热处理、析出热处理等。狭义地讲，焊后热处理仅指消除应力热处理，即为了改善焊接接头的组织和性能，消除焊接残余应力等影响，将焊接接头及其邻近局部在金属相变点以下温度均匀加热到足够高的温度，并保持一定的时间，然后缓慢冷却的过程。

3.1 焊接应力的产生、特点和危害

(1) 焊接应力的产生

压力容器焊接时局部快速加热至高温后又快速冷却,焊接接头区与母材间存在较高的温度梯度,解热时,高温金属的热膨胀受到周围冷态金属的拘束,产生了热应力;冷却时,焊接接头金属受周围冷态金属的约束而无法自由收缩,从而形成了残余应力,可见焊接应力是因焊接接头区与周边部位变形不协调而产生的。

(2) 焊接应力的特点

焊接应力的特点是在某些情况下量值可能很大,接近、达到甚至超过材料的屈服极限,这一点已被大量的焊接应力实测结果所证实。

焊接应力在压力容器应力分类中属于二次应力,具有“自限性”。它对压力容器强度的危害,小于因介质压力产生的一次应力。

(3) 焊接应力的危害

过大的残余应力会加速已有缺陷的扩展、新缺陷的萌生以及造成压力容器应力状态的紊乱,过大的焊接残余应力的存在还会造成应力腐蚀开裂。应力腐蚀是腐蚀破坏中的一种类型,从已统计的数字来看,应力腐蚀占各种腐蚀破坏中的40%,焊接应力由于量值较大且焊后一直存在,当处于腐蚀环境,不论是否使用,都会产生应力腐蚀开裂,多数应力腐蚀裂纹位于焊接接头部位就是证明。另外,金属的氢脆现象已经比较为人们所关注,氢进入钢以后,机械性能会明显变坏,强度和塑性明显降低,溶解于金属晶格中的氢,使钢在缓慢变形时发生脆性破坏,金属材料中的氢可能是在金属材料产生工艺过程中吸收的,如金属在焊接时液态金属吸收的氢保留在焊接接头中,也可能是材料在氢环境中服役吸收的氢,对于焊接接头中吸收的氢,比较有效的消除方法就是进行焊后热处理,它既可以达到松弛和缓和焊接残余应力,改善因焊接而被硬化及脆化的焊接热影响区,提高焊接接头金属的延性和断裂韧性,也可使焊接区及附近的氢等有害气体扩散逸出。

3.2 热处理的目的

焊后热处理是将焊缝全部或局部均匀加热到规范规定的温度保持一定时间,并按规范控制升温和冷却的速度,以减少升温和冷却产生的温度梯度。压力容器焊后热处理的目的可大致归纳如下:

(1) 松弛焊接残余应力,提高产品力学性能及耐疲劳强度等。

(2) 稳定结构的形状和尺寸,减少畸变。

(3) 改善母材、焊接区的性能,包括:提高焊接接头金属的塑性;降低热影响区硬度;提高断裂韧性;改善疲劳强度。

(4) 提高抗应力腐蚀的能力。

(5) 进一步释放焊接接头金属中的有害气体,尤其是氢,防止延迟裂纹的发生。

4 有限元分析方法在压力容器焊接结构设计优化中的应用

有限元方法应用于工程实际已经历了很长时间。现在,在各行各业中有限元越来越多的应用,促进了产品设计水平的提高。无论在国际还是在国内,工程师越来越重视有限元的应用。

在我国,有限元应用较广泛的有很多行业,包括:核工业、建筑、军事、航空航天、铁路、石化、造船、通信、电子行业等。以下是对有限元分析方法在压力容器行业及压力容器焊接结构设计方面应用的具体阐述。

压力容器是化工、炼油、机械中广泛使用的承压设备,在传统设计中,考虑到压力容器安全问题的重要性,压力容器的设计往往偏于保守,设计的压力容器既笨重又浪费材料,制造成本较高,尤其是随着压力容器在航天军工领域的应用越来越广泛,对其产品本身的轻量化要求也越来越高,为此,设计出既满足性能要求又节约材料的压力容器就成为生产制造企业追求的目标。由于压力容器的实际结构一般都比较复杂,对其进行解析求解较困难,同时要求设计人员具有扎实的理论基础,故在压力容器设计的过程中,最有效、最实用的方法就是数值分析的方法。文中结合有限元分析的特点及传统优化设计的不足,利用大型通用有限元分析软件 solidworks simulation 对压力容器进行有限元分析,然后提取有限元分析结果进行优化设计,既满足了压力容器的性能要求,又达到了质量轻量化及提升企业竞争力的目的。

4.1 优化设计基本原理

优化设计是近年来发展起来的一门新的学科,它在解决复杂问题时,能定量地从众多的设计方案中找到尽可能完美的或最适宜的设计方案,故在工程实际中的应用越来越广泛。

优化设计是数学规划和计算机技术相结合的产物,是一种将设计变量表示为产品性能指标、结构指标或运动参数指标的函数,称为目标函数;然后在产品规定的性态、几何和运动等其他条件的限制范围内,称为约束条件;寻找一个或多个目标函数最大或最小的设计变量组合的数学方法。

该方法首先利用有限元法对压力容器进行分析并提取分析结果中的相关参数,然后利用优化设计方法进行定量计算,最终得到既满足性能指标又满足设计指标的设计参数。实际结果表明,基于有限元分析的优化设计方法,在工程实际应用中可有效发挥作用。

4.2 有限元法进行优化设计的基本过程

利用大型通用有限元分析软件 solidworks simulation 进行优化设计,可按照以下三个步骤进行:

(1) 建立参数化的有限元分析模型。有限元分析模型的建立在整个优化设计中具有重要的意义,其正确与否会影响最终的优化设计结果。建立参数化的有限元分析模型包括以下内容:单元类型的选择、材料特性参数的选择、实体模型的建立、对实体模型的网格划分，即有限元模型的建立、分析类型的选择、约束条件及载荷的确定、求解以及对分析结果中相关数据的提取。

(2) 执行优化计算。执行优化设计计算时，首先进入 solidworks simulation 优化设计的模块，指定已经建立的分析模型；其次确定优化设计变量及其取值范围、状态变量及其取值范围，并选择目标函数，即确定有限元优化设计的数学模型；再次选择优化设计工具或优化设计方法、指定优化循环的控制方式；最后进行优化求解。

(3) 查看、选取并检验优化设计结果。通过有限元优化设计会得到一系列可行的和不可行的设计方案，设计者需要从这些方案中选出最好的设计方案，同时检验优化设计结果的合理性。

4.3 通过对压力容器的有限元分析及优化设计可得如下结论

(1) 在设计变量的取值范围不易确定的情况下，可根据初步的优化设计结果进行估算，然后逐步缩小设计变量的取值范围，进行多次优化计算，可进一步提高优化设计的精度，使设计方案更符合实际的需要。

(2) 优化设计变量的初始值选择不同，会影响设计变量、目标函数随迭代序列的变化曲线，但不影响最终的优化设计结果。

(3) 由最终设计序列中设计变量的变化关系，可发现在优化设计中压力容器各变量的变化对目标函数的影响，与目标函数表达式中的关系相一致。

(4) 在有限元优化设计中，设计变量、约束条件不同，对最终的设计结果有一定的影响。

(5) 各设计变量、目标函数随迭代次数的增加均向最优解逼近，说明了有限元分析法在优化设计中的应用价值。

4.4 压力容器焊接结构的有限元分析方法

以上是针对压力容器在设计阶段的有限元分析应用的原理及方法介绍，以下主要是对压力容器焊接结构的有限元分析应用方法的简述：

其实压力容器结构设计包含焊接结构的设计工作，两者应用有限元分析方法主要是为优化产品在实际工况条件下的应力分布情况。通过分析可以直观地了解产品存在的应力集中位置，并使用优化的设计方法，改变相关结构的尺寸变量，使优化后产品的应力分布均匀，以降低失效水平值。

对于焊接结构的有限元分析不同之处在于，需要在模型建立阶段同时建立根据不同焊接方法、不同焊料及不同焊接工艺条件下的模拟焊道特征，经过分析后根据焊道附近的应力分布情况同时考虑焊道材质与母材在经过热处理工艺后的力学差异性，对结果进行判断。

图 3

5 航空灭火气瓶焊接工艺介绍

本公司所生产的航空灭火气瓶主要是通过将机加工制作的零部件，采用焊接的方法来完成制作的，因为此类产品在结构设计、材料选用及实际应用等方面都具有其特殊性，所以同样需要采用独特的焊接工艺来进行加工制造。

5.1 产品结构特点对焊接工艺的影响

(1) 由于产品在设计阶段需要考虑整体重量对其结构设计的影响，所以导致部分零部件具有壁薄的结构特点。这种薄壁结构会增加焊接工艺在实施过程中的不稳定性。

(2) 由于独特的产品结构设计形成焊接接头的复杂性，焊接实体主要为回转体、相交回转体、回转体与矩形体相交等结构，焊接接头有对接接头、角接接头，平面环焊缝、径向环焊缝等，这样会导致在局限实体结构当中存在多位置多形态的复杂焊道，使焊接过程在定位及施焊中增加了难度，形成了复杂的应力分布状态。

(3) 由于对焊道外观成型要求严格以及控制焊接热输入等原因，所以焊接时需要实现单面焊接双面成型，从而同样增加了焊接工艺参数的实施难度。

(4) 由于产品对于尺寸精度的要求严格，这样需要准确控制焊接过程中的热输入及变形量，所以增加了对焊后尺寸控制的难度。

5.2 材料特殊性对焊接工艺的影响

本产品的材料主要选用牌号为0Cr17Ni4Cu4Nb，属马氏体沉淀硬化型不锈钢，其具有高强度、高硬度和抗腐蚀等特性，经过热处理后其产品机械性能更加完善，耐压强度可高达1 100～1 300 MPa。焊接此类材料时常见的问题是热影响区的脆化和焊接冷裂纹：

(1) 热影响区的脆化：此种材料具有较大的晶粒长大倾向，冷却速度较小时，热影响区易产生粗大的铁素体和碳化物；冷却速度较大时，热影响区易产生硬化现象，形成粗大的马氏体组织。这些粗大的组织都会使其热影响区的塑性和韧性降低而脆化。此外还具有一定的回火脆性。所以在焊接此种不锈钢时，冷却速度的控制是一个关键问题。

(2) 焊接冷裂纹：此类不锈钢由于含铬量高，极大地提高了其淬硬性，不论焊前的原始状态如何，焊接总会使其近缝区产生马氏体组织。热影响区随着含碳量的增多，导致马氏体转变温度下降、硬度提高和韧性降低。随着淬硬倾向的增大，接头对冷裂也更加敏感，尤其在有氢存在时，还会产生更危险的氢致延迟裂纹。

5.3 产品使用条件对焊接工艺的影响

(1) 此类航空灭火气瓶的最高工作压力为8.5 MPa，所以在薄壁结构的条件下，要求焊道应具有合适的强度及韧性，以保证在工作压力环境下焊道良好的可靠性。

(2) 此类航空灭火气瓶的成品需进行实验测试，并应符合《GJB150-2009 军用装备实验室环境实验方法》的部分实验要求，实验项目主要包括低温、高温、温度冲击、温度-高度、湿热、真菌、盐雾、振动、冲击、加速度、水压、气密、疲劳、爆破等。在这些模拟极端工况环境条件下的各项实验方法，均会对焊道的结构质量及其力学性能进行严酷的考验从而提出更高的质量要求。

(3) 基于以上的一些针对产品焊接质量的严格要求，对于此类航空灭火气瓶的焊道焊接质量相应需要进行严格的探伤等级检测，企业标准要求应达到Ⅰ级探伤标准。所以需要对焊接工艺参数及施焊方法进行严格的控制。

5.4 针对以上存在的问题所采用的焊接工艺

(1) 焊接方法：为避免人为操作所造成的焊接质量不稳定性，而使用自制焊接专机采用钨极氩弧焊的方法实现焊接工艺全过程的自动化控制，这样可以达到提高工作效率、焊接过程可控及焊接质量稳定等目的。

(2) 焊接材料：为保证焊接区域材料的熔合性，充填焊丝需选用母体材料0Cr17Ni4Cu4Nb。但限于此种材料的市场供应问题，需要自制符合焊材标准要求的各型号焊丝。

(3) 焊接工艺的确定：① 根据材料的金相组织特性、焊道质量及去除应力集中等要求而确定包括预热、后热及焊后热处理等热处理制度；② 焊接前需依据通过试焊的方法，焊后经各项检测、实验合格后确定准确的各项焊接工艺参数，已达到单面焊双面成型的焊接效果。主要焊接参数包括焊道坡口尺寸、保护气体流量、钨极直径、焊接电流、焊接速度、焊枪角度等。

(4) 焊接工艺的执行：施焊过程中严格按照焊接工艺方案规定的焊接过程执行。焊接工艺过程主要包括：坡口的加工、焊前的焊道清理、焊件及焊材的预热、正确的施焊方法、焊后的热处理等。

参考文献

[1] 邹增大，等. 焊接材料、工艺及设备手册.
[2] 陈裕川. 钢制压力容器焊接工艺.

文章编号：SAFPS15018　　飞机火灾模拟仿真

航空发动机防火试验的对流和辐射传热计算

王伟[1,2]，吕凯[1,2]，叶子多[1,3]

（1. 中国民航大学民用航空器适航与维修重点实验室，天津 300300；
2. 中国民航大学航空工程学院，天津 300300；
3. 中国民航大学中欧航空工程师学院，天津 300300）

摘要：航空发动机防火试验是发动机适航验证的重要组成部分，冲击火焰与试验件之间的热传递对试验结果有重要影响。本文通过开展计算流体力学和传热分析，确定了冲击火焰喷射平板表面对流传热和辐射的热传递，主要分析了冲击火焰喷射的性能，包括浮升力影响、对流和辐射传热的热传递过程。通过模拟计算得到了平板对流和辐射占总热流量的比例，以及流场中其他各种基本的参数。计算结果可为发动机部件防火试验提供指导。

关键词：航空发动机；防火试验；冲击火焰；传热分析

中图分类号：X936；X932　　**文献标识码**：A

0　引言

发动机一旦失火会对飞机的安全造成危害。欧洲航空局（EASA）在适航规章 CS-E[1] 中对发动机的防火和耐火要求做出了规定。发动机部件防火试验是发动机防火符合性验证的重要组成部分，而仿真模拟计算是开展防火试验研究的重要途径。仿真模拟计算结果可以为试验提供参考，缩短防火试验的周期、节约试验经费；模拟仿真与实际试验相结合能够从本质上揭示防火试验的原理，从源头上提取防火试验的适航审定要素。

在航空发动机防火试验中，热量主要通过对流传热、辐射两种传热形式在冲击火焰与试验件之间传递，传热计算是防火试验热分析过程中的主要内容。欧洲航空安全局在国际标准化组织（ISO）2685[2] 文件中提供了一款丙烷燃烧器，来模拟外部火焰对发动机及其内部部件的影响，并要求防火试验的火焰温度要达到 1 100±80 ℃，热流密度为 116 kW/m^2。本文建立了丙烷燃烧器火焰冲击平面的三维模型，冲击射流的流场可以分为三个区域：自由射流区域，即喷嘴所在的位置；滞止区域，即射流滞止并变成与平板平面相平行的区域；墙面射流区域，即射流沿着墙面表面的区域。通过仿真计算确定冲击火焰喷射航空发动机部件表面对流传热和辐射的热传递。

1 几何模型与计算模型

1.1 几何模型与网格划分

防火试验燃烧器的构型是依据ISO2685文件为原型的。丙烷燃烧器出口处直径为184.15 mm,气体出口深度为15.875 mm,出口气孔分布如图1所示,画点处代表冷却空气出口,直径2.578 mm,共332个;两条直线相交处代表混合气体出口,直径为1.778 mm,共373个。

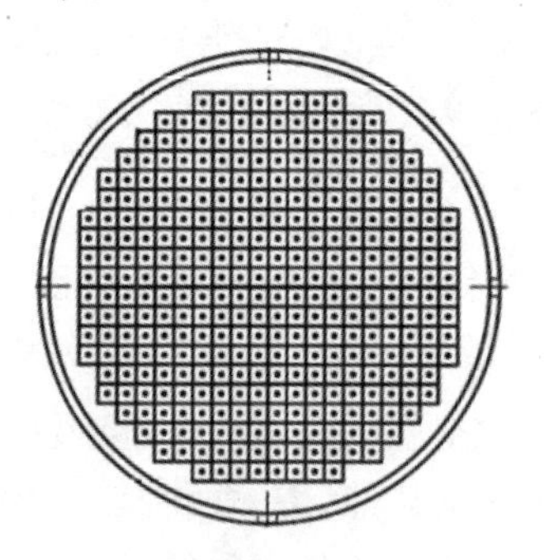

图1 丙烷燃烧器出口气孔分布示意图

冲击射流的流场的计算网格是使用商业软件Ansys14.5画出[3]的,使用结构网格。构建的几何模型,是一个具有相似几何形状的丙烷-空气燃烧器的简化模型。为了研究冲击火焰,在喷嘴下游75 mm处设置了一个尺寸为6英寸×6英寸×0.75英寸的平板,如图2所示。为了补偿热射流中浮生力的影响,火焰冲击面的中心比喷嘴的中心高1英寸。

网格划分采用质量较高的结构网格。划分网格时分两部分进行,分别为混合气体与二次风入口部分和冲击流的区域。在混合气体出口部分采用O网格,同时在近壁面部分进行加密,来适应壁面函数法对网格的要求。在Fluent中通过创建交界面的方法允许两部分网格之间进行数据交换,如图3所示。

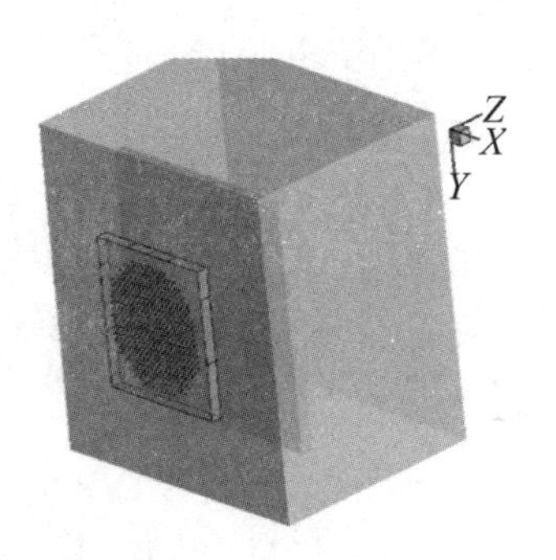

图2 计算域几何模型

(a) 计算域网格

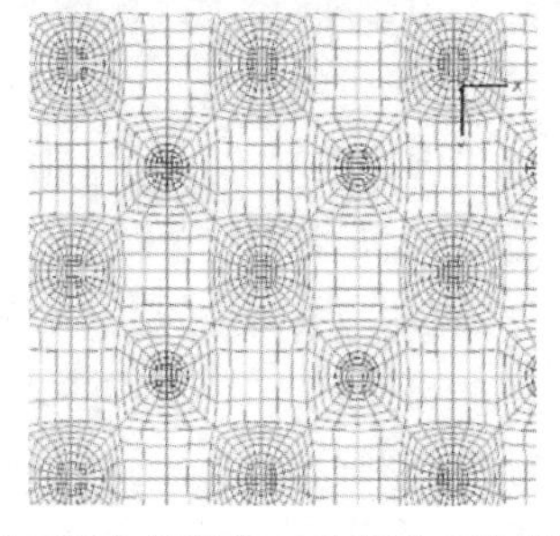

(b) 混合气体与二次风入口网格

图3 网格划分示意图

1.2 计算模型

1. 组分参数设置和湍流-化学反应的模拟

燃烧气体混合物的热物理性质取决于温度和局部的组分。在本文中，所有物种的比热用分段多项式曲线测定，如式(1)所示；混合物的比热使用混合定律确定。其他流体特性，即混合分子黏度(μ_m)和导热系数(k_m)通过近似的温度线性函数确定，如式(2)(3)所示[4]。

$$Cp_n = A_n + B_nT^2 + C_nT^2 + D_nT^3 + E_nT^4 \quad (1)$$

$$\mu_m = 1.127 \times 10^{-8}T + 3.094 \times 10^{-5} \quad (2)$$

$$k_m = 5.395 \times 10^{-5}T + 0.013 \quad (3)$$

其中，A_n、B_n、C_n、D_n、E_n 是分段函数 $Cp_n(T)$ 的经验常数，在两个温度范围内定义：300 K$\leqslant T \leqslant$1 000 K 和 1 000 K$\leqslant T \leqslant$5 000 K。

湍流模型选取：湍流过程的模拟使用雷诺平均方法(RANS)中的 SST k-ω 模型，SST k-ω 模型在剪切流动模拟预测结果较好。SST k-ω 模型在控制方程中引入了湍动能(k)和耗散率(ω)等参量。方程如下：

$$\frac{\partial(\rho\phi)}{\partial t} + \mathrm{div}(\rho u\phi) = \mathrm{div}[\Gamma \mathrm{grad}(\phi)] + \left[-\frac{\partial(\rho\overline{u'\phi'})}{\partial x} - \frac{\partial(\rho\overline{v'\phi'})}{\partial y} - \frac{\partial(\rho\overline{w'\phi'})}{\partial z}\right] + S \quad (4)$$

燃烧器使用丙烷两步反应机理和有限速率燃烧模型来描述燃烧反应。

2. 辐射模型

辐射模型选择 Pn 模型中最简单的 P1 模型，P1 模型假定所有物质均为灰体，只求解一个扩散方程，需要的计算量较小，在燃烧模拟中具有较好的表现。

3. 边界条件

燃烧器使用 C_3H_8 和混合空气作为燃料，再通入二次风，燃烧类型为预混燃烧。混合燃气和二次冷却空气都选用速度进口。其中，混合气体进口为 2 m/s，丙烷质量分数约为 0.18，二次风速度为 1.8 m/s。入口的温度保持在 300 K，所有的墙壁都符合绝热条件。平板表面的热边界条件是由能量平衡实现的。边界处设置为压力出口条件。另外，平板表面的发射率设置为 0.7，其余壁面均为 0.02。

2 计算结果分析

通过以上所述几何和计算模型，分别对自由火焰喷射和冲击火焰喷射进行模拟，并计算得出火焰热流场的温度场、速度场以及化学组分浓度的分布。对于冲击火焰喷射还得到了总热流密度中，对流传热和辐射所占的百分比。

2.1 自由火焰喷射热流场

在自由火焰喷射热流场中，平板所在标准面位置处的截面温度场分布如图 4(a)所示。由图可以看出，中心火焰最高温度约为 2 000 K(1 727 ℃)，高于 EASA 在 ISO 2685 文件中规定的 1 100±80 ℃火焰温度。ISO2685 文件中要求使用热电偶对火焰温度进行校准，测量火焰的热电偶直径在 0.6 mm 和 1 mm 之间，金属铠装热电偶直径不

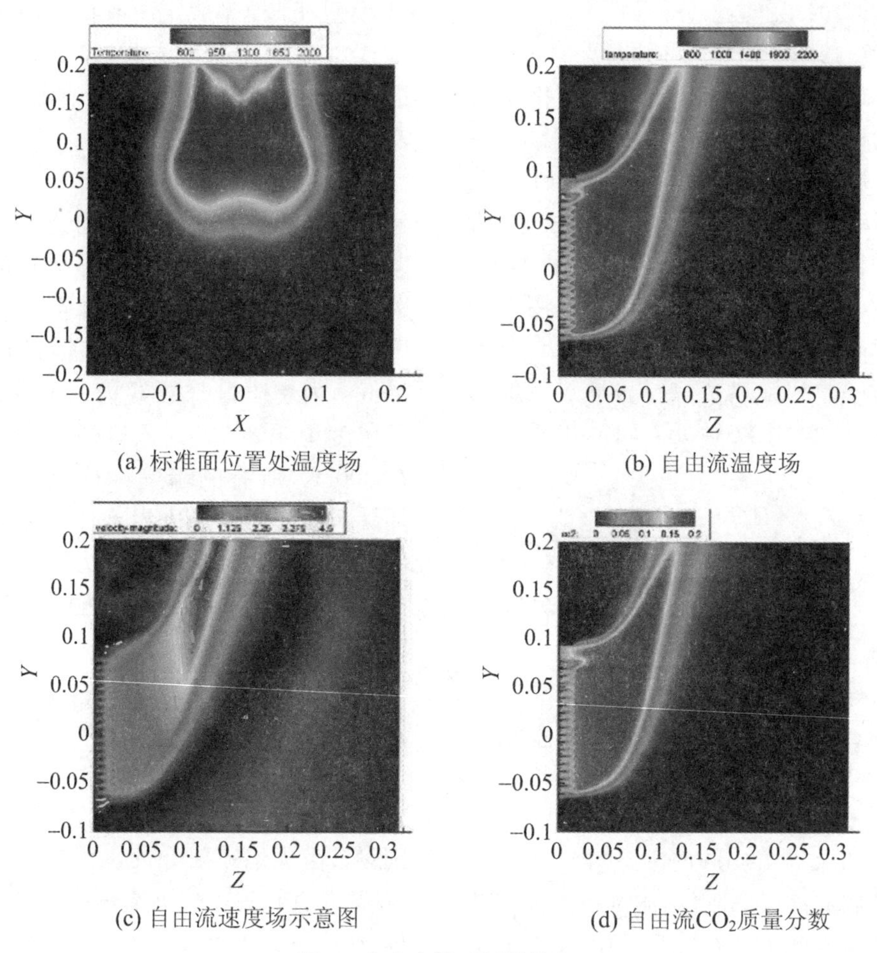

(a) 标准面位置处温度场　(b) 自由流温度场

(c) 自由流速度场示意图　(d) 自由流CO_2质量分数

图 4　自由火焰喷射热流场

得超过 3 mm。但是，真实火焰温度和使用热电偶测量得到的火焰温度之间不可避免地存在误差。这主要是因为热电偶不是绝热的，一部分热量由热电偶头部传递到热电偶导线；其次，热电偶表面热辐射损失也使测量得到的温度降低，并且热电偶温度越高，误差越大[5]。如果补偿火焰辐射热损失，在使用热电偶测得火焰温度满足规定要求时，真实火焰温度大约为 1 900 ℃[6]。自由火焰喷射热流场的温度场、速度场以及 CO_2浓度的分布如图 4 所示。

2.2　冲击火焰喷射热流场

航空发动机部件防火试验是将试样置于上述标准面位置处，本文使用 RANS 模型计算冲击火焰气流和温度场，计算得到的平板试样表面的温度分布如图 5(a)所示。由图可以看出，平板表面的最高温度在 1 100 K 左右，计算得平均温度约为 1 053 K。冲击火焰喷射平板热流场的温度场、速度场、化学组分浓度的分布如图 5 所示。

图 6 显示了热流密度分布以及火

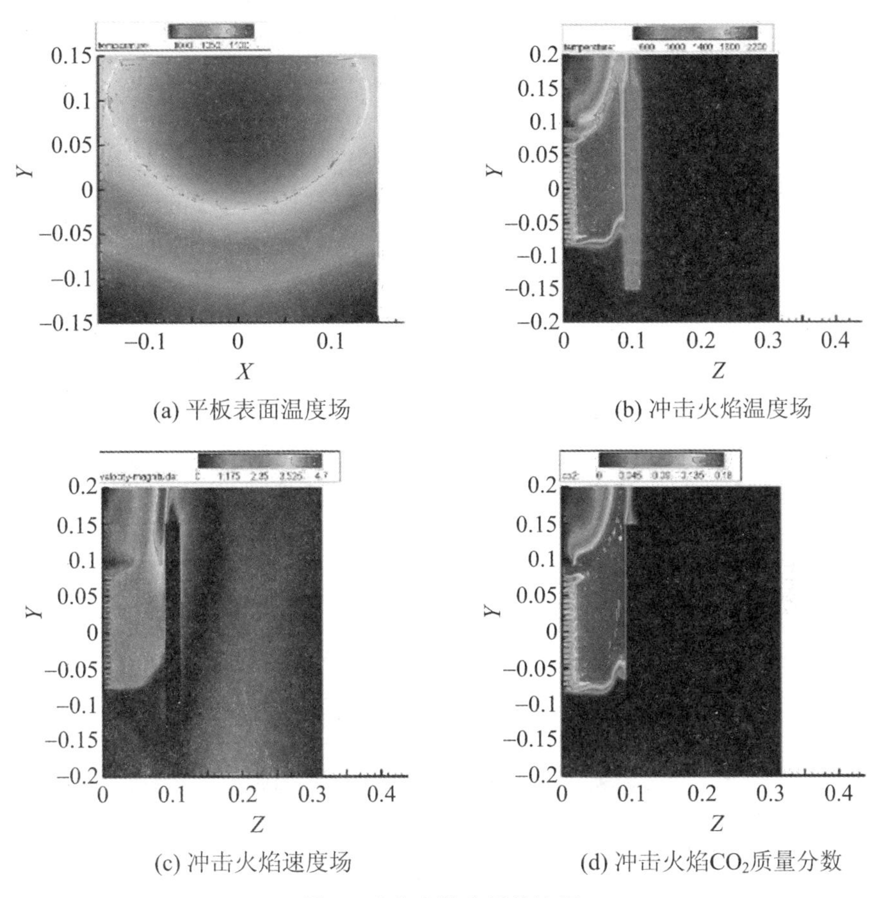

(a) 平板表面温度场　(b) 冲击火焰温度场

(c) 冲击火焰速度场　(d) 冲击火焰CO_2质量分数

图 5　冲击火焰喷射热流场

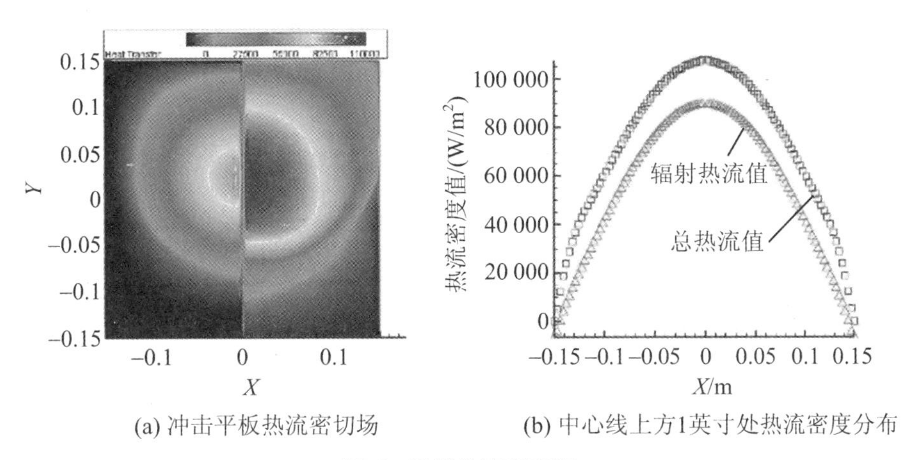

(a) 冲击平板热流密切场　(b) 中心线上方1英寸处热流密度分布

图 6　平板热流密度值

焰辐射热流占总热流密度的大小。在图6(a)中,左半部分表示辐射热流密度,右半部分表示总热流密度。图6(b)显示了式样中心线上方1 in处火焰热流密度分布,总热流密度平均值大约为3.64×10^4 W/m^2,其中辐射热流约为2.88×10^4 W/m^2。由此可见,辐射传热在火焰冲击传热中占很大比重,大约为79%。

3 结论和展望

本文通过建立丙烷燃烧器三维模型,模拟了湍流冲击火焰喷射平板的热传递。使用RANS模型计算得出辐射传热在火焰冲击平板传热中占很大比重(约为79%);同时,温度场的计算结果给出了航空发动机防火试验环境的流场温度云图及其他各参数分布图。模拟的结果可为丙烷燃烧器提供较为精确的热传递过程的分析,为防火试验提供指导。后续还将对湍流、辐射和化学反应作深入的研究。

致谢

本文受到中国民航大学天津市民用航空器适航与维修重点实验室开放基金的资助和中央高校基本科研业务费专项(ZXH2012J003)基金的资助。

参考文献

[1] Aviation Safety Agency. Certification Specification for Engine CS-E [S]. 2009.

[2] International Standard, ISO 2685. Aircraft-Environmental test procedure for airborne equipment — Resistance to fire in designated fire zones[S]. 1998.

[3] BHEEKHUN N, TALIB A R A, HASIN H, et al. Flame Temperature Distribution from ISO2685 Standard Propane-Air Burner using CFD[J]. Applied Mechanics and Materials, 2014,564: 240-244.

[4] KREUDER J J, KIRKPATRICK A T, GAO X. Computation of Heat Transfer from an Impinging Flame Jet to a Plane Surface[C]. 51st AIAA Aerospace Sciences Meeting including the New Horizons Forum and Aerospace Exposition: 605.

[5] KAO Y H. Experimental investigation of NexGen and gas burner for FAA fire test[D]. University of Cincinnati, 2012.

[6] TALIB A R A, NEELY A J, IRELAND P T, et al. Detailed investigation of heat flux measurements made in a standard propane-air fire-certification burner compared to levels derived from a low-temperature analog burner[J]. Journal of engineering for gas turbines and power, 2005, 127(2): 249-256.

文章编号：SAFPS15019　　飞机防火系统试验验证技术

航空活塞发动机点火强度均衡性测试及防火研究

张德银，詹定鹏，罗英，钱伟，代友军，丁发军，何志祥

（中国民用航空飞行学院航空工程学院，广汉 618307）

摘要：针对磁电机故障和点火电嘴故障会使发动机失去动力引起飞行事故，高压导线破损放电可能引燃发动机带来重大防火安全隐患，本文利用紫外探测技术和虚拟仪器技术设计了航空活塞发动机点火强度均衡性测试系统，利用该测试系统完成航空活塞发动机点火系统的安全隐患检测。以正常点火、高压导线微破损漏电和点火电嘴积碳三种点火系统作为测试对象，完成不同转速下点火强度和点火强度均衡性变化测试。实测得到，在不同转速下点火电嘴积碳的点火系统点火强度一直表现不均衡；存在高压导线破损漏电的各点火电嘴点火强度不均衡随转速增大越显著且大大低于正常点火强度值，但与点火电嘴积碳故障的点火系统有着显著区别，可作为判断航空活塞发动机点火系统性能衰退还是可能存在高压导线破损放电电气火灾隐患点的技术依据。

关键词：航空活塞发动机；均衡性；电火花；高压漏电；防火

中图分类号：TP206＋.3；X932　　**文献标识码：**A

0　引言

因点火强度不均衡而导致的航空活塞发动机振动掉转速、因燃气混合气在汽缸内燃烧不完全进入排气管内复燃而导致的“放炮”现象，是航空活塞发动机各汽缸点火电嘴间隙改变、点火电嘴挂油积碳、高压导线磨损开裂、高压导线绝缘层老化破损等引起的常见故障表现[1-3]。在 20 kV 高压作用下，长期使用老化开裂或振动磨损可能导致高压导线正负线之间或高压导线正极对发动机机壳微距离内产生电火花放电，轻则减弱航空活塞发动机点火强度，严重则可能使高压导线破损处正负线之间或正极对发动机机壳放电产生电火花引燃航空活塞发动机，带来严重的火灾隐患[4]。因此，通过测试航空活塞发动机各汽缸点火电嘴点火强度相对均衡性，快速发现点火系统点火强度减弱、跳火、不点火等故障以及查找到航空活塞发动机高压导线破损放电火灾隐患显得非常关键。故本文利用紫外探测技术和虚拟仪器技术来研制航空活塞发动机点火强度均衡性紫外探

测数据采集系统并判断潜在的高压导线破损放电形成的电气火灾隐患。

1 点火系统构成及其常见故障

航空活塞发动机点火系统主要由磁电机、高压导线、启动开关、启动振荡器和点火电嘴组成，其结构如图 1 所示[5]。在正常工作时，点火是由航空活塞发动机带动磁电机来驱动的。高速运转的磁电机利用电磁感应产生 20 kV 高压电，并适时地将 20 kV 高压电通过高压导线按照点火次序分配到各个气缸点火电嘴使其正负电极微间距内产生强烈电火花放电点燃混合油气推动活塞使螺旋桨转动。在航空活塞发动机启动时，旋转启动开关使启动电路接通，启动振荡器利用机载电瓶产生高压电，点燃气缸内混合气带动航空活塞发动机启动[6]。启动完毕，根据定时器分配时序，各汽缸电嘴持续轮换点火，推动活塞对螺旋桨做功。

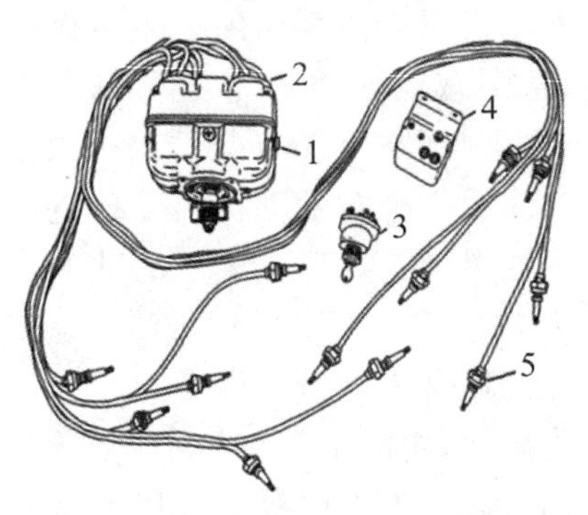

1. 磁电机　2. 高压导线　3. 启动开关
4. 启动振荡器　5. 点火电嘴

图 1　航空活塞发动机点火系统

点火电嘴、高压导线、磁电机、启动振荡器等是航空活塞发动机点火系统常见故障点[6]。点火电嘴故障会造成点火电嘴点火强度减弱甚至为零；高压导线破损漏电故障，会导致当磁电机转速达到一定值后点火电嘴点火强度随磁电机转速增长变化减慢；启动振荡器故障，会导致启动时点火强度不够大或断火；磁电机常见故障表现为磁电机转速达到一定值后，点火系统点火强度不再随磁电机转速加快而增长。所以点火系统点火强度的变化表现可作为航空活塞发动机点火系统故障判断的依据。

2 点火强度紫外测试系统设计及实现

2.1 系统总体设计

传统点火强度测试大多通过测试点火电嘴间电压和经过高压导线电流来计算点火强度[7-10]，这种电压电流测试法是一种间接测试法，其准确性易受点火电嘴积碳、积铅、电嘴电极间距改变等因素的影响。在强电磁场干扰环境下，电压电流测试法测得的结果稳定性较差。而采用紫外探测技术直接对点火电火花发出的紫外辐射强度进行测试，不但能减少强电磁场干扰对测试结果的影响，还让测试结果不受点火电嘴积碳、积铅等因素的影响，能实时、可靠地反映点火强度[11-13]。故本测试系统采用紫外测试技术完成点火强度测试。

本测试系统主要包括：航空活塞发动机点火系统、上位机、数据采集模块、紫外探测模块、伺服电机等。系统总体结构如图 2 所示，紫外探测模块对航空活塞发动机各汽缸点火强度进行实时测试并将测试结果以脉冲信号输出；数据采集模块根据上位机控制命令完成对紫外探测模块输出信号进行采集并传输给上位机；上位机获得采集数据后对其进行分析处理并通过虚拟仪器完成测试结果显示。伺服电机用于点火系统转速控制，其根据上位机控制命令来进行着电机转速的调解和检测。

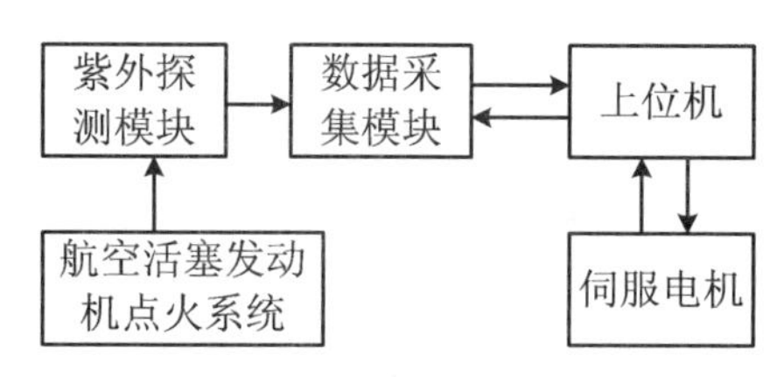

图 2　系统总体设计

2.2　紫外探测模块设计

航空活塞式发动机通常有 4 汽缸、6 汽缸、8 汽缸等多种型号，每一个汽缸内有两个点火电嘴[5]。本文选择了 4 缸莱康明发动机 slick4200 点火系统作为测试对象，设计了 4 通道紫外探测模块。每个通道紫外测试模块结构如图 3 所示，包括紫外光敏管、直流电源、升压模块、探头窗口和信号处理电路。升压模块是由 UC3843 设计的单端反激型 DC/DC 变换器，实现把 12～24 VDC 转变为 300～450 VDC。当直流电源为 15 V 时，升压模块就能够为紫外光敏管提供 350 V 的工作电压[14,15]；紫外窗口实现对紫外光敏管保护和紫外光会聚作用，紫外窗口设计选用透紫波段为 110～850 nm、透紫率高的氟化镁材料，能有效覆盖本文所需紫外探测波段[16,17]。紫外光敏管阴极材料选用了极限波长为 274.3 nm 的高纯金属 Ni，其紫外波段选择性好，紫外入射光电量子产额高，且只对波长低于 274.3 nm 的紫外波段响应。紫外光敏管填充了纯度为99.999 9%氢气并做老练处理，以此降低器件噪声，提高探测灵敏度[18]。信号处理电路完成电子噪声滤除和信号转换处理。当紫外光敏管探测到入射紫外光后输出脉冲电压，经滤波和硬件去噪后将有效信号放大[19]，然后用施密特触发器转换成电压脉冲信号输出，实现通过脉冲计数获得入射紫外辐射光强度。

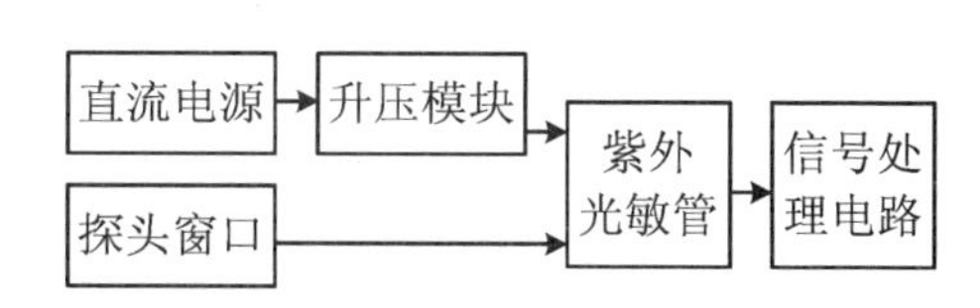

图 3　紫外探测模块结构图

2.3　数据采集模块设计

数据采集模块由数据采集卡、上位机及伺服电机组成。上位机采用 Labwindows 设计的虚拟仪器完成测试数据分析和显示以及人机操作，虚拟仪器能够直观显示测试结果便于人机交流[20]。虚拟仪器界面设计如图 4 所示，其由仪表显示、指示灯、操作按键、电源开关和测试进程显示的文本框组成。数据采集模块采用的是恒凯电子科技有限公司生产的 USB-V7.1 数据采集卡，其采用 USB2.0 数据通信，传输速度可达 480 Mbit/s，含有 32 路单端/16 路差分输入，AD 采样频率可达 800 Ksps，并有着 24K DFIFO 缓冲。该数据采集卡足以满足本测试中最高脉冲频率为 2 kHz 的数据采集需要[21]。

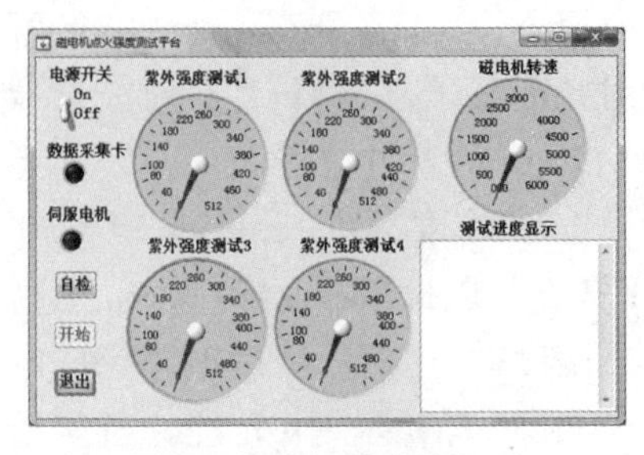

图 4　虚拟仪器界面设计

测试前通过自检按键，上位完成对数据集采集卡和伺服电机间通信检测。检测成功后，相应的指点灯将点亮。若数据采集卡和伺服电机自检成功，“开始”按钮将从暗淡状态呈现出来，此时就可以进行点火系统点火强度均衡性测试。测试中上位机和伺服电机通过 RS232 进行数据通信的，伺服电机根据控制命令对点火系统转速进行着 0 到 5 000 r/min 的调速，其转速值传送至上位机通过虚拟仪器的磁电机转速仪表显示。数据采集卡通过 AD 采样完成各点火电嘴紫外强度测试并传送至上位机，上位得到数据通过虚拟仪器分析和处理采集数据，最后将各点火电嘴点火强度值通过仪表同步地显示。为了方便对已测得的数据查询，虚拟仪器设计的测试进程显示文本框对所测的数据进行显示和记录。

3　点火均衡性测试结果及防火分析

3.1　三种不同性能点火系统点火强度测试

测试中以三种不同性能的 4 缸莱康明航空活塞发动机 slick4200 点火系统样本作为测试对象。点火系统 A 为正常工作的点火系统；点火系统 B 为高压导线破损放电的点火系统；点火系统 C 为点火电嘴积碳的点火系统。测试中根据工作手册将点火电嘴间隙调整为 4 mm[22]，对点火系统 A、B、C 进行不同转速下测试，其测试结果分别如图 5、图 6、图 7 所示。如图 5 所示，在 $v=$ 150 r/min 低转速情况下，测得点火系统 A 的点火强度值在 13～17 波动；当 $v=$1 100 r/min 时，其点火电嘴点火强

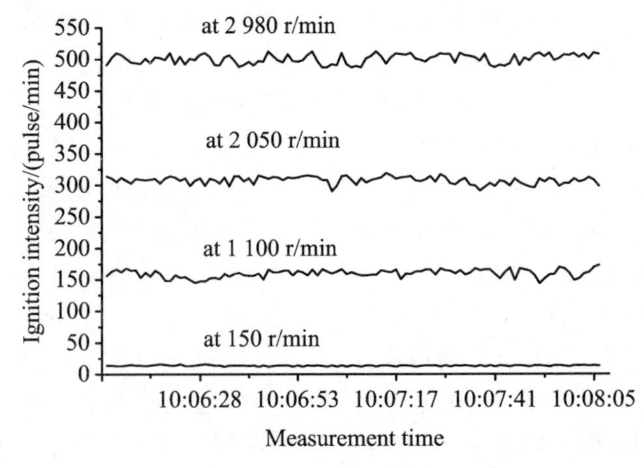

图 5　点火系统 A 在不同转速下点火强度

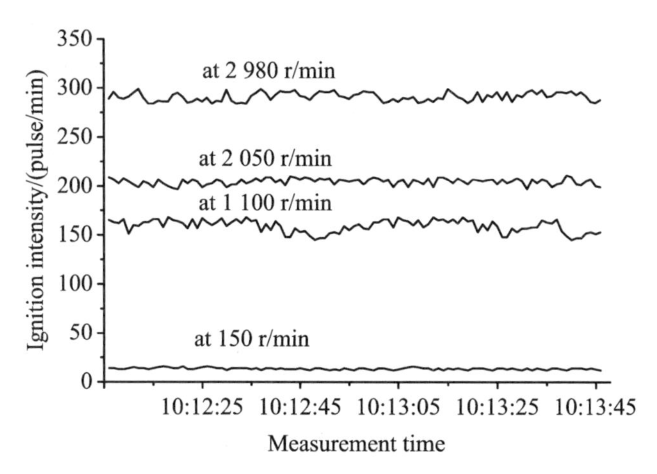

图 6　点火系统 B 在不同转速下点火强度

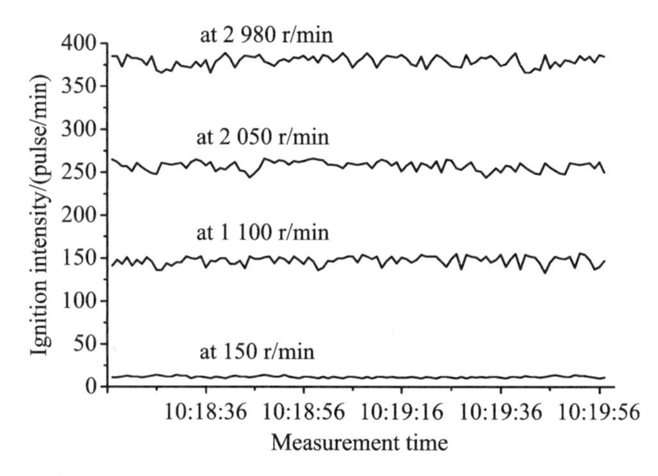

图 7　点火系统 C 在不同转速下点火强度

度值在 147～168 波动；当 v=2 050 r/min 时，其点火电嘴点火强度值在 295～315 波动；当 v=2 980 r/min 时，其点火电嘴点火强度值在 493～512 波动。

如图 6 所示，在 v=150 r/min 和 v=1 100 r/min 转速较低的情况下，点火系统 B 点火强度分别在 14～17 和 147～170 波动，与点火系统 A 的点火强度波动情况基本一致。在转速 v=2 050 r/min 时，其点火强度值在 198～215 波动，与点火系统 A 有着 120～168 点火强度差值。在转速 v=2 980 r/min 时，其点火强度值在 287～299 波动，与点火系统 A 有着 194～225 的点火强度差值。对测试结果比较可知，当转速较低时点火系统 B 在为正常工作，而当转速达到某一定值后，其点火强度增长变慢，并伴有发动机振动。根据点火系统 B 特性可知，此测试结果是由于线绝缘层老化或磨损的高压导线在高压作用产生漏电导致的，所以此测试特性可作为检测航空活塞发动机点火系统高压导线破损漏电的标志。

如图 7 所示，在 $v=150$ r/min、1 100 r/min、2 050 r/min 和2 980 r/min 时，测得点火系统 C 点火电嘴点火强度值分别在 10～14、133～156、244～266 和 366～389 波动。与点火系统 A 对比，不同转速下点火系统 A 的点火强度值都比火系统 C 的点火强度值大，并随着转速的增长其两点火系统的点火强度差值越大。根据点火系统 C 的特性，可知积碳的点火电嘴在不同的转速下，其点火强度都会比正常工作的点火强度要小。此特性与高压导线漏电的点火系统 B 有着显著差别，可直接区分开。

3.2　点火系统 B 点火强度均衡性测试

测试中将点火系统 B 的 4 个点火电嘴作为检测对象，观测各点火电嘴点火强度随转速变化而变化的过程，如图 8 所示。测试中观测到当电机转速为 93 r/min 时，虚拟仪器的紫外测试指针开始晃动，紫外探测系统感测到电火花；当电机转速小于1 475 r/min 时，其测试值随着电机转速增大而增大，虚拟仪器中 4 个紫外强度测试仪表能够同步地变化；当转速大于1 475 r/min 时，紫外强度测试 3 号仪表的变化减慢，与其他紫外测试仪表出现差值。随着转速的增大，紫外强度测试 3 号仪表与其他紫外探测仪表测试结果的差值逐渐增大，如图 8 所示，当转速为2 200 r/min 时，紫外强度测试 1 号仪表、2 号仪表和 4 号仪表，其强度目视观测基本一样，而紫外强度测试 3 号仪表指针与其他仪表指针有着大于 60 度的角度差，该测试结果通过测试系统能够直接观测到，而通过肉眼观测点火电嘴是根本区别不出来的；当磁电机转速达到 3 200 r/min 时，可以观测到紫外强度测试 3 号仪表所检测的高压导线的老化裂缝处有微电火花产生，成为引发发动机火灾的安全隐患点。而如此细微的高压导线破损裂缝通过肉眼检测是难以发现的。

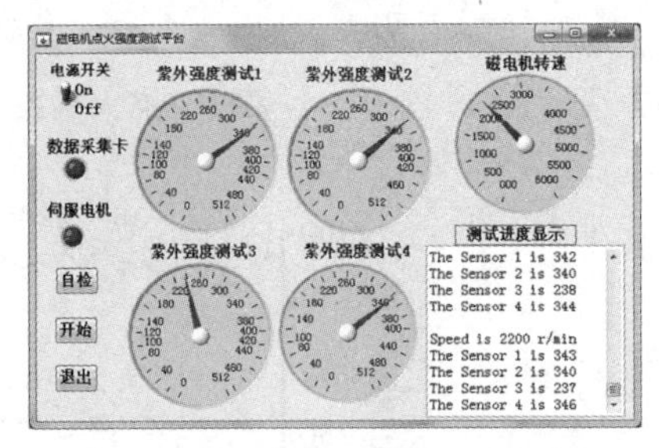

图 8　在转速为 2 200 r/min 点火系统 B 的测试结果

4　结论

本文利用紫外探测和虚拟仪器技术完成航空活塞发动机点火强度均衡性测试，结论如下。

(1) 本系统能有效完成航空活塞发动机点火强度测试，在转速 $v=150$ r/min 时，点火强度在 13～17 波动；当 $v=1\ 100$ r/min 时，点火强度在 147～168 波动；当 $v=2\ 050$ r/min 时，点火强度值在 295～315 波动；当 $v=2\ 980$ r/min 时，点火强度在 493～512 波动。

(2) 存在着高压导线漏电隐患的点火系统在低转速工作时，其点火强度值和正常的点火强度差值小于 20。而当转速增加到一定值时，点火强度增长会随转速增大而减慢，其点火强度值与正常工作的点火系统点火强度差值也将逐渐扩大。在转速为3 000 r/min时，点火系统会因为高压导线漏电会比正常点火强度值小200。

(3) 利用该测试系统虚拟仪器可方便直观地观测各电嘴点火强度随转速变化的全过程，并完成各点火电嘴点火强度的实时对比，能快速发现肉眼难分辨的高压导线破损微裂缝处正负导线之间或正极与发动机机壳之间微间距火花放电，能快速发现高压导线破损放电引起航空活塞发动机起火的安全隐患。

参考文献

[1] 马宏伟. 航空活塞式发动机点火故障检测系统开发[D]. 电子科技大学，2011.

[2] 杜仲. 活塞式航空发动机电嘴典型故障分析[J]. 航空维修与工程，2010(3):44-46.

[3] 麦海波. 航空活塞发动机振动机理和原因浅析[J]. 装备制造技术，2014(3):108-109.

[4] 闫群. 便携式放电故障紫外检测系统研究[D]. 中国民用航空飞行学院，2011.

[5] 李汝辉，吴一黄. 活塞式航空动力装置[M]. 北京：北京航空航天大学出版社，2008.

[6] 丁发军,麦海波. 活塞式发动机故障诊断技能培训教程[M]. 成都:西南交通大学出版社,2013.

[7] 刘庆明，汪建平，李磊,等. 电火花放电能量及其损耗的计算[J]. 高电压技术，2014，40(4):2002-2003.

[8] 张云明，刘庆明，宇灿,等. 大能量电点火系统设计与火花放电特性实验研究[J]. 高电压技术，2014，40(4).

[9] 钟杰. 静电火花试验系统及其静电点火能量计算方法研究[D]. 重庆大学，2014.

[10] 吴伟,周晓冬,杨立中,等. 电火花能量对木材引燃特性影响的实验研究[J]. 工程热物理学,2011，32(5):891-894.

[11] 汪金刚. 高压设备放电紫外检测技术及其应用研究[D]. 重庆大学，2008.

[12] 龙波. 基于紫外火焰探测器综合测试系统的研究与设计[D]. 西安工程大学，2013.

[13] 秦俊，廖光煊，王喜世,等. 一种自动灭火枪系统的研究[J]. 火灾科学，2000，9(3):59-64.

[14] ABRAHAM I P, KEITH B, TAYLOR M. Switching power supply design[M]. McGraw-Hill Companies Inc，2009.

[15] TI. UC3843datasheet. http://www. ti. com/product/UC3843/ technicaldocuments. 2007(6).

[16] 王丽平，韩培德，许并社. 氟化镁晶体的应用研究进展[J]. 材料导报，2013，27(9):38-41.

[17] 薛春荣,易葵,等. 真空紫外到深紫外波段基底材料的光学特性[J]. 强激光与粒子束，2009，21(2):287-290.

[18] 罗英，闫群，张德银,等. 充气型紫外光敏管降噪研究[J]. 中国民航飞行学院学报，2011，22(2):8-11.

[19] 詹福如，袁宏永，苏国锋，等. 光电探测器微变信号放大电路的设计和分析[J]. 火灾科学，2001，10(4)：237-240.

[20] 徐强，韦亚星，刘江虹，等. 基于虚拟仪器技术的火灾探测与扑救实验系统[J]. 火灾科学，2004，13(1)：35-38.

[21] 马明建. 数据采集与处理技术[M]. 西安：西安交通大学出版社，2005.

[22] S-20/S-200 Series High Tension Magneto Service Support Manual[J]. 2011，31(8).

文章编号:SAFPS15020 飞机灭火技术

航空灭火器O型圈密封设计探讨

王依晗,陈龙,赵艳萍,孙培峰

(天津航空工业机电有限公司,天津 300300)

摘要:本文介绍了O型圈在航空灭火器密封中的应用,从O型圈的密封原理角度总结了重要设计参数,并通过航空灭火器设计实例演示了密封尺寸的计算和验证。最后本文根据工程故障经验提出了在密封设计时应注意的要点,为航空灭火器的O型圈密封设计提供了基础。

关键词:航空灭火器;O型圈;密封;计算

中图分类号:X936;X932 **文献标识码**:A

0 引言

航空灭火器属于飞机防火系统灭火子系统,是航空安全的重要保障。航空灭火器内储存水、Halon或Halon替代灭火剂,靠氮气加压至工作压力,飞机出现火情时,手动或联动启动航空灭火器,释放其内部高压灭火剂扑灭火灾。航空灭火器为高压容器,泄露是影响其性能的最大故障。GB4351.1—2005手提式灭火器性能和结构要求规定民用灭火器的年泄漏量不应大于灭火器额定充装量的5%[1],超过泄露量后,灭火器将无法达到设定的灭火性能,使飞机及乘客暴露在危险状态。航空灭火器与民用灭火器最大的区别在于其工作环境严酷,高温、低温以及强振等恶劣环境对航空灭火器的密封性有相当高的要求。并且航空灭火器要求的使用年限长,安全系数高,因此对泄露量的要求更为苛刻。

通常航空灭火器的密封形式分为硬密封和软密封。硬密封一般应用在压力较大的地方,需要施加较大力矩使金属材料变形达到密封的目的。航空灭火器中应用较多的是软密封,软密封即采用非金属软材料,目前广泛应用的材料有硅橡胶、氟橡胶、聚四氟乙烯、石墨、石棉橡胶板等。根据密封原理的不同又可分两种密封结构:一是平垫式,平垫式密封是轴向密封,靠一定的压紧力压紧变形形成阻止气流的通道,但变形量有限,受温度及两侧材料的影响大。二是O型圈结构,O型圈是一种界面形状为圆形的橡胶圈,不仅可用于轴向密封还可以用于径向密封,并且动静密封均可,是目前航空灭火器中常见的一种密封结构。本文主要探讨O型圈密封结构设计方法及工程实例。

1 O型圈密封原理及应用

O型圈密封是一种挤压型密封，其基本工作原理是依靠密封件发生弹性变形，在密封接触面上造成接触压力，接触压力大于被密封介质的内压，则不发生泄漏[2]。

橡胶O型圈在用作静密封和动密封时原理不尽相同。在航空灭火器中，O型圈静密封的应用最为广泛，其各零部件的连接处一般都使用静密封，如手提灭火器的灭火瓶和栓头的连接处，就是使用O型圈达到静密封的效果。将O型圈装入密封槽中，其受密封槽周边的挤压产生弹性变形，并靠自身的弹性力实现密封。当灭火器内充有高压介质后，在介质压力的作用下，O型圈可以被看作一种具有很高表面张力的"高黏度流体"，这种"高黏度流体"在沟槽中"流动"沿作用方向移至低压侧，改变界面形状，填充密封结构间隙和公差引起的缝隙，达到密封的效果如图1所示。

O型圈的动密封是用于需要往复运动的位置，航空中最常用的是各类气缸中活塞的运动密封，航空灭火器中用动密封的位置如手提灭火器往复喷射时压杆处的连接密封，O型圈的动密封在装入密封槽内预密封的效果和静密封效果一样，在往复运动时，密封圈随压杆和内部高压来回移动密封。

从O型圈的密封原理可以看出，影响O型圈密封性能的因素很多，首先是密封圈的材料、弹性，其次是密封尺寸以及密封槽尺寸的配合，另外还有密封件表面的粗糙度等，其中密封圈的选取以及密封槽尺寸的设计是O型圈密封设计的核心，密封件与O型圈良好的配合才能保证其应有的密封性。

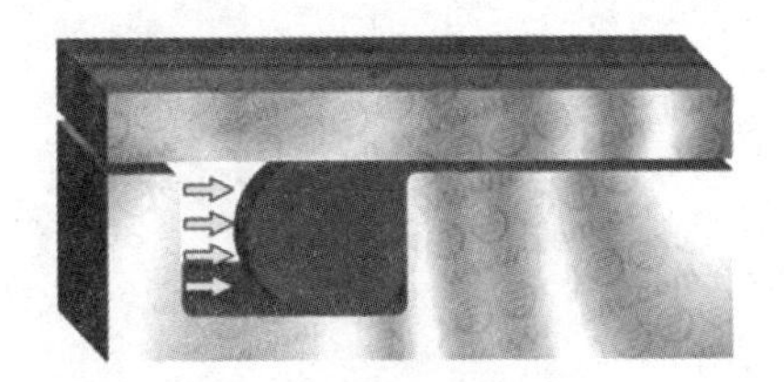

图1 O型圈静密封的原理

2 O型圈密封结构设计及核算

在O型圈密封设计中，有诸多关键尺寸，如O型圈的内径，O型圈的截面直径，密封槽的外径、槽深、槽宽等，具体如图2、图3所示。这些关键尺寸决定了密封圈的拉伸情况、压缩大小，即密封圈是否能够达到理想的密封效果。同时，通过对密封圈压缩率、拉伸

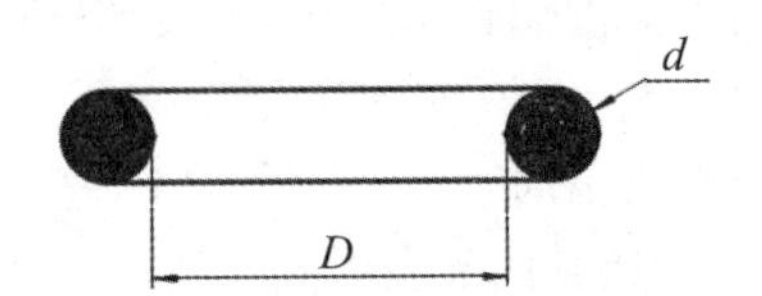

图2 O型圈密封设计参数

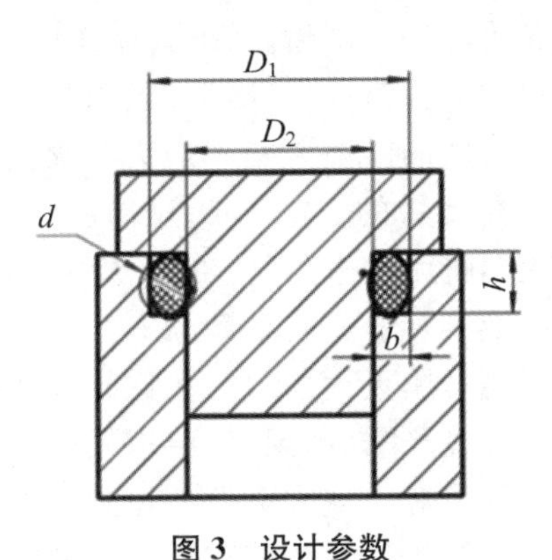

图3 设计参数

量等参数的核算也可以反推出合适的密封尺寸，或验证某密封设计的可行性。

2.1 压缩率

压缩率的大小直接影响密封圈的密封性能和寿命，选取时首先要保证有足够的接触压力保证密封，其次要防止过大的压缩率，避免密封圈的永久性变形。压缩率 δ 的计算如下：

$$\delta = (d - b)/d \times 100\% \tag{1}$$

式中，d 为 O 型圈的初始直径，mm；b 为密封圈被压缩方向上密封槽底至被密封面的距离，mm。

密封设计手册建议对不同形式的密封，O 型圈压缩率选取不同，对于动密封压缩率一般取 10%～15%，静密封一般选取 15%～30%[2]。

2.2 过盈量

过盈量表示密封圈的预压缩情况，对不同直径大小的密封件推荐值不同，具体如表 1 所示。在孔径(D_2)小于 30 mm 的情况下，动密封的过盈量取 0.25～0.33，静密封的过盈量取 0.3～0.4。

表 1　尺寸与过盈量推荐值[3]

孔径范围 /mm	动密封过盈量 α/mm	精密封过盈量 α/mm
<30	0.25～0.33	0.3～0.4
30～50	0.35～0.5	0.4～0.6
50～80	0.5～0.7	0.6～0.8
80～120	0.7～1.0	0.8～1.2
>120	1.0～1.4	1.20～1.60

2.3 拉伸率

为了保证密封性能，密封圈装入密封槽需要与密封槽边有足够的接触压力，因此密封圈会有一定拉伸量，但拉伸率太大时密封圈的安装困难。为了定义合适的拉伸量，引入拉伸率的计算，拉伸率是指拉伸后的密封圈中径与自然状态下的中径比值。拉伸率 β 的推荐值是 1.01～1.05。

$$\beta = (D_2 + d_1)/(D + d) \tag{2}$$

式中，D_2 为密封槽内径；d_1 为拉伸后密封圈的断面短径(拉伸后，密封圈截面为椭圆，d_1 即椭圆的短轴长)；D 为 O 型圈的初始内径；d 为 O 型圈的初始断面直径。

由于密封圈安装前后体积不变，拉伸后密封圈断面短径 d_1 可按下式计算：

$$\pi(D + d) \times d^2/4 = \pi(D_1 + \alpha - d_1) \times d_1^2/4 \tag{3}$$

式中，D 为 O 型圈内径；d 为 O 型圈的初始断面直径；D_1 为孔直径；d_1 为拉伸后密封圈的断面短径。

计算时用 $D_1 + \alpha - d$ 代替 $D_1 + \alpha - d_1$ 以简化计算，然后再把 d_1 带入式(3)迭代计算以消除误差。

密封槽内径计算如式(4)所示：

$$D_2 = D_1 + \alpha - 2d_1 \tag{4}$$

2.4 实例分析

以航空灭火瓶瓶颈的密封设计为例，已知瓶口直径(孔直径 D_1)为 22 mm，选取内径为 $D = 17$ mm 的 O 型密封圈，O 型密封圈的截面面积 d 为 2.65 mm。

按表 1 选取过盈量 $\alpha = 0.3$，由式(3)计算 $d_1 = 2.24$ mm，取拉伸率 $\beta = 1.03$，由式(2)可计算出 $D_2 = 18$。核算

压缩率：

$$\delta = [d-(D_1-D_2)/2]/d \times 100\% = 24.5\%$$

满足 15%至 30%的要求。

同时，也可以通过上述计算对已有的设计进行核算，如航空灭火器中压力表的接口选用的是 O 型圈密封方式，依据结构要求设计的尺寸如表 2 所示。

表 2　航空灭火器压力表接口设计

D/mm	d/mm	D_1/mm	h/mm	D_2/mm
7.4	1.9	10.6	2	8

核算压缩率：

$$\delta = [d-(D_1-D_2)/2]/d \times 100\% = 31.5\%$$

比理论推荐值 15%～30%略大。

设过盈量 $\alpha=0.3$，由式(4)可以算出 $d_1=1.45$。

拉伸率 $\beta=(D_2+d_1)/(D+d)=1.02$ 在 1.01～1.05 区间内，因此压力表接口的设计是基本满足要求的，为防止 O 型密封圈永久变形，可改变尺寸缩小压缩率。

3　密封设计中应注意的问题

3.1　同轴度控制

密封配合的尺寸如果有同轴度偏差，会导致密封圈两侧挤压变形不一致，一侧大于设计值，一侧小于设计值。大于设计值的一侧会由于压缩率过大造成密封圈永久变形，过小一侧则因为压缩率不足形成泄漏点[3]。图 3 是在航空灭火器设计过程中出现过的密封故障，经检测正是由于密封配合外壳的同轴度不满足要求，导致 O 型密封圈两侧的变形不一致引起的泄露。

图 3　密封故障图片

3.2　加工表面要求

密封件表面的粗糙度要严格控制，对于压力值不大于 20 MPa 的密封，粗糙度应不大于 0.8。粗糙度过大会损伤密封圈。特别需要注意的是设计过程中应避免锋利边角，如图 4 所示，图中指示的位置如果是锋利边角，装配过程中也会割伤 O 型密封圈。

图 4　密封故障图片

3.3　密封间隙

密封件之间是存在一定间隙的(一般：H8/f9)特别是对于动密封，密封件来回运动对挤入密封[4]，如果密封间隙过大，O 型密封圈在内部压力作用下被部分挤入间隙如图 5 所示，密封圈的应力会局部集中导致损坏。间隙的 O 型圈形成剪切损坏。

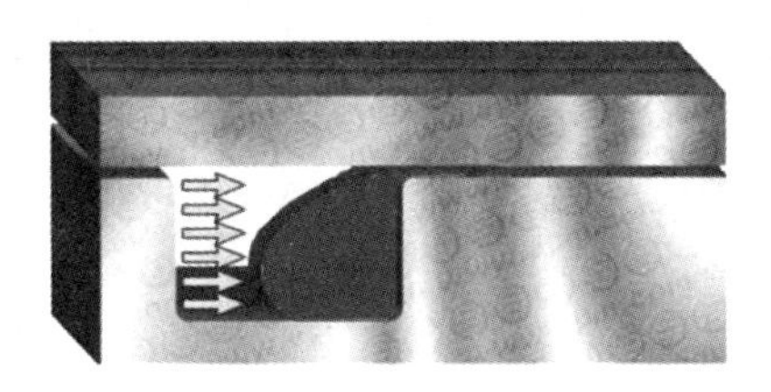

图 5 密封故障图片

4 结束语

关于 O 型圈密封的资料、规范繁多，对于其在航空灭火器中的应用，可以用本文的方法进行核算。同时，本文列举了航空灭火器中出现过的故障模式，但实际应用中 O 型圈密封故障有很多种形式，不仅是设计尺寸及公差的计算，还应从材料控制、加工精度、装配保护等多个方面进行规范配合，才能达到最佳的密封效果。

参考文献

[1] GB4351.1-2005 手提式灭火器性能和结构要求.

[2] 付平，等. 密封设计手册[M]. 北京：化学工业出版社.

[3] 毛俐丽，等. O 型密封圈和密封槽的选配和应用[J]. 水雷战与舰船防护，2012，20(1).

[4] 徐金鹏，等. O 型橡胶密封圈泄漏问题的原因分析及预防措施[J]. 橡胶工业，2013，60.

[5] 韩继芳，等. O 型密封圈的实效及其对策[J]. 中国修船，2014，27(2).

文章编号:SAFPS15021　　　　

航空灭火系统适航审定解析

陈涛

(哈尔滨飞机工业集团有限责任公司,哈尔滨 150066)

摘要:本文主要解读民用飞机和直升机上航空灭火系统国内适航审查要求、审查重点、适航设计要点以及一些注意事项,在民用航空灭火系统的设计、应用和发展上提供必要、充分的适航审查方向和设计依据。

关键词:航空;灭火系统;适航

中图分类号:X936;X932　　　　**文献标识码:**A

0　引言

航空灭火系统是影响飞行安全和使用性的一个很重要的系统,能有效提高飞机和直升机生存能力,其系统涵盖的设计区域多、空间大,系统计算复杂、功能多元化。大型飞机和重型直升机灭火系统的灭火管网和喷嘴分布复杂、多灭火设备的交叉和备份。

航空灭火技术最早来自于民用灭火技术,主要是消防行业的灭火技术。航空灭火工作具有很强的科学性、技术性和专业性,其技术要求和特点与民用灭火技术差别较大。目前国内外对一些成熟度较高、来自于民用的航空灭火技术的修正、固化和发展日益迫切。同时,国内民用飞机和直升机设计人员在航空灭火设计和试验技术上,以及中国民用航空适航当局在航空灭火系统适航审查过程中,由于可参照执行的标准、规范和技术资料(包括 FAA 的标准)缺乏和差别较大,不仅给设计工作和适航审查工作带来不便,更主要的是容易遗漏影响飞行和使用的安全因素以及不能有效保证适航审查工作的同一性。

中国民用航空规章是为了保证民用飞机和直升机的使用安全而制定的一套完整的严格的管理制度和办法,是实践经验的积累,是国际上公认为保证飞行安全必须满足的最低要求,也是一个国家的主权体现。航空规章涵盖了民机的设计、制造、使用、维护、人员和企业的资格认证等事宜,在技术上、管理上都要有明确的要求和规定。适航规章不仅搭建起航空业的舞台,还规定了舞台表演的标准。民用飞机和直升机要在一个国家销售和运行,必须通过该国适航当局的审查。

1 适航审定规章

目前,国内对民用飞机和直升机上航空灭火系统具有适航审定要求的中国民用航空规章中主要包括:

CCAR-23-R3 正常类、实用类、特技类和通勤类飞机适航规定;

CCAR-25-R3 运输类飞机适航标准;

CCAR-27-R1 正常类旋翼航空器适航规定;

CCAR-29-R1 运输类旋翼航空器适航规定。

1.1 民用飞机和直升机定义

1. 正常类、实用类、特技类和通勤类飞机

正常类飞机:是指座位设置(不包括驾驶员)为 9 座或以下,最大审定起飞重量为 5 700 千克(12 500 磅)或以下,用于非特技飞行的飞机。

实用类飞机:是指座位设置(不包括驾驶员)为 9 座或以下,最大审定起飞重量为 5 700 千克(12 500 磅)或以下,用于有限特技飞行的飞机。

特技类飞机:是指座位设置(不包括驾驶员)为 9 座或以下,最大审定起飞重量为 5 700 千克(12 500 磅)或以下,除了由于所要求的飞行试验结果表明是必要的限制以外,在使用中不加限制的飞机。

通勤类飞机:是指座位设置(不包括驾驶员)为 19 座或以下,最大审定起飞重量为 8 618 千克(19 000 磅)或以下,用于非特技飞行的螺旋桨驱动的多发动机飞机。

2. 运输类飞机

适航规章中未对飞机类别进行明确定义,其最大重量未做限制,一般在 10 000 公斤以上,客座量未做说明,最大可达几百人。

3. 正常类旋翼航空器

最大重量等于或小于 3 180 千克(7 000 磅),且乘客座位数不大于 9 座的旋翼航空器。

4. 运输类旋翼航空器

(1) 最大重量大于 9 080 千克(20 000 磅)和客座量等于或大于 10 座的旋翼航空器;

(2) 最大重量大于 9 080 千克(20 000 磅)和客座量等于或小于 9 座的旋翼航空器;

(3) 最大重量等于或小于 9 080 千克(20 000 磅)和客座量等于或大于 10 座的旋翼航空器;

(4) 最大重量等于或小于 9 080 千克(20 000 磅)和客座量等于或小于 9 座的旋翼航空器。

2 适航审查内容

2.1 适航审定条款

中国民用航空规章 CCAR-23-R3、CCAR-25-R3、CCAR-27-R1、CCAR-29-R1 中涉及的航空灭火系统适航审定条款如表 1 所示。

表 1　灭火系统适航审定条款

序号	中国民用航空规章			
	CCAR-23-R3	CCAR-25-R3	CCAR-27-R1	CCAR-29-R1
1	第 23.851 条 灭火瓶	第 25.851 条 灭火器	无	第 29.851 条 灭火瓶
2	第 23.1195 条 灭火系统	第 25.1195 条 灭火系统	无	第 29.1195 条 灭火系统
3	第 23.1197 条 灭火剂	第 25.1197 条 灭火剂	无	第 29.1197 条 灭火剂
4	第 23.1199 条 灭火瓶	第 25.1199 条 灭火瓶	无	第 29.1199 条 灭火瓶
5	第 23.1201 条 灭火系统材料	第 25.1201 条 灭火系统材料	无	第 29.1201 条 灭火系统材料

2.2　适航审定重点和设计要点

中国民用航空规章中对民用飞机和直升机的适航审定内容主要包括载人舱灭火、非载人舱灭火和动力装置灭火等三个方面。其中载人舱灭火、非载人舱灭火适航审查主要对象为手提灭火瓶，动力装置灭火审查对象为固定式航空灭火系统。

1. 载人舱灭火

适航审定规章 CCAR-23-R3、CCAR-25-R3、CCAR-29-R1 中第 851 条款均明确了载人舱灭火适航审查要求，审查内容主要包括手提灭火瓶的安装位置和数量、灭火剂类型和重量、人机使用程度和施放毒性危害等方面。在民用飞机和直升机灭火系统具体设计上，可解读如下：

(1) 适航审查重点

① 驾驶舱内至少安装一个易于取用的手提灭火瓶；

② 客舱内至少安装一个可易于取用的手提灭火瓶，并且手提灭火瓶的安装数量应根据客座量多少来确定；

③ 每种灭火剂的类型和重量必须与其使用部位很可能发生的火灾类型相适应；

④ 每个灭火瓶的设计必须将其释放灭火剂后的毒性气体浓度危害降至最小。

(2) 适航设计要点

① CCAR-27-R1 适航规章中，无载人舱灭火要求；

② 载人舱可以安装固定式灭火系统，其设计要求与手提式灭火瓶基本相同。此外，由于固定式灭火系统工作压力大，应避免其喷射后对周围结构、内部设备和内部装饰等的损伤；灭火效率应考虑舱内通风速率；

③ 手提灭火瓶安装应采用快卸机构；

④ 灭火剂应优先选择 Halon1211 和 Halon1301。

2. 非载人舱灭火

适航审定规章 CCAR-25-R3 中第

851条款明确了非载人舱灭火适航审查要求，适航审查内容主要包括手提灭火瓶的安装位置和数量、灭火剂类型和重量、人机使用程度等方面。在民用飞机和直升机灭火系统具体设计上，可解读如下：

（1）适航审查重点

① 每个A级或B级货舱和行李舱、每个机组人员在飞行中可以到达的E级货舱和行李舱，必须至少安装一个易于接近取用的手提灭火瓶；

② 客舱内每个厨房内，必须至少安装一个易于接近取用的手提灭火瓶；

③ 每种灭火剂的类型和重量必须与其使用部位很可能发生的火灾类型相适应。

注：A级货舱和行李舱，是指机组成员在其工作位置上能容易发现火情，并且在飞行中容易接近舱内每个部位。

B级货舱和行李舱，是指有足够的通路使机组人员在飞行中能携带手提灭火瓶有效地到达舱内任何部位，并且利用通道时，没有危险量的烟、火焰或灭火剂进入任何有机组和旅客的舱；有批准、独立的烟雾或火警探测系统，及时对机组人员报警。

E级货舱和行李舱，是指仅用于装货，并且有批准、独立的烟雾或火警探测系统，及时对机组人员报警；有机组人员易于接近操作，可切断进入货舱或货舱内通风气流；能够阻止危险数量的烟、火焰或有毒气体进入驾驶舱；机组应急出口易于接近。

（2）适航设计要点

① 仅CCAR-25-R3适航规章中，即运输类飞机对非载人舱有灭火要求；

② 非载人舱可以安装固定式灭火系统，其设计要求与手提式灭火瓶基本相同。此外，由于固定式灭火系统工作压力大，应避免其喷射后对周围结构、内部设备和内部装饰等的损伤；灭火效率应考虑舱内通风速率；

③ 可能进入载人舱的灭火剂量不应危害机上人员；

④ 手提灭火瓶安装应采用快卸机构；

⑤ 灭火剂应优先选择Halon1211和Halon1301。

3. 动力装置灭火

动力装置是民用飞机和直升机上非常重要的系统，其重要性直接决定了动力装置灭火系统的重要性，在适航审定规章CCAR-23-R3、CCAR-25-R3、CCAR-29-R1中均着重对动力装置灭火系统提出适航审查要求，主要包括灭火系统、灭火剂、灭火瓶和灭火系统材料四个方面。

（1）灭火系统

适航审定规章CCAR-23-R3、CCAR-25-R3、CCAR-29-R1中第1195条款均明确了灭火系统适航审查要求，适航审查内容主要包括灭火区域定义、灭火剂浓度、喷射次数、试验验证等方面。在民用飞机和直升机灭火系统具体设计上，可解读如下：

① 适航审查重点

1）对于发动机舱内，除表明其着火是可控制的特定区域外，必须安装有灭火系统；

2）灭火剂浓度必须足以灭火；

3）灭火系统设计应优先选择“二次喷射”灭火系统，尤其是动力装置的灭火区域；

4）灭火剂浓度必须通过真实或有效模拟试验验证。

② 适航设计要点

1）CCAR-27-R1 适航规章中，无动力装置灭火系统具体要求；

2）灭火剂浓度试验验证中，灭火系统喷射后灭火剂在其作用区的所有部分形成的灭火剂体积浓度至少为 6%，在正常巡航状态下，该灭火剂浓度在其作用区的所有部分中的持续时间应不少于 0.5 s；

3）CCAR-23-R3 适航规章中，即正常类、实用类、特技类和通勤类飞机其动力装置灭火系统设计上，允许使用“一次喷射”灭火系统；

4）民用飞机和直升机上，辅助动力装置、燃烧设备等灭火区域的灭火系统设计上，允许使用“一次喷射”灭火系统。

（2）灭火剂

适航审定规章 CCAR-23-R3、CCAR-25-R3、CCAR-29-R1 中第 1197 条款均明确了灭火剂适航审查要求，适航审查内容主要包括灭火剂效率、灭火剂稳定性、灭火剂毒性等方面。在民用飞机和直升机灭火系统具体设计上，可解读如下：

① 适航审查重点

1）能够有效熄灭灭火区域内任何液体或其他可燃材料燃烧时的火焰；

2）在飞机和直升机上工作温度范围内，灭火剂具有热稳定性；

3）必须采取有效措施，防止有毒性灭火剂释放后进入任何载人舱。

② 适航设计要点

1）CCAR-27-R1 适航规章中，无动力装置灭火剂具体要求；

2）动力装置、辅助动力装置和燃烧设备灭火系统中贮存灭火剂的装置不允许安装在载人舱内；

3）灭火剂应优先选择 Halon1301；

（3）灭火瓶

适航审定规章 CCAR-23-R3、CCAR-25-R3、CCAR-29-R1 中第 1199 条款均明确了灭火瓶适航审查要求，适航审查内容主要包括灭火瓶释压、压力指示、释放能力、防护措施等方面。在民用飞机和直升机灭火系统具体设计上，可解读如下：

① 适航审查重点

1）每个灭火瓶必须设置有释压装置，以防止内部压力过高而引起爆破；

2）从灭火瓶释压接头引出的每根排放管的排放端头，其设置必须使放出的灭火剂不会损伤飞机。该排放管还必须设置和防护得不致被冰或其他外来物堵塞；

3）每个灭火瓶必须设有低压压力指示，指示该灭火瓶已经喷射或其工作压力低于正常工作所需的最小值；

4）在飞机和直升机上工作温度范围内，每个灭火瓶工作压力应保证其正常工作；

② 适航设计要点

1）CCAR-27-R1 适航规章中，无动力装置灭火瓶具体要求；

2）每个灭火瓶应设置有带有低压压力指示的压力表，用于显示灭火瓶工作压力和低压告警；

3）每个灭火瓶应设置兼容高压释

放功能的充填口；

4）每个灭火瓶灭火剂释放方式应优先选择爆炸帽引爆方式。

（4）灭火系统材料

适航审定规章 CCAR-23-R3、CCAR-25-R3、CCAR-29-R1 中第 1201 条款均明确了灭火系统材料适航审查要求，适航审查内容主要包括材料化学反应、部件防火等方面。在民用飞机和直升机灭火系统具体设计上，可解读如下：

① 适航审查重点

1）任何灭火系统的材料不得与任何灭火剂起化学反应以致产生危害；

2）发动机舱内的每个灭火系统部件必须是防火的。

② 适航设计要点

1）CCAR-27-R1 适航规章中，无动力装置灭火系统材料具体要求；

2）灭火系统材料应优先选择不锈钢和铝合金的金属材料，处于火区的材料应选择不锈钢金属材料；

3）灭火系统材料不应使用镁合金金属材料；

4）不直接接触灭火剂的，且不处于火区的材料允许使用不易老化的非金属材料；

5）所使用的金属材料，应耐腐蚀或经适当的防护处理后耐腐蚀；

6）贮存灭火剂的容器材料应有足够的抗疲劳强度。

3　关于 CCAR-27-R1 适航规章说明

适航审定规章 CCAR-27-R1 中，无具体的载人舱灭火、非载人舱灭火和动力装置灭火适航条款要求，但根据其规章总则可解读为下列四种情况：

① 正常类小型单发旋翼航空器，设计上可以不安装载人舱灭火、非载人舱灭火和动力装置灭火系统，也不需要进行适航审查；

② 正常类小型单发旋翼航空器，设计上安装载人舱灭火、非载人舱灭火和动力装置灭火系统，但不需要进行适航审查；

③ 正常类小型多发旋翼航空器，设计上可以不安装载人舱灭火、非载人舱灭火和动力装置灭火系统，也不需要进行适航审查；

④ 正常类小型多发旋翼航空器，设计上安装载人舱灭火、非载人舱灭火和动力装置灭火系统，但需要按 CCAR29.1195、29.1197、29.1199、29.1201 条款进行适航审查。

4　民用飞机和直升机灭火系统适航审定区别

通过对中国民用航空规章 CCAR-23-R3、CCAR-25-R3、CCAR27-R1、CCAR-29-R1 中各相关适航条款的对比，民用飞机和直升机上灭火系统适航审查要求基本相同，产生的设计上差别主要为动力装置灭火系统是采用“一次喷射”，还是“二次喷射”，具体如下：

① 正常类、实用类、特技类和通勤类飞机的动力装置灭火系统允许采用“一次喷射”灭火系统；

② 运输类飞机动力装置灭火系统必须采用“二次喷射”灭火系统；

③ 运输类旋翼航空器动力装置灭火系统必须采用“二次喷射”灭火系统；

④ 正常类多发旋翼航空器如安装灭火系统，必须采用“二次喷射”灭火系统。

5 适航验证方法和指导文件

目前，中国民用航空标准、规范中对民用飞机和直升机上航空灭火系统的验证方法和指导性文件比较缺乏，相关适航咨询通报主要包括：

AC29.851 第 29.851 条款 灭火瓶试验程序；

AC29.1195 第 29.1195 条款 灭火系统试验程序(修正案 29-17)；

AC29.1197 第 29.1197 条款 灭火剂试验程序(修正案 29-13)；

AC29.1199 第 29.1199 条款 灭火瓶试验程序(修正案 29-13)；

AC29.1201 第 29.1201 条款 灭火系统材料试验程序；

AC20-100 动力装置灭火剂浓度测量的指导方法；

AC25-1191-1“1301”固定灭火瓶的批准。

6 适航展望

随着航空科学技术的进步，航空工业和航空运输业的发展以及人们对航空安全性认识的深化，适航标准自身也在不断发展和更新。为保持我国适航标准与国外适航标准在安全水平上的一致性，促进我国民用航空工业的健康发展，进一步加强与国际间的交往，中国民用航空总局需要对中国民用航空规章进行不断地跟踪、更新、修订工作，实施动态管理。

中国民航总局适航司颁布的各种航空规章(CAAR)与国际接轨，其内容在技术上以美国联邦航空局 FAA 颁布实施的美国联邦航空规章 FAR 为基础，广泛参考其他各种适航性要求，结合中国实际情况制定的，规章在管理上、内容的广度和深度与 FAR 相当或相似。

中国民用航空规章中对灭火系统的适航要求一直进行不断地修订。修订工作除对文字、拼写错误等修订外，对其实质内容也有修订。中国民用航空规章 CCAR-23-R3、CCAR-25-R3、CCAR27-R1、CCAR-29-R1 中关于灭火系统适航条款具体修订情况如表 2 所示。

表 2 灭火系统适航审定条款修订情况

序号	适航条款	修订次数			
		CCAR-23-R3	CCAR-25-R3	CCAR-27-R1	CCAR-29-R1
1	第 851 条 灭火瓶	2	1	—	无
2	第 1195 条 灭火系统	2	无	—	无
3	第 1197 条 灭火剂	1	无	—	无
4	第 1199 条 灭火瓶	1	无	—	无
5	第 1201 条 灭火系统材料	1	无	—	无

中国民用航空标准正处于不断发展过程中，同时，在国内民用飞机和直升机上航空灭火系统适航审查过程中，存在主要问题如下：

① 我国的民用航空规章很大程度上借鉴欧美发达国家，但严格程度和执行力度不够，所以欧美发达国家并没有完全认同我国适航规章；

② 一些适航规章将近十年无更新和修订工作，不仅在适航发展上难以跟进欧美发达国家，而且一定程度上阻碍了一些灭火系统新技术、新材料的快速应用和发展；

③ 对欧美国发达国家先进灭火系统适航标准、规章、条款以及验证方法、指导性文件的翻译工作严重迟缓，严重阻碍了国内灭火系统适航发展的广度和深度；

④ 灭火系统适航验证方法、指导文件缺乏。

参考文献

[1] 飞机设计手册：第13册：动力装置系统设计. 北京：航空工业出版社，2006.
[2] AC25.1191-1 “1301”固定灭火瓶的批准[S]. 中国民用航空总局.
[3] CCAR-23-R3. 正常类、实用类、特技类和通勤类飞机适航规定.
[4] CCAR-25-R3. 运输类飞机适航标准.
[5] CCAR-27-R1. 正常类旋翼航空器适航规定.
[6] CCAR-29-R1. 运输类旋翼航空器适航规定.
[7] SA365N1 海豚直升机. 机载设备维护手册.
[8] Y12 飞机维护手册.

文章编号:SAFPS15022　　飞机灭火技术

航空手提式灭火瓶泄漏故障分析及改进设计

陈龙,王依晗,姜桥桥

(中航工业天津航空机电有限公司,天津 300300)

摘要:本文针对某型航空手提式灭火瓶在低高温试验后发生的泄漏故障进行分析研究,找出泄漏位置并进行泄漏机理研究。研究表明,聚四氟乙烯垫片进行端面密封的方式无法满足本灭火瓶的密封要求。本文对密封方式进行了改进设计并试验验证可行,对灭火瓶的故障排除和密封设计具有一定的参考意义。

关键词:航空手提式灭火瓶;密封;改进设计

中图分类号:X936;X932　　**文献标识码:**A

0 引言

中国民航规章 CCAR25. 851 规定了民用飞机的防火要求,灭火器主要用于发动机舱、货舱、盥洗室、起落架舱等,其中手提式灭火瓶主要用于驾驶舱和客舱等有人区域。

目前国内外常用的航空手提式灭火瓶多使用洁净气体灭火剂,充填氮气以驱动灭火剂喷出。作为压力容器,泄漏是影响灭火瓶性能的最大隐患,泄漏后的灭火瓶将降低或彻底丧失灭火性能。航空用手提式灭火瓶相比民用灭火瓶还需经过更严酷的高低温冲击、湿热等自然环境试验和振动、冲击、加速度等机械环境试验考核,因此对密封结构有着更为严格的要求。典型手提式灭火瓶组成如图 1 所示。

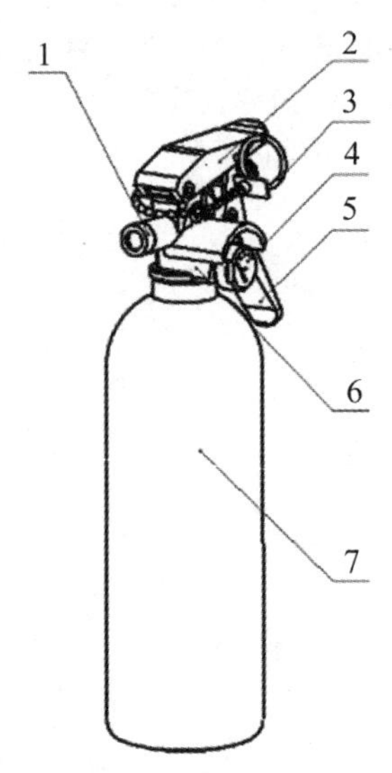

1. 喷嘴　2. 手把　3. 保险销　4. 压力表
5. 保险把　6. 阀座　7. 气瓶

图 1　手提式灭火器组成示意图

为了监测瓶内压力,灭火瓶多配置压力表。压力表与灭火瓶阀座连接处是手提式灭火瓶容易泄漏的位置之一。

本文所研究的灭火瓶压力表处采用端面垫片密封方式，密封结构如图2所示。出于减重考虑，该灭火瓶的阀座采用塑料材质而不是金属材质。本结构通过了各项试验验证，性能良好，在实际使用中也未出现泄漏故障。

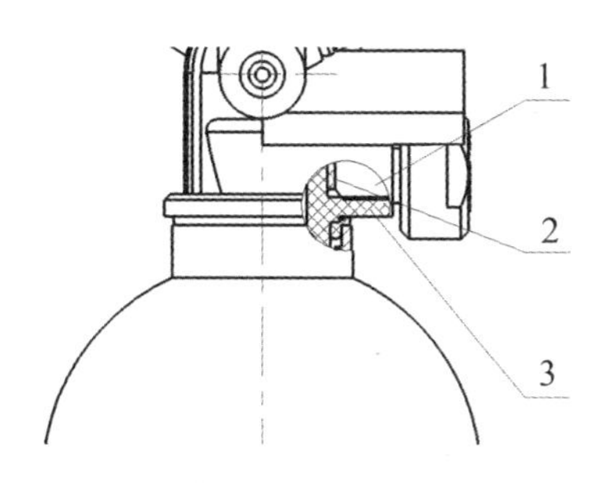

1. 压力表　2. 垫片　3. 阀座

图2　压力表密封结构示意图

1　故障描述

某批次共数十台手提式灭火瓶在经过低温试验和高温试验后出现部分气瓶漆层破损现象，经过重新喷漆后再次对所有灭火瓶进行低高温工作试验。为保护漆层，试验时灭火瓶用挂钩竖直放置。试验后发现多数灭火瓶有掉压现象（少于灭火瓶正常大气条件下的压力都属于掉压现象），数量占总数的4/5，剩余1/5灭火瓶进行第3次低高温试验时也都出现了掉压现象。

2　故障分析

2.1　泄漏点定位

为确定具体泄漏位置，将低温工作试验后的故障件浸入酒精池中进行气密性检测，发现阀座与压力表之间的连接处出现大量气泡。

出于更严谨的考虑，采用换件排除法对其他可能发生泄漏的橡胶密封件进行排查。

（1）更换故障件的压杆部件，充填高压空气，低温工作试验后仍出现掉压现象。

（2）更换该台故障件的阀座与气瓶间的密封圈，再次充填高压空气，低温工作试验后仍出现掉压现象。

（3）将压力表与阀座间的间隙用橡皮泥封严，充填高压空气，低温工作试验后灭火瓶未发生掉压现象。

最终结论：压力表与阀座的密封方式存在缺陷，是造成灭火瓶低温掉压问题的直接原因。

2.2　垫片塑性变形

垫片为可变性固体，可变性固体在外力作用下将发生变形，根据变形的特点，固体在受力过程中的力学行为可分为两个明显不同的阶段：当外力小于某一限值（通常称之为弹性极限荷载）时，在引起变形的外力卸除后，固体能完全恢复原来的形状，这种能恢复的变形称为弹性变形。当外力一旦超过弹性极限荷载时，这时再卸除荷载，固体不能回复原状，其中有一部分不能消失的变形被保留下来，这种保留下来的永久变形为塑性变形[1]。

初始常温下利用垫片将压力表按一定力矩拧紧到阀座内螺纹上，经试验验证能保证灭火瓶的密封性能。由于垫片比压力表接头和阀座硬度都低、弹性都大，所以在拧紧力矩作用下，垫片产生了较大的弹性变形，忽略阀座和压

力表在不同温度下的形变量，垫片弹性变形量 Δd 定义如下：

初始常温条件下垫片弹性变形量为 Δd_0；

第 1 次低温条件下垫片弹性变形量为 Δd_1；

第 1 次常温条件下垫片弹性变形量为 Δd_2；

第 1 次高温条件下垫片弹性变形量为 Δd_3；

第 2 次常温条件下垫片弹性变形量为 Δd_4；

第 2 次低温条件下垫片弹性变形量为 Δd_5。

第 1 次低温试验时，受不同材料收缩率差别较大影响，$\delta_{垫片} > \delta_{阀座} \gg \delta_{压力表}$（$\delta$ 为膨胀收缩率），即垫片收缩距离＞压力表端面与阀座端面之间收缩距离，导致垫片的弹性变形量减小（如图 3 所示），即 $\Delta d_0 > \Delta d_1$，致使压力表与阀座之间的拧紧力矩值降低（通过测试，拧紧力矩值降低到原来的 70%），但可以保证灭火瓶低温下的密封，而且垫片未发生塑性变形。

第 1 次常温下，受不同材料膨胀率差别较大影响，$\delta_{垫片} > \delta_{阀座} \gg \delta_{压力表}$，即垫片膨胀距离＞压力表端面与阀座端面之间膨胀距离，所以垫片恢复到初始长度，即垫片弹性变形量又恢复到 $\Delta d_2 = \Delta d_0$，压力表与阀座之间的拧紧力矩值也恢复到初始值。

第 1 次高温下，受不同材料膨胀率差别较大影响，$\delta_{垫片} > \delta_{阀座} \gg \delta_{压力表}$，即垫片膨胀距离＞压力表端面与阀座端

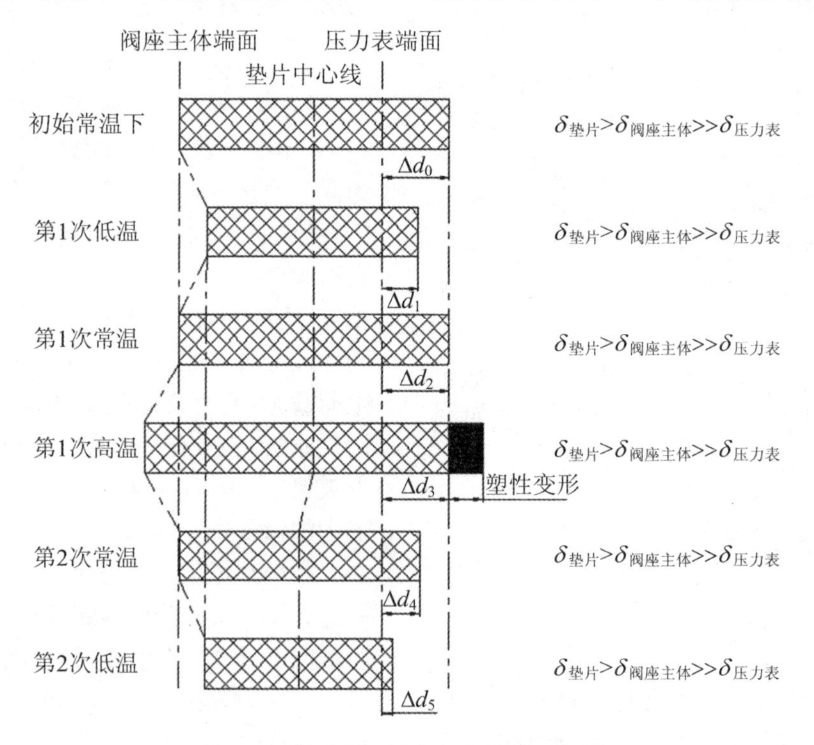

图 3　垫片、阀座、压力表变形量示意图

面之间膨胀距离，导致垫片弹性变形量有增大的趋势，即 $\Delta d_3 > \Delta d_0$，但由于垫片的弹性变形量超出了此时垫片的弹性极限荷载，而且垫片材料比压力表和阀座都软，在高温挤压状态下的垫片产生了塑性变形，所以垫片弹性变形量不再增加，即 $\Delta d_3 = \Delta d_0$，压力表与阀座之间的拧紧力矩值不变。

第2次常温下，受不同材料收缩率差别较大影响，$\delta_{垫片} > \delta_{阀座} \gg \delta_{压力表}$，即垫片收缩距离>压力表端面与阀座端面之间收缩距离，垫片弹性变形量减小，即 $\Delta d_3 > \Delta d_4$，由于 $\Delta d_3 = \Delta d_0$，导致 $\Delta d_0 > \Delta d_4$，即压力表与阀座之间的拧紧力矩值降低(通过测试，拧紧力矩值降低到原来的75%)。

第2次低温下，受不同材料收缩率差别较大影响，$\delta_{垫片} > \delta_{阀座} \gg \delta_{压力表}$，即垫片缩短距离>压力表端面与阀座端面之间缩短距离，垫片弹性变形量减小，即 $\Delta d_4 > \Delta d_5$，导致压力表与阀座之间的拧紧力矩值又一次降低(通过测试，拧紧力矩值降低到原来的50%)而不能满足气密性要求，所以灭火瓶产生掉压现象。

2.3 瓶体放置方式

此前灭火瓶进行低高温工作试验检查时都是水平放置的，经过多次高低温试验后均未发生掉压现象。经过分析，灭火瓶水平放置和竖直放置区别如下：

(1) 灭火瓶水平放置试验(如图4所示)时，受重力影响，加压气体在灭火瓶上部，液态灭火剂在灭火瓶下部(液态灭火剂约占60%)，液态灭火剂已将喷射机构完全封住，而液体气密性要求比气体要求要低，灭火瓶在低温工作时，发生塑性变形的压力表垫片可以密封住灭火剂，而不会造成灭火瓶掉压。

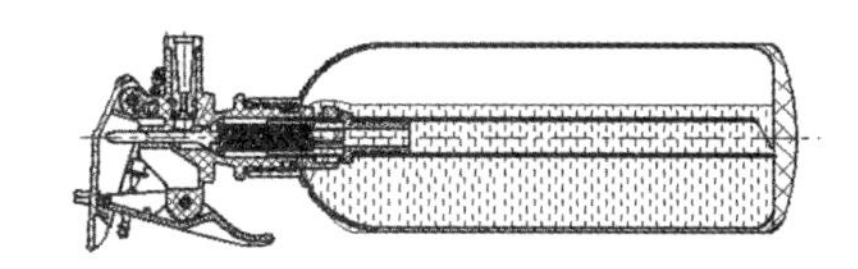

图4 灭火瓶水平放置示意图

(2) 灭火瓶垂直放置试验时(如图5所示)，受重力影响，加压气体在灭火瓶上部，液态灭火剂在灭火瓶下部，喷射机构直接接触到加压气体，气体的密封性要求比液体要高，灭火瓶在低温工作时，发生塑性变形的压力表垫片不能密封住气体，造成灭火瓶掉压现象。

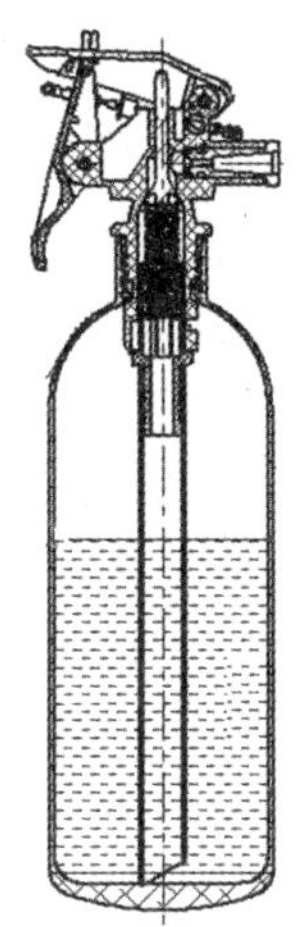

图5 灭火瓶竖直放置示意图

3 改进设计及验证

3.1 轴向密封设计

由于本次泄漏故障直接原因为压力表与阀座间的端面密封存在缺陷，拟对端面密封材料进行改进，但常用的端面密封材料橡胶件和紫铜并不适宜，原因如下：

(1) 橡胶件太软，在压力表规定的拧紧力矩下变形量大易使进气孔堵塞；

(2) 紫铜较阀座材质(尼龙)硬，其在变形时会破坏阀座。

经过研究决定采取压力表在端面密封基础上增加二次密封的技术方案，即压力表拧入之前于压力表螺纹处缠绕研光带。

3.2 试验验证

为了验证改进效果，对改进后的灭火瓶进行更加严酷的温度试验考核，结果如下：

(1) 3台灭火瓶进行低温工作试验验证

将1#、2#、3#灭火瓶按上述改进方案装配，进行低温工作试验，灭火瓶竖直放置，试验结果合格；

(2) 2台灭火瓶进行低温贮存试验验证

将4#、5#灭火瓶按上述改进方案装配，进行低温贮存试验(试验温度更低，储存时间更长)，灭火瓶竖直放置，试验结果合格；

(3) 使用2台灭火瓶进行温度冲击试验验证

将6#、7#灭火瓶按上述改进方案装配，按要求进行低高温温度冲击试验，灭火瓶竖直放置，试验结果合格。

(4) 将10台手提式灭火器，进行上述低高温试验后置于标准大气条件下保持7天，产品均竖直放置，试验结束观察压力表读数均在正常允许范围内，试验结果合格。

试验结果表明，使用研光带密封压力表螺纹能有效提高密封性能，杜绝灭火瓶低高温试验后的泄漏故障。

4 结束语

航空手提式灭火瓶压力等级虽然不高，但使用的密封件多为橡胶、塑料等非金属材料，其与灭火瓶中其他金属部件间的密封问题值得关注。本文介绍了两种密封方式，并不是说后一种密封方式比前一种更好，只是更适合该灭火瓶压力表处的密封。标准中未对高低温试验时平台放置方式进行规定，实践证明，竖直放置比水平放置更容易发生灭火剂泄漏，是造成本次故障的间接原因，也是更严苛的一种考核方式。

参考文献

[1] 张鸿文. 材料力学[M]. 北京:高等教育出版社,2004.

文章编号：SAFPS15023　　飞机防火基础理论

火灾情况下金属药筒装药的热安全性实验研究

张琳，姜林，孙金华

（中国科学技术大学火灾科学国家重点实验室，安徽 合肥 230026）

摘要：以 122 mm 和 152 mm 口径的金属药筒装药为研究对象，开展了不同热通量的热冲击下发射药热安全性的实验研究。本文以石膏粉替代发射药，即简化为不考虑发射药自热的情况。实验结果表明 122 mm 口径的金属药筒装药在热通量大于 5.08 的热冲击下，靠近壁面的发射药能够达到热点火温度 210 ℃，而 152 mm 口径的金属药筒装药在热通量大于 9.98 的热冲击下，靠近壁面的发射药能够达到热点火温度 210 ℃。随着热通量的增加，发射药到达热点火温度的时间减少。

关键词：金属药筒；发射药；热冲击；热安全性；热通量

中图分类号：X936；X932　　**文献标识码：**A

0 引言

在战场中，战火交接时产生的大量热辐射，给未使用的弹药热安全性带来了威胁。并且，弹药仓库多处于植被繁茂的山区，无论是周围森林、建筑引起的燃烧还是弹药自身发生燃爆，对弹药产生的热辐射影响都不可忽略。对弹药仓库来说，一旦失去控制就会演变成火灾，几乎无法补救，必将酿成严重后果，造成巨大损失，甚至威胁着人员的生命安全[1]。在弹药各部件中，发射药最易受环境影响分解放热而发生自燃或自爆，它在一定条件下的不安全性决定了弹药发生自燃自爆的危险性[2]，发射药燃爆后将会对炸药造成更严重的威胁。关于发射药的自燃，前人已做了大量工作，然而对于药筒装发射药受到的热冲击这方面的工作却少之又少。在发射药的热自燃中，发射药的最高温度往往是发射药中心点，然而在热冲击下，发射装药受到的威胁往往是边界，即紧贴受热面药筒内壁处。因此，本文主要研究发射装药贴壁面处在火灾环境下的温度变化。

1 实验

1.1 实验模型

本文分析的模型为 122 mm 和 152 mm 口径的金属药筒装药。该装药最外层为金属药筒，缓蚀剂衬里紧贴药筒上部内壁，药粒散装于药筒内部，药粒上部为紧塞纸盖。由于缓蚀衬里有时并不会完全绕药筒内壁一周，从而使药粒直接与药筒壁面接触。所以从装药的热安全方面考虑，忽略缓蚀剂衬里的隔热作用。另外药筒上的紧塞盖为很厚的隔热材料，一般装药上层收到的热冲击很小[3]，本实验中以 PU 泡沫塑料块代替紧塞具[4]。由于发射药用于热实验中存在一定的危险性，特选取热导率及比热相近的材料予以替代。石膏粉的导热系数和比热[5]分别为 0.200，1 080.246，与某单基发射药参数近似[6]，故选石膏粉作为替代材料。单基发射药的热点火温度为 210 ℃[7]，记录所需时间以及升温过程。

1.2 仪器

K 型热电偶(1 mm)；Gardon 热流计(MEDTHERM 64 系列)；乳白石英电加热器；数据采集仪（YOKOGAWA，DL-750）。

1.3 实验布置

1. 热流计布置

如图 1 所示，电加热板长 555 mm，宽 455 mm，厚 100 mm。热流计架在高 300 mm 的支架上，且位于电加热板的中心线。当电加热板温度稳定，改变热流计与电加热板的距离 L，从而通过测量获得所需的相应距离对应的热通量。

2. 热电偶布置

考虑药筒内发射药的热危险性，药筒受热面的温度最高，为点火区域，因此在药筒温度最高处即药筒的受热面

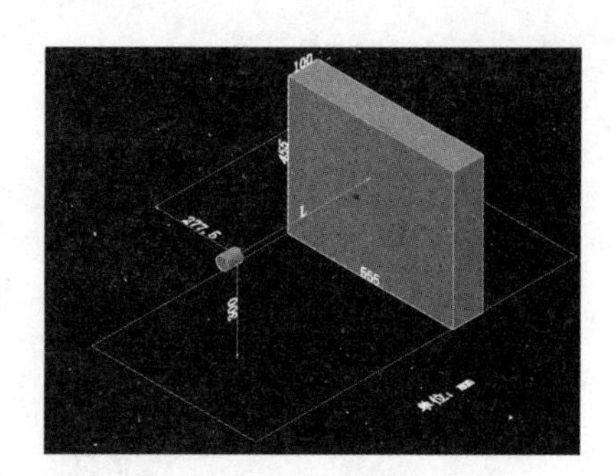

图 1　热流计布置示意图

布置热电偶，另外，在侧对受热面的方向也布置了热电偶，作为对比。

122 mm 金属药筒实验模型如图 2 所示。图中，a 为金属药筒，下侧为底座；b 为绝热材料，采用的是 PU 泡沫塑料；c 为装药床；d 为电加热板；L 为电加热板距离药筒受热面的距离。在药筒内部布置了 12 个测点。其中，1、2、3、4、5 测点等间距布置在过药筒中心线与电加热器平行的面的药筒内壁上；6、7、8、9、10 测点等间距布置在药筒受热面内壁；11、12 位于装药中间截面，$r_8=61$，$r_{12}=30.5$，$r_{11}=0$。以上尺寸单位均为 mm。

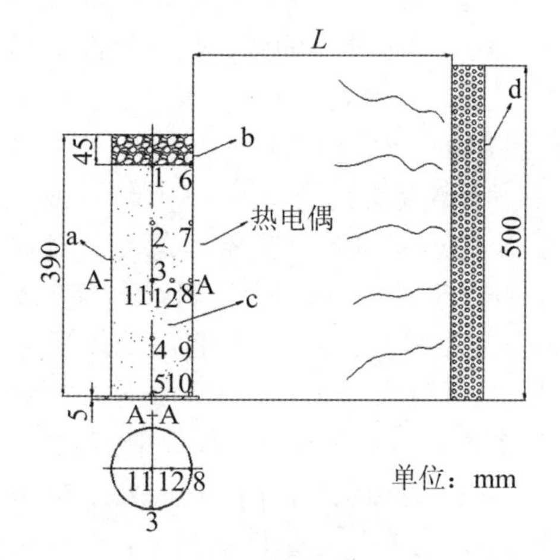

图 2　122 mm 金属药筒实验模型

152 mm金属药筒实验模型如图3所示，与122 mm金属药筒实验模型热电偶布置类似，不再赘述。

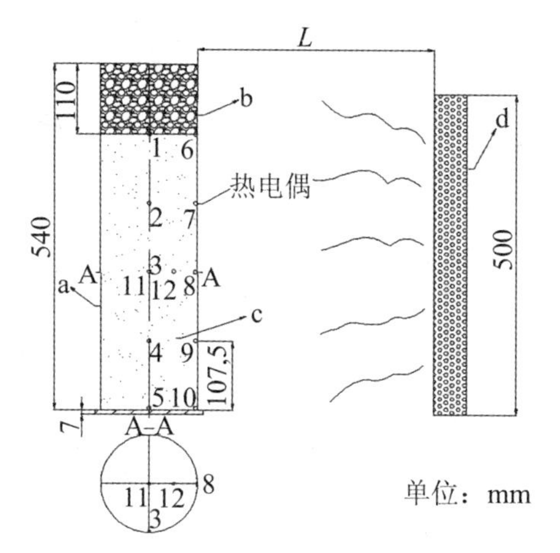

图3　152 mm金属药筒实验模型

2　结果与讨论

2.1　不同距离的热通量值

电加热板稳定温度约为550 ℃，改变热流计与电加热板的距离L，得下表：

表1　热通量与距离L的关系
（122 mm金属药筒用）

热通量（ ）	5.08	7.63	10.11	14.87
L(cm)	43	30	20	4

表2　热通量与距离L的关系
（152 mm金属药筒用）

热通量（ ）	5.00	7.52	9.98	14.99
L(cm)	45	32	22	5

2.2　122 mm模拟金属药筒装发射药

因在四种不同热通量下，布置在药筒内部的温度测点的温升曲线趋势大致相同。在此取热通量为7.63的情况为代表进行研究。如图2所示，1、2、3、4、5点为布置在非受热面从上至下等距离的5个点，6、7、8、9、10点为布置在受热面由上至下等距离的5个点。如图4，可以发现随着时间的增长，受热面温度开始上升迅速，后趋于稳定，且在升温过程中基本保持$T_6>T_7>T_8>T_9>T_{10}$，温度由上至下递减。非受热面温度增长较为平缓，由于4号热电偶一开始不稳定，所测温度抖动较明显。非受热面的5个测温点在升温过程中大致保持$T_1>T_2>T_3>T_5>T_4$。中心截面的11点和12点，在前500 s，温度基本没变化，后随着时间的增长，温度逐渐上升，且$T_{12}>T_{11}$。由曲线看出，11点升温速率滞后于12点，这主要是因为11点12点距受热面的距离不同导致的。由于受热面温度明显高于非受热面温度，且温度最高点位于受热面上，故我们只关心不同热通量下受热面温度最高点的情况。

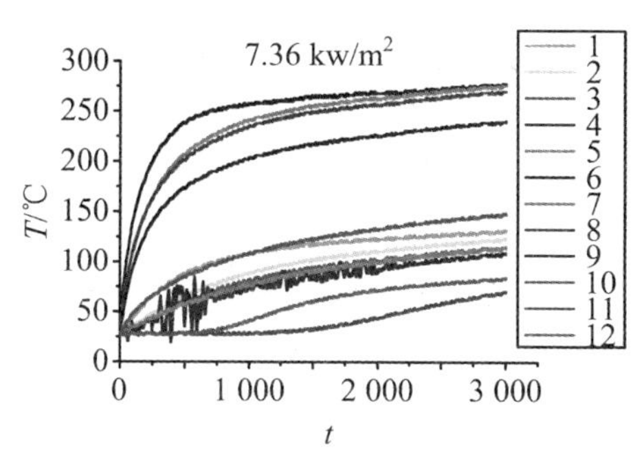

图4　热通量7.36时药筒装发射药温度曲线

如图5所示，随着热通量的增大，受热面所能达到的最高温度也在升高。当热通量为14.87时，最高温度点到达发射药热点火温度210 ℃仅需136 s，并且其温度值处于快速上升阶段；当热通量为 10.11 时，最高温度点到达 210 ℃的时间为 210 s；当热通量为 7.36 时，最高温度点到达 210 ℃需时 291 s，此时温升趋于平缓；当热通量为 5.08 时，最高温度点到达 210 ℃的时间为 1 990 s，约为 33 min，在这种情况下，发射药燃爆是由发射药自热反应主导，可不考虑热冲击的因素。

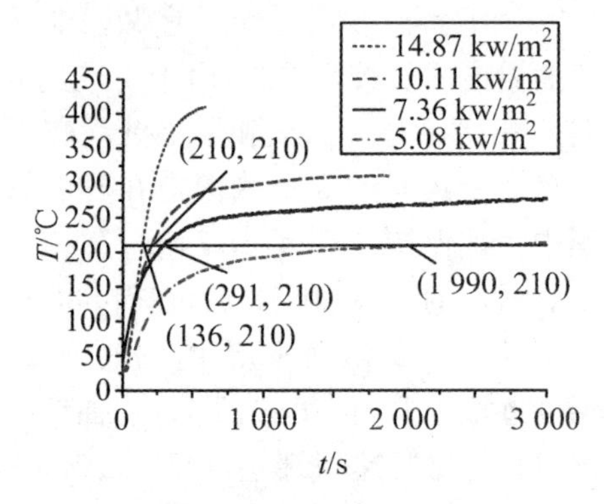

图 5　122 mm 金属药筒装发射药在不同热通量下最高温度曲线

2.3　152 mm 模拟金属药筒装发射药

152 mm 的药筒装发射药体积比 122 mm 的药筒装发药体积大，高度高。其内壁面温升情况与 122 mm 的药筒装发射药基本相同。如图 3 所示，1、2、3、4、5 点为布置在非受热面从上至下等距离的 5 个点，6、7、8、9、10 点为布置在受热面由上至下等距离的 5 个点。因在四种不同热通量下，布置在药筒内部的温度测点温升曲线趋势大致相同。在此取热通量为 5.00 的情况为代表进行研究。如图 6 所示，随着时间的增长，前 500 s 受热面温度上升迅速，后趋于稳定。受热面温度 $T_6>T_7>T_8>T_9>T_{10}$，温度由上而下递减。受热面温度最高点温度值远大于非受热面的温度。12 点和 11 点随着距离受热面的由近到远温度递减，即 $T_{12}>T_{11}$。因我们只关心温度最高点的温度值，故下文只研究受热面温度最高点在不同热通量情况下的升温情况。

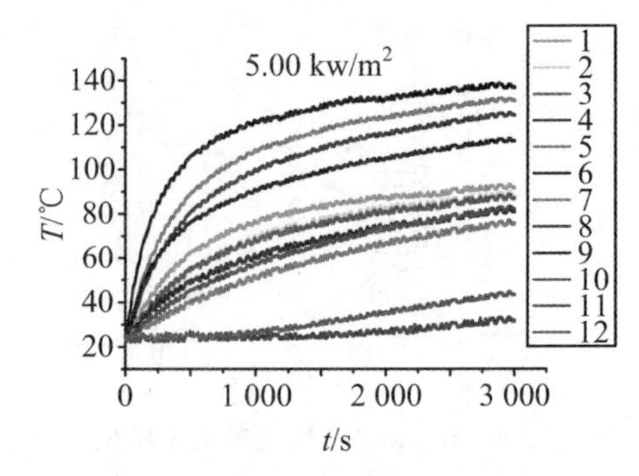

图 6　热通量为 5.00 时金属药筒装发射药温度曲线

如图 7 所示，受热面最高温度点温度值随着热通量的增大而增大。当热通量为 14.99 时，最高温度点到达发射药热点火温度 210 ℃的时间为 252 s，且此时处于温度快速上升阶段。当热通量为 9.98 时，最高温度点达到 210 ℃需 2 195 s，约 37 min，此时主要考虑自

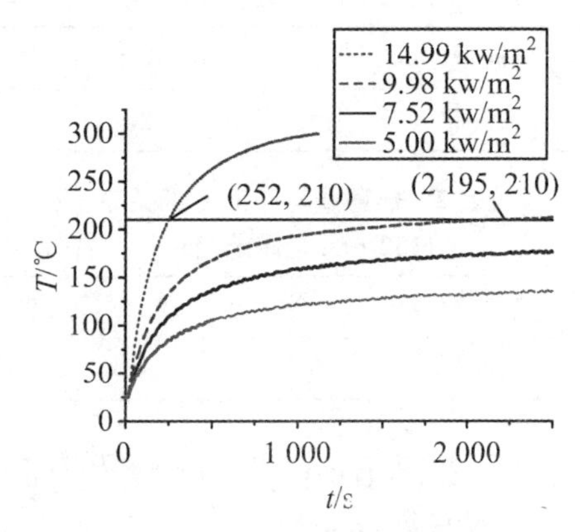

图 7　152 mm 金属药筒装发射药不同热通量下受热面最高温度曲线

热反应的影响，忽略热冲击的因素。当热通量为 7.52 和 5.00 时，其最高温度点的最高温度值约为 179 ℃和 137 ℃，均低于发射药的热点火温度 210 ℃。

3 结论

本文模拟研究了 122 mm 和 152 mm 金属药筒装发射药受到热冲击时的热危险性，采用热电偶测温技术，对不同热通量下金属药筒装发射药的最高温度点温度变化情况进行了分析，得到如下结论：

(1) 122 mm 的金属药筒装发射药，在热通量大于 5.08 的热冲击下，都会达到热点火温度 210 ℃，且热通量越大，达到热点火温度的时间越短。在热通量小于 5.08 的热环境中，主要考虑发射药自热反应引起的燃爆，可不考虑热冲击的影响。

(2) 152 mm 的金属药筒装发射药，在热通量大于 9.98 的热冲击下，能够达到热点火温度 210 ℃，且热通量越大，达到热点火温度的时间越短。在热通量小于 9.98 的环境下，主要考虑发射药自热反应引起的燃爆，可忽略热冲击的影响。

(3) 出于安全考虑，本文使用石膏粉替代发射药，因此所得实验数据皆不考虑自热反应的影响，达到点火温度的时间也较真实情况有所增加。

参 考 文 献

[1] 李德鹏，戴祥军. 弹药储运安全[M]. 石家庄：军械工程学院，2004：111-149.

[2] 江劲勇，路桂娥，陈明华，等. 堆积条件下库存弹药中发射药的安全性研究[J]. 火炸药学报，2001 (4).

[3] 郭映华，张洪汉，朱文芳，等. 金属药筒装药的热安全性分析[J]. 火炮发射与控制学报，2013 (2)：1-4.

[4] 李杰. 箭炮发射装药非稳态传热性能研究 [D]. 南京理工大学，2008.

[5] 马庆芳. 实用热物理性质手册 [M]. 北京：中国农业机械出版社，1986.

[6] 战志波，陈明华，江劲勇，等. 环境温度对发射药自燃的影响[J]. 兵工自动化，2007，26 (6)：31-33.

[7] 杜志明，冯长根. 黑火药和单基发射药的电热丝点火试验研究[J]. 火炸药学报，2000(2)：8-10.

文章编号:SAFPS15024　　飞机防火系统试验验证

基于电容传感器的飞机灭火管网两相流空隙率测量方法

方丽丽,赵建华

(中国科学技术大学火灾科学国家重点实验室,安徽 合肥 230026)

摘要:本文针对飞机火灾中常用的哈龙灭火剂,提出了基于电容传感器的飞机灭火系统管网内哈龙灭火剂/氮气两相流空隙率的测量方法。根据不同物质的介电常数不同,选择可反映介电常数值的电容传感器获取初始数据,然后根据获得的电容测量值和遗传算法重建哈龙灭火剂/氮气两相流图像,最终获得飞机灭火系统管网内哈龙灭火剂/氮气两相流空隙率的大小。

关键词:两相流空隙率;哈龙灭火剂;电容传感器;遗传算法;图像重建

中图分类号:V247　　**文献标识码:**A

0 引言

在现代工业中,两相流系统应用越来越多,特别是在化工、石油等行业中普遍存在,因此,在这些领域中对两相流系统的计量、控制等方面进行了越来越多的研究。然而,对于飞机中常用的哈龙灭火剂与氮气混合的气液两相流在灭火系统管网中流动状态的研究是较少的。

在哈龙灭火剂与氮气不同的混合比例下,在不同的环境温度、气压条件下,不同的管路部件布置下,其两相流在管网中的流动状态和空隙率都是不一样的。通过对哈龙灭火剂与氮气混合的气液两相流的流动状态进行分析,得到管网中两相流空隙率测量值,可以为各型飞机灭火系统管网的设计提供数据参考,完善和优化灭火系统的管网设计。

1 两相流空隙率及其测量方法

1.1 两相流空隙率

两相流空隙率是指在管道截面上气相所占的面积与气液两相总流通面积的比值,即

$$\alpha = \frac{A_g}{A_g + A_l} \tag{1}$$

其中,α 是两相流空隙率;A_g 是气相所占截面积;A_l 是液相所占截面积。

1.2 两相流空隙率测量方法

气液两相流空隙率的获取方法主要有两种，一种是根据实验或理论推导的经验公式、模型计算得到，主要有考虑速度分布和空隙率分布的平均空隙率计算方法；考虑不同相流体间相对速度的空隙率计算方法等[1]。每种计算方法都是建立在一系列假定条件基础上提出的，不同的计算方法得到的计算结果相差较多，不同的两相流体系也有不同的流动状态。

另一种方法是采用空隙率测量装置获得两相流的空隙率，目前常用的方法是射线法和电学法。射线法是根据射线强度的衰减测量空隙率，采用准直的 γ 射线或 χ 射线穿过管道及管道内的混合两相流，到达探测器，获得射线强度，两相流空隙率 α 可表示为

$$\alpha = \frac{\ln I - \ln I_l}{\ln I_g - \ln I_l} \tag{2}$$

其中，I 是管道内充满气液两相流混合物时，探测器所测得的射线强度；I_l 是管道内充满液相时，探测器测得的射线强度；I_g 是管道内充满气相时，探测器测得的射线强度。

电学法的测量原理是极板间的电容或电阻由气液两相流的介电常数、电导率所决定，根据测得的电容或电阻值获得气液两相流的空隙率。

电学法具有瞬态测量、非侵入式等优点，相对于射线法而言，开发成本低，易于实现，而且不存在射线操作安全问题，具有广阔的应用前景和较高的研究价值[2-5]。

2 基于电容传感器的两相流空隙率测量

2.1 测量原理

不同介质具有不同的介电常数，气液两相流混合流体根据气相与液相的组成成分不同、比例不同而具有不同的等价介电常数值，同时介电常数决定电容极板间的电容值，所以，根据电容传感器测得极板间的电容值，结合图像重建算法可以得到管道内的介质分布图，从而获得两相流空隙率值。

极板间的电容测量值主要是由管道内的两相流的介电常数所决定。假设两相流的液相和气相的介电常数分别为 ε_1 和 ε_2，且气相均匀地分布在液相中，两种介质的体积分别是 V_1 和 V_2，则两相流的等价介电常数 ε 为

$$\begin{aligned}\varepsilon &= \frac{V_1}{V}\cdot\varepsilon_1 + \frac{V_2}{V}\cdot\varepsilon_2 \\ &= \frac{V-V_2}{V}\cdot\varepsilon_1 + \frac{V_2}{V}\cdot\varepsilon_2 \\ &= \varepsilon_1 + \frac{V_2}{V}\cdot(\varepsilon_2 - \varepsilon_1)\end{aligned} \tag{3}$$

其中，ε_1 是液相介电常数；ε_2 是气相介电常数；V_1 是液相体积；V_2 是气相体积；V 是总体积，$V=V_1+V_2$。

由公式(1)、(3)可知，V_2/V 即为气液两相流空隙率。故通过电容测量值 C 的大小得到两相流空隙率的值。

在极板长度较短时，可以认为在极板长度的范围内，每一个管道截面的介质分布均相同，则电容值 C_j 可表示为下式：

$$C_j = \iint_D \varepsilon(x,y) \cdot S_j(x,y)\mathrm{d}x\mathrm{d}y \tag{4}$$

其中，j 是指电容个数；D 表示管道截面；$\varepsilon(x,y)$为管道截面内介质分布函数；$X_j(x,y)$为极板间电容 C_j 的灵敏度分布函数，即电容 C_j 对点$(x,\ y)$处介质的敏感程度。

根据已知电容测量值 C_j，利用敏感场作为先验信息求解电介质分布 $\varepsilon(x,y)$，然后根据介质分布图像结合相应的方法，即可计算出两相流空隙率的大小。

2.2　获取哈龙灭火剂/氮气两相流投影数据

考虑选择 12 电极电容传感器，即在一个管道截面上布置 12 个电极。以某一极板为起点，依次给 12 个极板编号(1,2,3,…,12)，当以 1 号极板为公共极板时，分别以 2 号极板、3 号极板、…、12 号极板为测量极板，从而可以获得 66 个电容值，测量电极对 1－2，1－3，…，11－12 的电容值依次编号为 $C_1, C_2, \cdots, C_{66}$。

电容传感器结构如图 1 所示。为了防止外界磁场对测量结果的误差影响，在极板外部设计绝缘层，在相邻极板间设计接地的径向屏蔽极板。

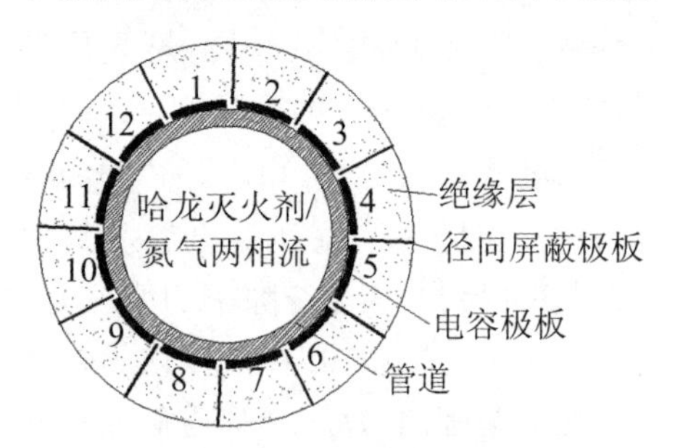

图 1　电容传感器结构示意图

每对极板间的电容测量实质上是对管道截面内两相流的一次扫描，即管道内气液两相流在某一方向的投影数据测量。一次完整的测量过程就是对管道内两相流进行 66 个不同方向的扫描，获得 66 个投影数据，然后利用这些投影数据来进行两相流图像重建。

2.3　重建哈龙灭火剂/氮气两相流图像

通过 12 电极电容传感器测得电容值，同时为了便于计算，根据微元计算法将管道截面划分成 n 个微元，则公式(4)可以表示为

$$C_j = \sum_{i=1}^{n} \varepsilon(i) \cdot S_j(i) \cdot \delta(i) \quad (j = 1,2,\cdots,66) \tag{5}$$

其中，n 是管道截面划分的微元个数；$\varepsilon(i)$是微元 i 内的两相流平均介电常数；S_j 是电容 C_j 微元 i 内的平均灵敏度；$\delta(i)$是微元 i 的面积。

为了减少理论计算值与实际测量值之间的误差，对理论计算值和实际测量值进行归一化数据处理。电容 C_j 的归一化值 C_{rj} 为

$$C_{rj} = \frac{C_j - C_{jg}}{C_{jl} - C_{jg}} \ (j = 1,2,\cdots,66) \tag{6}$$

其中，C_{rj} 是电容 C_j 的归一化值；C_{jg} 是管道内充满气相时的电容值；C_{jl} 是管道内充满液相时的电容值。

灵敏度 $S_j(i)$的归一化值$S_{rj}(i)$为

$$S_{rj} = \frac{S_j(i)}{\sum_{i=1}^{n} S_j(i)} \quad (j = 1,2,\cdots,66) \tag{7}$$

其中，$S_{rj}(i)$是灵敏度 $S_j(i)$的归一化值；n 是管道截面划分的微元个数。

将管道截面上微元像素的灰度定义：

$$f_i = \frac{\varepsilon_i - \varepsilon_1}{\varepsilon_2 - \varepsilon_1} \tag{8}$$

其中，i 是指第 i 个微元；ε_1 是液相介电常数；ε_2 是气相介电常数。

则由公式(3)可知 $f_i = V_2/V$，那么两相流图像重建的模型[6]可表示为

$$\boldsymbol{P} = \boldsymbol{W} \cdot \boldsymbol{F} \tag{9}$$

其中，$\boldsymbol{P} = [p_1, p_2, \cdots, p_{66}]^{\mathrm{T}}$是测量电容投影向量，$p_j = C_{rj}$；$\boldsymbol{F} = [f_1, f_2, \cdots, f_n]^{\mathrm{T}}$是管道截面上 n 个微元像素的灰度；$\boldsymbol{W}_{66\times n}$是与敏感场分布有关的权系数矩阵。

采用遗传算法确定像素灰度值，进行气液两相流图像重建。遗传算法是一种模拟自然进化过程的寻找最优解的方法，具有自适应、自组织和自学习性等优点[7]。

第一步，像素灰度值初始化。将 n 个像素划分成 m 个像素块，根据 Tikhnov 正则化原理，通过正则化广义逆图像重建算法[8]来获得管道像素块灰度值，经推导可管道像素块灰度值 $\boldsymbol{F}$ 为

$$\hat{F} = (W^{\mathrm{T}}W + \partial \cdot I)^{-1} W^{\mathrm{T}} \widetilde{P} \tag{10}$$

其中，$\boldsymbol{W}$ 是与敏感场分布有关的权系数矩阵；∂是正则化因子；$\boldsymbol{P}$ 是测量电容投影向量。

然后随机对每个像素附初始灰度值，使得像素块内 k 个像素灰度值的平均值等于像素块灰度值，即

$$\sum_{i}^{k} ff_i / k = f_j \tag{11}$$

其中，k 是第 j 个像素块内包含的像素个数；ff_i 是像素灰度值；f_j 是像素块灰度值。

重复产生随机像素初始灰度值，每组像素灰度值为一个个体，共生成 q 个个体，形成一个 $q\times n$ 的矩阵 $\boldsymbol{R}$。

第二步，计算个体适应度。根据适应度确定父代个体的选择概率，个体 i 的适应度函数为

$$fit(i) = \max\{|W \cdot F_i - P|\} \tag{12}$$

其中：$\boldsymbol{F}_i$为个体 i 对应的管道内像素灰度数值；$\boldsymbol{W} \cdot \boldsymbol{F}$ 是根据个体 i 对应的像素灰度值计算出的投影数据向量；$\boldsymbol{P}$ 为实测投影数据向量；

第三步，选择、交叉和变异运算。先选择最好的若干个体复制到下一代中，然后采用轮盘赌的形式选择复制个体，直到下一代群体中的个体数到达 $q-1$ 个为止。交叉和变异结束后再将最好的个体复制到下一代中。以此重复，最终即可得到管道截面像素灰度值得最优解。

2.4 哈龙灭火剂/氮气两相流空隙率计算

获得两相流重建图像后，由于各微元像素的灰度值反映了该微元的两相流空隙率，则两相流空隙率计算式为

$$f = \sum_{i=1}^{n} ff_i \cdot \frac{A_i}{A} \tag{13}$$

其中，ff_i是指管道截面上第 i 个微元的灰度值；A_i是指管道截面上第 i 个微

元的面积；A 是指管道截面的面积。

3 总结

本文针对飞机灭火系统管网，提出了基于电容传感器的哈龙灭火剂/氮气两相流空隙率的测量方法。首先，采用12电极电容传感器获得管道内哈龙灭火剂/氮气两相流的电容测量值；然后，根据电容值与像素灰度之间的关系，采用遗传算法重建灭火剂/氮气两相流图像；最后，根据像素灰度值得到灭火剂/氮气两相流空隙率。

参考文献

[1] 王雷. 电容层析成像系统的研制及其在两相流参数检测中的应用研究[D]. 浙江大学，2003.

[2] ELKOW K J, REZKALLAH K S. Void fraction measurements in gas-liquid flows using capacitance sensors[J]. Measurement Science and Technology, 1996, 7(8): 1153.

[3] CANIÈRE H, T'JOEN C, WILLOCKX A, et al. Horizontal two-phase flow characterization for small diameter tubes with a capacitance sensor[J]. Measurement Science and Technology, 2007, 18(9): 2898.

[4] LOWE D, REZKALLAH K S. A capacitance sensor for the characterization of microgravity two-phase liquid-gas flows [J]. Measurement Science and Technology, 1999, 10(10): 965.

[5] VALOTA L, KURWITZ C, SHEPHARD A, et al. Microgravity flow regime data and analysis[J]. International Journal of Multiphase Flow, 2007, 33(11): 1172-1185.

[6] 李海青，黄志尧. 特种检测技术及应用[M]. 杭州：浙江大学出版社，2000.

[7] 王小平，曹立明. 遗传算法：理论、应用及软件实现[M]. 西安：西安交通大学出版社，2002.

[8] 黄志尧，王保良，李海青. 关于电容层析成像图像重建的讨论[J]. 东北大学学报，2000，21(1)：143-145.

文章编号：SAFPS15025　　　　飞机灭火技术

基于红外吸收法的哈龙替代灭火剂 HFC-125 的浓度监测技术

袁伟，陆松，胡洋，杨晖，张和平

（中国科学技术大学火灾科学国家重点实验室，安徽 合肥 230027）

摘要：在飞机的地面模拟和飞行试验中，灭火剂浓度测量设备都必不可少。基于红外光谱吸收原理，本文设计了灭火剂浓度监测设备，该设备采用中红外光源，入射光通过单光路测量气室后，被红外探测器接受、转化为电信号并被前置放大电路放大。通过电压比与浓度的对应关系，可以实现对灭火剂浓度的监测。由实验结果可知，该设备对哈龙替代灭火剂 HFC-125 浓度的标定实验结果的相对误差为±1.9%。

关键词：红外吸收法；郎伯-比尔定律；哈龙替代灭火剂；HFC-125；灭火剂浓度测量

中图分类号：X936；X932　　　　**文献标识码**：A

0　引言

近年来，新型哈龙替代灭火剂的应用越来越广泛，HFC-125（五氟乙烷，化学式为 CF_3CHF_2）因其热稳定性较好、不导电，目前已应用于美国的部分军用飞机的发动机舱中[2]。准确测量灭火剂浓度对于审定、验证飞机灭火系统的可靠性必不可少。根据 FAA 的标准规定，飞机灭火区域内灭火剂 halon1301 浓度应能在 0.5 s 内保持不低于 6% 的最小体积分数[3]；在国内，根据 CCAR25[4]（即中国民用航空规章第 25 部）第 25.1195 条规定，在飞行中临界的气流条件下，规定的每一指定火区内灭火剂的喷射，可提供能熄灭该火区内的着火并能使复燃的概率减至最小的灭火剂密集度。飞机机舱哈龙替代灭火系统最低性能标准（第二版）[5]规定，哈龙替代灭火系统认证的 4 类火灾场景的验证实验中，需安装连续气体灭火剂分析仪测量灭火剂的浓度，分析仪的读数精度为±5%，采样率为 5 个点/秒。

目前，灭火剂浓度的测量主要集中于压差法和红外吸收法两类。FAA 目前认可两种基于压差法的飞机灭火剂浓度分析仪器：Statham GA-2A 型和 HTL H-1 型[3]。美国国家标准与技术研究所（NIST）开发了可用于哈龙 1301 和 HFC-125 的红外差谱灭火剂浓度快速传感器[6]，并进行了技术改进[7][8]。在国内，Hu 等人通过实验研究了红外吸收法测量哈龙 1301 灭火剂浓度，发现环境温度、相对湿度会干扰到测量结果，建议增加恒温、除湿装置[9]。

HFC-125是目前航空领域使用的气体类哈龙替代灭火剂之一[1]，而国内还未有成熟的HFC-125浓度测量设备，研发具有自主知识产权的灭火剂浓度测量设备将对我国航空防火事业具有促进作用。本文基于郎伯-比尔定律，利用光源调制技术得到一定频率、波段范围内的入射红外光[10]，入射光通过测量气室后光强减弱，光信号被感应器接受并转化为电信号，根据电压比与浓度的关系，实现了对HFC-125浓度较为精确的监测。

1 红外吸收法测量R125气体浓度的原理

根据郎伯-比尔定律，光通过均匀非散射的吸光物质时，吸光度 A 与溶质浓度 c、光程 d 成正比。吸光度与待测组分浓度间的关系可以由下式来描述：

$$A = \lg \frac{I_0}{I} = K(\lambda)cd \tag{1}$$

其中，A——吸光度；I_0——入射红外光的强度；I——透射红外光的强度；$k(\lambda)$——待测组分对波长为 λ 的红外光的吸收系数；c——待测组分的摩尔百分浓度；d——光程，即红外光透过的待测组分长度。

由于当光程 d 和入射红外光的强度一定时，透射红外光的强度 I 仅仅是待测组分摩尔百分浓度 c 的单值函数。通过测定透射红外光强度，可以确定待测组分的浓度。

图1为HFC-125的红外吸收光谱。通过NWIR(Northwest Infrared)红外光谱数据库[12]可以查到1,1,1,2,2-五氟乙烷分别在7.600 μm、8.245 μm、8.760 μm、11.541 μm、13.996 μm、17.337 μm处出现了6个特征吸收峰，对8.245 μm处的中红外光的吸收线强度最大。因此在红外探测器前加了一个中心波长为8.280 μm窄带滤波片(EOC INBP 8280)，选用8.0～8.56 μm的中红外光测量五氟乙烷的浓度。图2为中国科学技术大学公共实验中心检测得到的该滤波片、HFC-125气体在1 atm、295 K条件下的傅里叶红外光谱图。可以看出，该滤波片的透射范围与HFC-125在8.245 μm处的吸

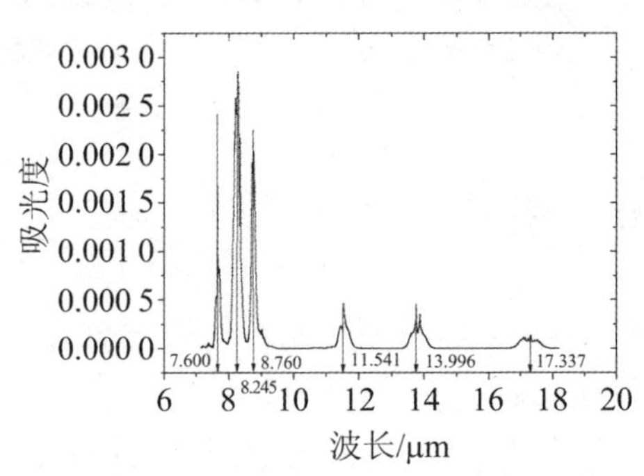

图1 1,1,1,2,2-五氟乙烷的红外吸收光谱

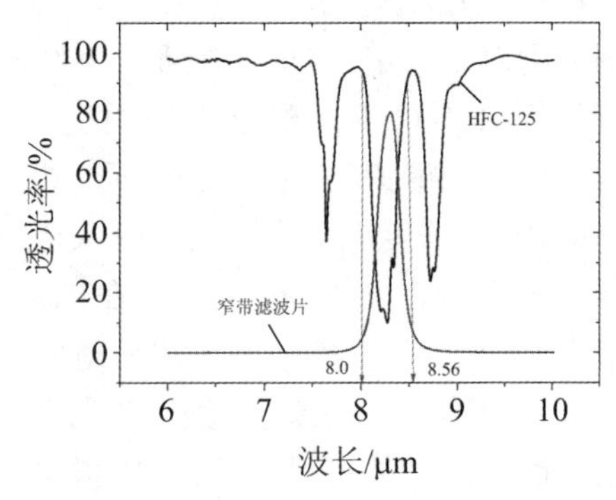

图2 滤波片、HFC-125气体在1 atm、295 K条件下的傅里叶红外光谱图

收峰重合度很好，有利于较为精确地测量 HFC-125 的浓度。

2 灭火剂浓度监测设备的设计

本文中的灭火剂浓度检测设备使用美国热电尼高力 470-101600 碳化硅红外光源。中红外光源（波长范围 2.5～25 μm）发出的光经过一个窄带滤波片，并由斩波器调节后得到中心波长为 8.280 μm、频率为 250 Hz、8.0～8.56 μm 波段的入射红外光。通过长度为 d（25 mm）充满待测气体的测量光室后，被红外探测器接受并转化为电信号，再由放大电路放大电信号，最后由数据采集与分析系统记录下电压输出值 V_t。在较小的波段内，输出电压 V_t 与透射光强 I_t 近似成正比，可以建立起气体浓度 c 与电压比 V_t/V_0 之间的联系[7]，最终输出与浓度有关的电压信号。图 3 为实验系统框图，图 4 为设备结构示意图。

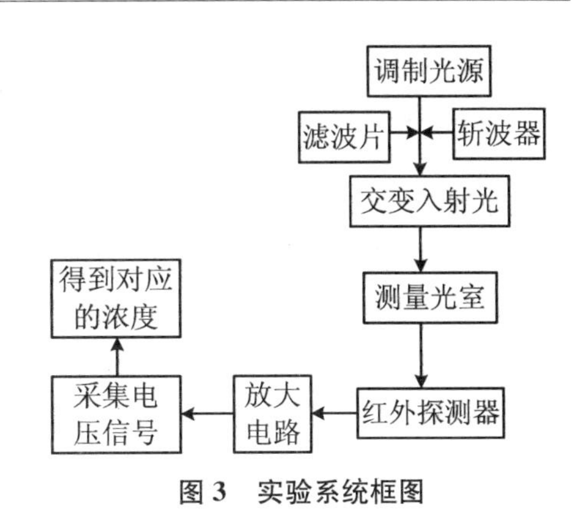

图 3 实验系统框图

3 实验与结果分析

实验前应用高纯氮气（99.999%）吹洗气体管路和光室，排除空气的干扰。在实验过程中不断地通入被测混合气（HFC-125 与氮气），总流量控制在4 000 ccm。共设置 9 组对照实验，通过控制系统调节 HFC-125 的浓度，使其实际体积分数分别为 0%、2%、4%、6%、8%、10%、15%、20%、25%。红外探测器采集光信号并转化为电压信号，将输出电压的峰峰值作为 V_t，电

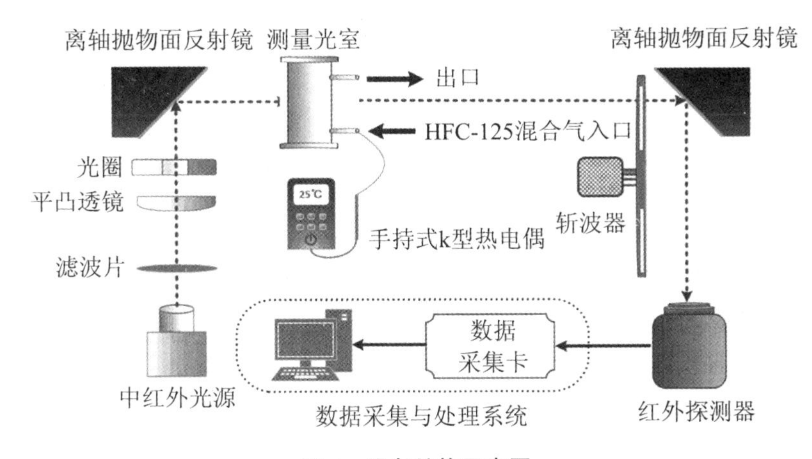

图 4 设备结构示意图

压比 V_t/V_0 与光强比 I_t/I_0 呈正相关，由此建立起电压比与浓度的关系。由这 14 组实验的数据可以看出，电压比随着 HFC-125 浓度的增加而呈非线性降低，V_t/V_0 是 HFC-125 体积分数的一元函数。基于 Johnsson 的拟合模型[8]，电压比 V_t/V_0 与体积分数 VR 的关系如下：

$$\frac{V_t}{V_0}=a+\frac{b}{VR+c} \tag{2}$$

其中，V_t 为通入混合气体后的输出电压；V_0 为只通氮气时的电压值；VR 为 HFC-125 的体积分数；a、b、c、d 均为最佳拟合常数。拟合曲线及拟合公式如图 5 所示。表 1 为实验结果与拟合结果及其相对误差值，从中可知，相对误差不高于±1.04%。

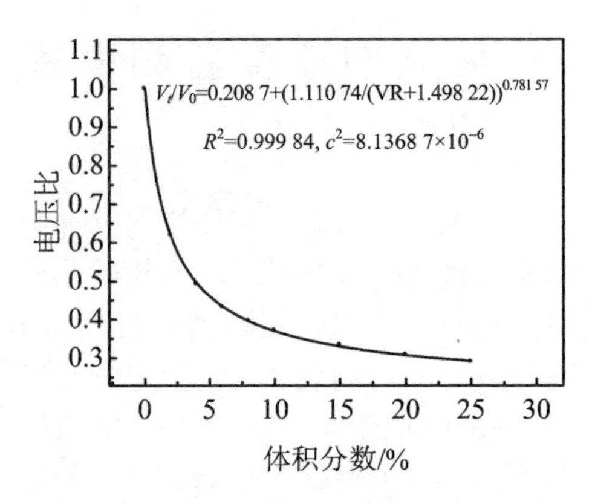

图 5　在 1 atm、298 K 条件下电压比与 HFC-125 体积分数的拟合曲线

表 1　拟合结果与误差

组号	HFC-125 浓度(%)	实验结果	拟合结果	相对误差(%)
1	0	1.000 00	1.000 15	0.015
2	2	0.618 71	0.616 64	−0.335
3	4	0.492 20	0.495 19	0.607
4	6	0.431 82	0.433 51	0.391
5	8	0.395 50	0.395 58	0.020
6	10	0.371 60	0.369 65	−0.525
7	15	0.333 46	0.330 08	−1.014
8	20	0.307 89	0.307 39	−0.162
9	25	0.289 50	0.292 51	1.040

在相同的实验条件下(1 atm，298 K)，又进行了 5 组测量实验，通入已知浓度(1%、3%、5%、7%)的混合气体，将测量得到的电压比 V_t/V_0 带入上文所得的拟合公式中可以得到 HFC-125 体积分数 VR 的测量结果。所通入的混合气体中 HFC-125 实际体积分数分别为 1%、3%、5%、7%，如表 2 所示，为测量结果与实际浓度的比较，相对误差不高于±6%。图 6 为实验测量点和

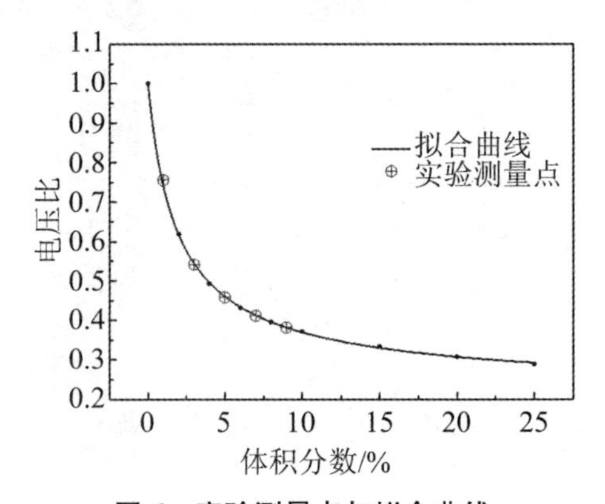

图 6　实验测量点与拟合曲线

表 2 测量结果实际浓度

组号	HFC-125 浓度(%)	电压比	测量结果(%)	绝对误差	相对误差(%)
1	1	0.755 60	0.977 49	−0.022 51	−2.25
2	3	0.541 28	3.180 02	0.180 02	6.00
3	5	0.457 91	5.269 46	0.269 46	5.34
4	7	0.411 20	7.327 95	0.327 95	4.69
5	9	0.381 31	9.328 97	0.328 97	3.66

拟合曲线。

4 结论

理论分析与实验结果表明，本文中基于红外吸收法的灭火剂浓度检测设备可以较为准确地测量 HFC-125 气体浓度。该设备采用光源调制技术，限定入射光的波段范围使之与 HFC-125 的特征吸收带重叠，有利于提高测量准确度。9 组标定实验的结果与拟合曲线的相对误差为±1.04%，所得的拟合曲线重合度较高。在 5 组实际测量实验中，测量结果与实际浓度的相对误差不高于±6%。该设备具有较强的实际应用价值，在未来的研究中可以进一步优化性能，充分考虑到温度、压强的影响，减小系统误差和环境的影响。

参考文献

[1] 宣扬，银未宏. 民用飞机哈龙替代灭火技术应用及发展趋势[J]. 科技信息，2011(22).

[2] 李丽. 飞机发动机舱灭火剂浓度测量[J]. 测控技术，2008.

[3] AC20-100. Advisory circular: general guidelines for measuring fire-extinguishing agent concentrations in powerplant compartments, 1977.

[4] 中国民用航空规章第 25 部《运输类飞机适航标准》[S]. 中国民用航空总局.

[5] 飞机机舱哈龙替代灭火系统最低性能标准(第二版).

[6] PITTS W M, et al. Real-time suppressant concentration measurement[J]. NISTSP 890, 1995, 2(11): 401-410.

[7] JOHNSSON L, et al. Description and Usage of a Fast-Response Fire Suppressant Concentration Meter National Institute ofStandards and Technology, 2004.

[8] JOHNSSON L, et al., Development of a fast-response fire suppressant concentration meter. National Institute of Standards and Technology, 2004.

[9] YANG Hu, SONG Lu, YU Guan. Improvable method for Halon 1301 concentration measurement based on infrared absorption[J]. Infrared Physics & Technology, 2015: 7.

[10] 美国西北太平洋国家实验室红外光谱数据库 https://secure2.pnl.gov/nsd/nsd.nsf/Welcome.

文章编号：SAFPS15026　　飞机火灾人员疏散及应急

基于耦合火灾影响疏散模拟的民航客机火灾疏散安全评价

房志明[1,2]

(1. 上海市宛平南路75号，上海市工程结构安全重点实验室，
上海市建筑科学研究院(集团)有限公司，上海 200032；
2. 上海市四平路1239号，土木工程学院，同济大学，上海 200092)

摘要：根据民航客机的结构及人员疏散特点，构建了一种精细网格民航客机疏散模型，提出了基于该模型的民航客机火灾疏散安全评价方法。针对空客A380进行了火灾疏散模拟，结果表明，本文模型能够较好模拟疏散人员的出口选择过程，而且预测的疏散时间接近实际疏散验证试验的疏散时间。根据模拟预测的火灾伤亡对其进行了火灾疏散安全评价，结果表明当火源功率达到1 MW时，火灾疏散过程处于不安全状态。本文模型与方法有助于验证并提高民航客机安全疏散性能，可作为民航客机客舱防火设计的辅助工具。

关键词：火灾；疏散；客机；A380；安全评价

中图分类号：X936；X932　　**文献标识码**：A

0　引言

根据美国联邦航空条例第25部(FAR 25)[1]及中国民用航空规章第25部《运输类飞机适航标准》[2]，44座以上的民航客机需满足“最大乘坐量的乘员能在90秒钟内在模拟的应急情况下从飞机撤离至地面”的适航要求。而且在适航审定过程中，一般都需要通过实际演示试验来表明是否满足这一要求。

然而，实际演示试验执行过程中存在诸多问题[3]：一、容易造成试验参与者受伤，统计数据表明有6%的试验参与者受到不同程度的伤害；二、试验难以营造真实应急环境，以致试验结果与真实的应急疏散过程存在偏差，例如，在1985年发生的曼彻斯特空难中，波音737的疏散持续了5.5 min，而之前的演示试验得到的疏散时间为75 s；三、试验需要耗费大量的人力、时间及金钱。

因此随着计算机模拟仿真技术的发展，研究者开始尝试民航客机应急疏散的模拟研究，一方面，可作为实际演示试验的有益补充[3]，另一方面，可辅助飞机疏散安全设计及作为优化机组人员应急处置程序的依据[4]。

由于空间、结构、设施特殊性，民航客机内的应急疏散与建筑环境内明显不同[5]，无法直接将建筑人员疏散模型应用到民航客机应急疏散模拟。近年来，研究者们根据民航客机应急疏散特点构建了多种专用的疏散模型，包括：STRATVAC[6]、airEXODUS[7]、Ped-Air[8]、CAEESS[9]等，研究了出口分布[10]、出口处过道宽度[9]、机组人员[8]等环境条件，性别、年龄、体型等生理特征[11]及恐慌、犹豫[12]等心理特征对民航客机应急疏散过程的影响。

作者提出了一种精细网格民航客机疏散模型（FGCAE，Finer-Grid Civil Aircraft Evacuation Model）[13]。本文优化了FGCAE模型，并以空客A380为例，对民航客机火灾疏散进行模拟与评价研究，从保障人员安全的角度对其火灾安全进行评估，为优化客舱布局及人员疏散方案提供支持，同时还可为国产大型飞机客舱防火设计提供参考。

1　FGCAE模型

1.1　精细网格

目前的民航客机应急疏散模型大都采用与行人大小匹配的网格，一般为0.4 m×0.4 m，在刻画机舱内部环境时，走道及出口宽度等决定疏散过程的

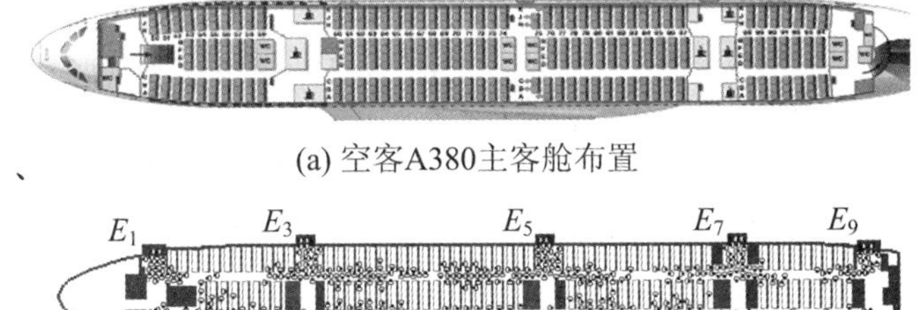

(a) 空客A380主客舱布置

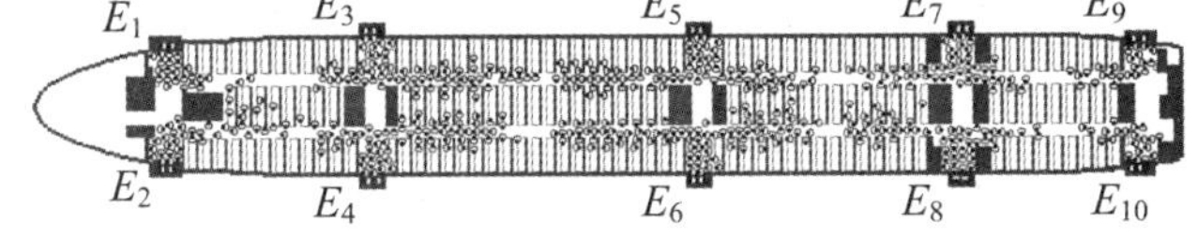

(b) 模型网格划分

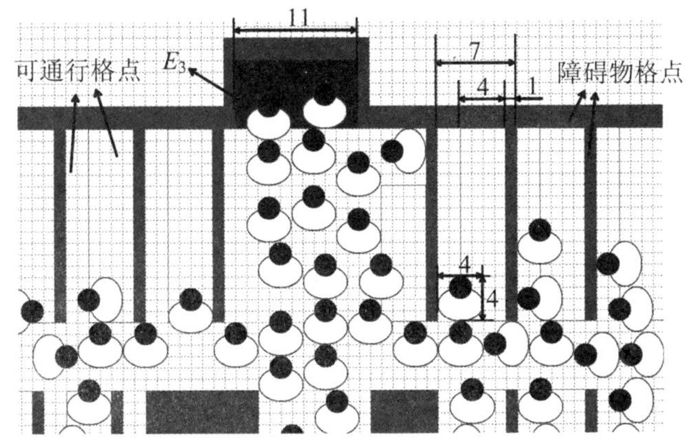

(c) 出口局部区域放大示意图

图1　模拟对象及网格划分

关键因素被简化为 0.4 m 的整数倍。为了更加精细地刻画复杂的机舱内部环境，FGCAE 模型将机舱内部区域划分成尺寸为 0.1 m×0.1 m 的基本二维格点，飞机座位、出口以及障碍物等由这些基本格点组成。而且，根据是否可通行，基本格点分为可通行格点和障碍物格点。如图 1(c)所示，过道、出口等由可通行格点组成；机壳、隔断等由障碍物格点组成；座位由两种格点共同组成，其中靠背为障碍物格点，坐垫为可通行格点。以空客 A380 为例，通过总体上与实际飞机尺寸、布局对应，且进行局部简化微调，主客舱的模型刻画结果如图 1(b)所示，其中关键空间参数设置如下：2 条主过道各宽 0.6 m(6 个格点)；前后座位之间距离为 0.7 m (7 个格点)，其中靠背厚 0.1 m，座位深 0.4 m；模型中每个行人占据 0.4 m×0.4 m 的空间，即 4×4 个格点；共有 10 个 A 型出口，本文记为 $E_i(i=1,2,\cdots,10)$，每个出口宽 1.1 m(11 个格点)。

1.2 优化出口选择规则

疏散过程中，人员一般优先选择最近的出口。然而，对于客机疏散，由于机舱空间狭小并且结构特殊，逃生人员在出口排队等待时间较长，在机组人员疏导下，逃生人员选择出口时会权衡距离和等待时间。基于此，FGCAE 模型中优化了模拟人员的出口选择规则：对于每个模拟人员，首先估算其选择出口 i 的预期疏散时间 t^i 为运动时间 t_d^i 和等待时间 t_n^i 的较大值，最后选择具有最小预期疏散时间的出口，如公式(1)～(4)所示。其中，d_i 为该人至出口 i 的距离；n_i 为该人在选择出口 i 的人群队列中的序号；$\delta_v=2$ m/s 为期望速度；$\delta_f=2$ m/s 为出口的期望流量。

$$t_d^i=\frac{d_i}{\delta_v} \tag{1}$$

$$t_n^i=\frac{n_i}{\delta_f} \tag{2}$$

$$t^i=\max\{t_d^i,t_n^i\} \tag{3}$$

$$\begin{aligned}E_{\text{select}}&\Leftarrow\min\{t^i\mid_i\}\\&=\min\{\max\{t_d^i,t_n^i\}\mid_{i=1,2,\cdots,10}\}\end{aligned} \tag{4}$$

1.3 考虑火灾对人员伤害

火灾产物具有高温、毒性等特点，将威胁逃生人员的生命安全。FGCAE 模型中重点关注火灾时产生的热量和 CO 对人生理健康的损害，根据 SFPE 手册[14]，CO 的浓度 C_{CO} 与人员在此浓度下能承受的时间 t_{CO} 的乘积是一个常数 $W_{\mathrm{CO}}=27\ 000$ ppm·min，即

$$W_{\mathrm{CO}}=C_{\mathrm{CO}}\times t_{\mathrm{CO}} \tag{5}$$

同样，火灾产生的热量 T 和人员能承受的时间 t_{HEAT} 的关系：

$$t_{\mathrm{HEAT}}=5\times10^7T^{-3.4} \tag{6}$$

由公式(5)和(6)可推导得到每个模拟人员在疏散过程中经过热量和 CO 的伤害后的健康状态：

$$H_{\mathrm{CO,HEAT}}=1-\sum_j\left(\frac{C_{\mathrm{CO},j}}{W_{\mathrm{CO}}}+\frac{1}{5\times10^7T_j^{-3.4}}\right)\Delta t \tag{7}$$

其中，Δt 指更新火灾数据的间隔时间；$C_{\mathrm{CO},j}$，T_j 分别指第 j 次更新后，人员附近的 CO 浓度及温度。对于每个模拟人员，其 $H_{\mathrm{CO,HEAT}}$ 值越小代表疏散过程中受到的火灾伤害越大。因为只考虑

了部分火灾产物对人员生理健康的损害，本文选定 0.5 和 0.8 作为死亡阈值和重伤阈值，即如果某个人的 $H_{CO,HEAT}<0.5$，判定为死亡；如果 $0.5<H_{CO,HEAT}<0.8$，则判定为重伤。

2 基于 FGCAE 模型的民航客机火灾疏散安全评价方法

基于 FGCAE 模型，本文提出民航客机火灾疏散安全评价方法如图 2 所示：

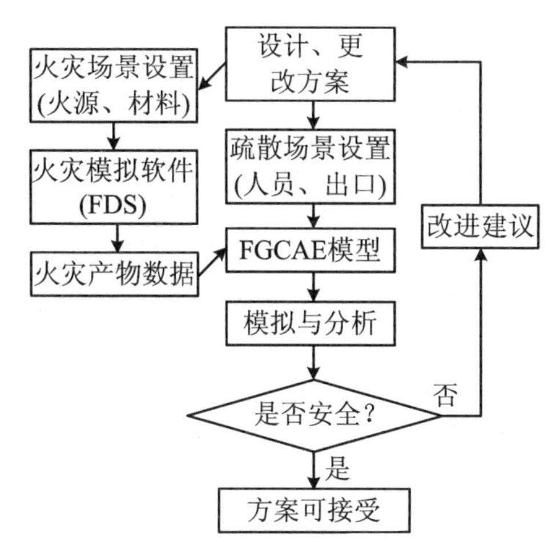

图 2 民航客机火灾疏散安全评价方法流程图

（1）提出客机机舱布置与疏散设施的设计或更改方案；

（2）根据设计方案，明确疏散场景设置，包括疏散人员、出口等，并输入到 FGCAE 模型中；

（3）根据设计方案，明确火灾场景设置，包括火源与可燃物设定，并用火灾模拟软件（本文采用 FDS 软件）模拟火灾过程，并导出火灾产物数据至 FGCAE 模型中；

（4）采用 FGCAE 模型，模拟火灾影响下的人员疏散过程；

（5）根据模拟结果，分析疏散过程是否安全，如果"是"，则方案可接受；如果"否"，则给出改进建议，并进行相应更改后重新进行评估。

其中，对于是否安全的评价标准，非火灾状况下判断疏散时间是否小于 90 s；火灾状况下根据疏散人员受火灾伤害后的健康状况判断是否安全。

GB14648-93《民用航空器飞行事故等级》中划分民用航空器飞行事故等级时以死亡人数、重伤人数等为分级标准[15]，基于此，本文制定的民航客机火灾疏散安全标准如表 1 所示。

表 1 民航客机火灾疏散安全评价标准

等级	划分标准	飞行事故等级[15]
安全	死亡人数 0，重伤人数<10	/
一般危险	死亡人数 0，重伤人数≥10	一般飞行事故
危险	死亡人数<40	重大飞行事故
特别危险	死亡人数≥40	特大飞行事故

3 空客 A380 疏散模拟与评价

虽然空客 A380 为双层客机，但在疏散过程中，每层独立疏散[16]，因此本文只考虑主机舱的疏散过程。与实际疏散验证试验对应[16]，本文中疏散场景初始设置如下：

疏散总人数为 551 人，包含 538 名乘客、2 名驾驶员、11 名机组服务人员；只有机舱右侧出口可用；可用出口准备时间为 16 s。

疏散模拟过程如下:

(1) 人员最初在各自位置上;

(2) 疏散开始,人员朝出口运动,但不知道哪个出口可用;

(3) 疏散开始 16 s 后,可用出口打开,人员开始离开机舱;

(4) 全部人员离开机舱后,疏散结束;

(5) 每个疏散场景模拟 10 次,其均值为模拟结果。

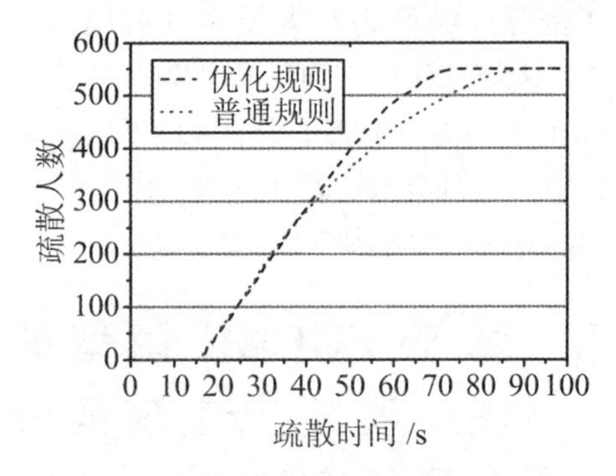

图 3　疏散人数随时间的变化关系

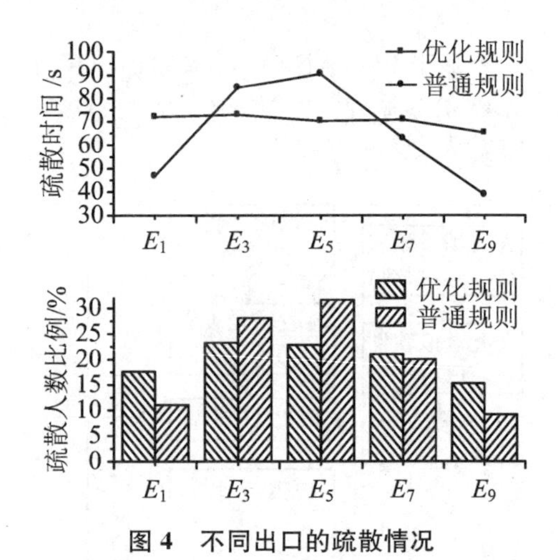

图 4　不同出口的疏散情况

3.1　非火灾场景疏散模拟结果

在空客 A380 的疏散验证试验中,位于主机舱内的 551 人在 78 s 内全部完成疏散[16]。针对相同场景,本文使用 FGCAE 模型进行了模拟预测,并且采用了两种不同的出口选择规则:本文提出的优化规则和普通规则(选择最近出口)。如图 4 所示,普通规则下,选择两端出口的人较少,出现了较为严重的出口利用不均匀;而优化规则下,权衡排队等待时间和疏散距离后,出口利用较合理。因此,优化规则下的疏散效率始终较高,而普通规则下的疏散效率在后期出现了明显下降,表现在图 3 中,疏散进行 40 s 后,普通规则下的曲线斜率开始明显下降。这表明 FGCAE 模型采用优化的出口选择规则,能够较好模拟机组人员疏导作用下的出口选择过程,其预测的疏散时间(7.35±0.8 s)也比较接近试验结果(78 s)。

3.2　火灾疏散安全评价

设计火源分别位于主机舱内的前、中、后位置(图 2(a)中红色区域),并且热释放速率 *HRR* 分别为 0.5 MW、1 MW、1.5 MW、2 MW 和 2.5 MW,使用 FDS 软件模拟 A380 主机舱内的火灾过程,将火灾产物数据导入 FGCAE 模型中,模拟火灾下的人员疏散过程。

图 5 给出火源位于中间位置时的人员生命值累积概率曲线,结果表明,随着火源功率增加,曲线上升,表明人员受到的伤害增加。根据表 1 中的安全评价标准,不同火灾场景下的疏散安全评价结果如表 2 所示。结果表明,$HRR \leqslant 0.5$ MW 时,评价结果为安全;$HRR \geqslant 1$ MW 时,评价结果都为“非安全”。

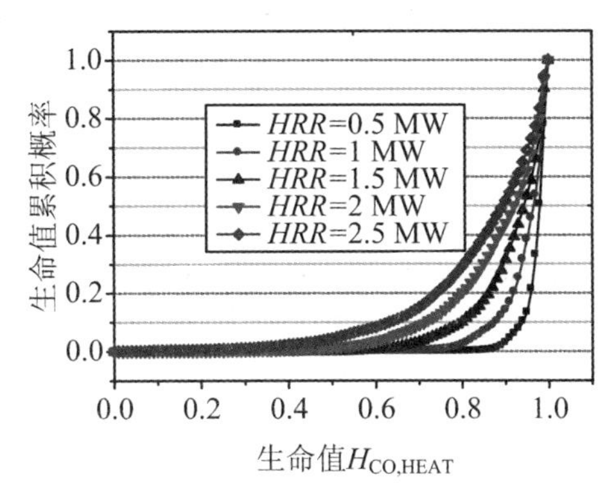

图 5　人员生命值累积概率曲线

表 2　不同火灾场景下的疏散安全评价结果

HRR	火源位置	死亡人数	重伤人数	安全等级
0.5 MW	前	0	3	安全
	中	0	0	安全
	后	0	2	安全
1 MW	前	1	19	危险
	中	0	13	一般危险
	后	1	1	危险
1.5 MW	前	6	50	危险
	中	1	55	危险
	后	1	25	危险
2 MW	前	20	90	特别危险
	中	8	104	危险
	后	4	81	危险
2.5 MW	前	41	131	特别危险
	中	26	134	特别危险
	后	11	143	特别危险

根据安全评价结果及安全等级需求，可提出保障空客 A380 火灾疏散安全的指导建议。例如，如果一般危险状况是不可接受的，需要控制 A380 内的火灾荷载及提升座位、地毯等内饰的阻燃性能，确保发生火灾时火源功率不大于 0.5 MW。

4　结论

本文构建了一种精细网格民航客机疏散模型，提出了基于该模型的民航客机火灾疏散安全评价方法，并以空客 A380 客机为例进行了火灾疏散模拟与安全评价。结果表明：

（1）模拟预测疏散时间与实际疏散验证试验结果一致。而且，基于本文提出的出口选择优化规则，模型能够模拟在机组人员疏导作用下，人员对可用出口的合理利用过程。

（2）模型能够模拟预测火灾疏散场景下的人员伤亡情况，结合《民用航空器飞行事故等级》对不同火灾场景进行安全分级，结果表明当火源功率达到 1 MW 时，空客 A380 的疏散人员处于不安全状态。

参考文献

[1] FAR, Part 25. Airworthiness standards: Transport category airplanes, in Federal Aviation Administration[S], Washington D C, 2002.

[2] 25-R4, CCAR. 中国民用航空规章第 25 部《运输类飞机适航标准》[S]. 2011.

[3] GALEA E R. Proposed methodology for the use of computer simulation to enhance aircraft evacuation certification[J]. Journal of aircraft, 2006. 43(5): 1405-1413.

[4] XUE Z, BLOEBAUM C L. Experimental Design Based Aircraft Egress Analysis using VacateAir-an Aircraft Evacuation Simulation Model[C]. in 12th AIAA/ISSMO Multidisciplinary Analysis and Optimization Conference, Victoria, BC, Canada, AIAA Paper, 2008.

[5] 杜红兵. 航空器内人员应急疏散仿真模型研究[J]. 中国安全科学学报, 2010, 20(7): 14-20.

[6] CAGLIOSTRO D. A user-operated model to study strategy in aircraft evacuation[J]. Journal of Aircraft, 1984, 21(12):962-965.

[7] GALEA E R. A general approach to validating evacuation models with an application to EXODUS[J]. Journal of Fire Sciences, 1998, 16(6): 414-436.

[8] BEST A, et al. Ped-Air: a simulator for loading, unloading, and evacuating aircraft[J]. Transportation Research Procedia, 2014, 2:273-281.

[9] 张玉刚，宋笔锋，薛红军. 基于元胞自动机的民机应急撤离仿真系统设计[J]. 飞机设计. 2011, 31(1):45-50.

[10] BLAKE S J, et al. Examining the effect of exit separation on aircraft evacuation performance during 90-second certification trials using evacuation modelling techniques[J]. Aeronautical Journal, 2002, 106(1055):1-16.

[11] LIU Y, et al. A new simulation model for assessing aircraft emergency evacuation considering passenger physical characteristics[J]. Reliability Engineering & System Safety, 2014, 121:187-197.

[12] MIYOSHI T, et al. An emergency aircraft evacuation simulation considering passenger emotions[J]. Computers & Industrial Engineering, 2012, 62(3): 746-754.

[13] FANG Z M, et al. Study of Boeing 777 Evacuation Using a Finer-grid Civil Aircraft Evacuation Model[J]. Transportation Research Procedia, 2014, 2: 246-254.

[14] PURSER D. Toxicity Assessment of Combustion Products[M]//The SFPE Handbook of Fire Protection Engineering, 2002.

[15] GB14648-93《民用航空器飞行事故等级》[S].

[16] DALY K. Airbus A380 evacuation trial full report: everyone off in time [J/OL]. Flight International, 2006, 6.

文章编号：SAFPS15027　　　　飞机防火系统试验验证技术

军用飞机机载防火系统试验厂房设计

田昊[1]，肖笑玮[2]

（1. 北京市西城区德胜门外大街12号中国航空规划设计研究总院有限公司，北京 100120；
2. 北京市朝阳区十里河2264信箱中国民航报社，北京 100121）

摘要：随着军用飞机的迅速发展，飞机各系统结构日渐复杂，各主机所对机载防火系统提出了更高的要求。军用飞机主要保护的部位有：动力舱、货舱和弹舱。不同的机型机载防火系统也不相同，合理的设计能够减轻机载防火系统的重量，提高防火能力，从而提高飞机的机动性，增加飞机的可靠性。军用飞机机载防火系统除了使用数字仿真，还需要进行大量的半物理仿真试验，根据不同舱段的防火系统试验要求，设计相应的试验区域，统筹安排区域划分，得到合理的试验厂房设计，保证试验的安全性和准确性。

关键词：压力；飞机货舱；烟气特性；数值模拟；STAR-CCM＋

中图分类号：X936；X932　　　　**文献标识码**：A

0　引言

自从人类发明了飞机，不管是在飞行中还是在地面上，火灾对飞机来说都是非常危险的威胁。飞机失火事故是飞机使用、维护过程中发生次数最多的事故之一。飞机一旦失火，其后果十分严重。飞机发生火灾后，如果不及时探测、不及时有效灭火则有可能将一些关系飞行安全的重要机构或系统烧毁，使飞机丧失操纵能力，发生坠机事故。因此，世界各国对飞机防火安全都十分重视。

1　火灾模型

目前根据统计，军用飞机发生火灾主要有以下几点原因：

（1）油箱击穿、油管断裂或可燃油液泄漏，油液被高温表面烤燃或吸入发动机引起喘振“回火”而失火；

（2）飞机防火墙等隔离装置设计不当或失效，使危险数量的空气、液体或火焰从隔离的燃烧区进入飞机其他部分；

（3）电气设备、线路过载发热或短路放电引燃可燃物；

（4）遭遇雷击或静电放电失火；

（5）遭到攻击、撞击或坠地失火；

(6) 机上弹药爆炸；

(7) 由乘员或运载的货物引起的失火；

(8) 轮胎过热引起的失火。

2 军用飞机机载防火系统设计

2.1 军用飞机机载防火系统组成

军用飞机防火系统由探测系统、灭火系统和控制指示系统组成，用以对指定防护区的过热、烟雾或着火状况进行探测、监控和告警，并提供有效的灭火或者火情抑制措施。探测系统对防护区发生过热、烟雾或火情等危险情况进行监测，通过控制指示系统向驾驶员发出告警，以便驾驶员采取相应处理程序；先进的控制指示系统具有状态监测、故障诊断、故障隔离、故障记录等功能，在地面和飞行中，机组人员能对防火系统的工作状态进行测试，确保系统的正常运行；灭火系统可对火情进行扑灭或抑制，为飞机安全可靠地飞行提供有效的保障。

目前军用飞机上有动力舱、弹舱、货舱三个区域需要重点防火保护：

2.2 动力舱防火系统验证条件

动力舱防火系统验证条件主要用于模拟飞机动力舱发生火灾的动力学过程，评估动力舱所配的灭火系统是否符合 GJB3275-98 对飞机灭火系统设计的要求，以及新型灭火剂替代哈龙灭火剂的灭火有效性。通过该实验装置进行灭火有效性实验，优化灭火器容积、灭火剂输送管路、灭火剂喷嘴、灭火剂量等参数，从而给航空器的灭火系统设计提供依据。

2.3 弹舱防火系统验证条件

弹舱防火系统验证条件主要用于研究飞机弹舱火灾爆炸防治关键技术，包括飞机弹舱中发生火灾、爆燃、爆炸的动力学演化过程，研究新的探测、灭火抑爆原理，优化弹舱所配置的探测系统和灭火系统，以及对新型探测、灭火、抑爆技术在弹舱中应用的有效性进行验证，系统地为弹舱的防火抑爆设计提供依据。

2.4 货舱防火系统验证条件

飞机货舱防火系统验证条件是一种多功能全尺寸模拟试验装置，用于模拟飞机货舱环境，并在试验舱中可进行各种火灾、爆炸及灭火实验研究。

3 防火系统验证厂房设计

根据三个舱段防火系统验证条件，本文设计了一个综合试验厂房，整个厂房火灾危险性类别为甲类。厂房采用钢筋混凝土框架结构，试验设备最高为 5.5 m，根据所吊货物尺寸和吊车尺寸，厂房梁下高度为 8 m，所有试验区域采用防爆通风。区划图如图 1 所示：

防火系统试验厂房主要对发动机舱、弹舱以及货舱防火系统进行验证。

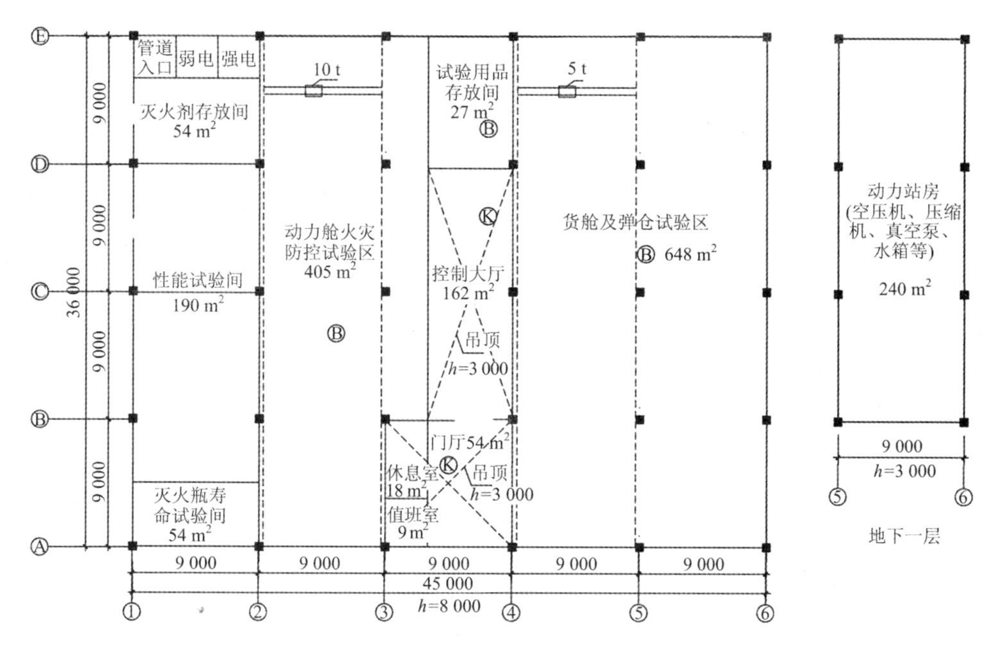

图1　防火系统验证厂房区划图

其主要分为三个区域：试验区、控制区、辅助区域。

弹舱防火系统是随着新一代战机发展而提出的，目前没有成熟的防火系统，弹舱与货舱在某些方面有类似的地方，因此将弹舱防火系统试验区与货舱防火系统试验区合并。控制大厅位于动力舱试验区和货舱及弹舱试验区之间，采用大块防爆玻璃窗，便于实时观察试验区。

3.1　试验区

试验区是厂房主要部分，分为动力舱火灾防控试验区、货舱及弹舱试验区及性能试验间，内部结构采用防爆设计，整个试验区安装工艺监控。

3.1.1　动力舱火灾防控试验区

动力舱防火系统验证设备尺寸为27 m×8 m×5 m，放置在②③柱之间，设备与控制室之间留出3 m的间距。试验时使用航空煤油模拟飞机发动机工作，模拟可能发生的火灾情况。工作时需要压缩空气，空压机流量为75 m^3/min，压力为15 MPa。

3.1.2　货舱及弹舱试验区

弹舱及货舱防火系统验证设备分别摆放在④⑤柱和⑤⑥柱之间，货舱由于体积较大，而且需要做舱体抗压试验，因此将货舱放置在厂房一边，留出足够的泄爆面积。

3.1.3　性能试验间

用于各个防火系统中部件级试验，部件级试验需要良好的采光，因此将性能试验间设置在厂房西侧。

3.2　控制区

从安全角度考虑，将三个舱段的防火系统试验设备的试验部分和控制部分分开，同时为了便于管理，合理利用厂房门面积，将三个设备的控制部分集中放置在厂房中间。

3.3 辅助区域

为了便于进线，将强、弱电间设置在厂房西北角。试验设备需要配套的动力设备有：空气压缩机、储气罐以及真空泵，这些设备噪声较大，因此将动力配套设备统一放置在厂房的地下室，在建筑设计时，采用半地下开窗的方式补新风。

4 结论

机载防火系统是保证飞机安全飞行的重要系统，本次设计的厂房能够满足军用飞机对动力舱、弹舱及货舱防火系统验证的需求。人流物流较为通畅，为其他防火验证试验厂房设计提供了参考。

参 考 文 献

[1] 王哲. 飞机货舱防火设计要求研究[J]. 航空标准化与质量，2014，5.

[2] 郭晓. 军用飞机使用技术状态表示与控制研究[J]. 航空维修与工程，2013，6.

[3] 陈战斌，等. 运输类飞机防火系统灭火剂用量的试验研究[J]. 工程与试验，2011，51(4)：38-41.

[4] 王为颂. 航空发动机测试中压力温度受感器设计性能概论[M]. 航空工业部六二四研究所，1982.

[5] Design and Evaluation of a New Boundary Layer Rake for Flight Testing [D]. NASA/TM-2000-209014.

文章编号：SAFPS15028

军用无人机防火系统适航性要求设计和验证浅析

刘冬，吴敬伟，李吉阳，宁永前

（沈阳飞机设计研究所，辽宁 沈阳 110432）

摘要：本文针对军用无人机防火系统特点，依据防火适航性审查准则开展了防火系统设计和验证分析，针对美军标 MIL-HDBK-516B《适航性审查准则》防火适航性性相关适用条款，逐条依据防火系统设计通用规范、标准开展分析，提出了防火系统适航性设计和验证的初步要求。对军用无人机防火系统设计具有一定的参考价值。

关键词：防火系统；适航性；设计和验证要求

中图分类号：X936；X932　　**文献标识码**：A

0　前言

军用无人机防火系统是与飞机安全性、战斗生存力密切相关的关键系统，主要用于机上火区火灾的预防、探测、隔离和灭火，系统效能直接影响飞机的生存能力。该系统一般是由防火设备、火警探测系统和灭火子系统组成的，是一个涉及动力装置、总体布置、结构、材料、航空油料、测试、仪表及机上探测装置、内流空气动力学和传热计算等诸多领域的复杂系统。

随着对安全性认识的逐步提高，在军用无人机研制中也越来越注重适航性的审查。防火适航性作为适航性审查中涉及飞机安全性的关键内容，在适航性审查中往往被列为关键专题之一。虽然军机防火适航性审查在近些年才被列为军机研制流程必备部分，但实际上防火系统由于其直接涉及飞机安全性，其设计过程其实已经贯彻了很多适航性的内容。随着适航性审查的逐步规范和有章可循，在防火系统的研制中应规范开展针对适航性要求的设计和验证工作。

1　研究对象

目前阶段，军机适航性审查准则主要是以美军标 MIL-HDBK-516B“军用航空器适航性审查准则”为基础。首先，通过开展适用性分析剪裁确定防火系统适航性准则要求的研究分析。

MIL-HDBK-516B《适航性审查准则》关于火灾防护的有两个章节，分别是 8.4 节“火灾及危险防护”和 18.2 节“防火”。其中 18.2 节是第 18 章“乘客

安全性”的子章节，主要涉及人员的防火安全要求，对无人机不适用。

2　针对防火系统适航性要求的设计与验证工作

条款“8.4.1.1”

条款内容

验证能标识出任一单点故障的状态，且保证故障的影响是可接受的，能被排除或减轻。

设计要求

火警探测系统失效而不能探测预期险情时，系统应有一套自动系统向机组人员指示故障。所有探测系统都应具有手动试验措施，以及允许机组人员确定系统工作是否正常。

应为机组人员提供确认控制系统电路完整性以及确定储存容器内灭火剂损失的设施，通过指示器和显示器指示给机组人员。

验证要求

开展机上系统验证试验，通过模拟故障验证系统功能完好性。

依据的标准、规范：HB7253。

条款“8.4.1.2”

条款内容

验证所有零组件，无论是单个的还是作为子系统一部分，已经通过所有与安全相关的合格鉴定检验(如适航要求的防水，爆炸、振动、污染、超速、加速、爆露性环境、压力脉冲及温度脉冲)。

设计要求

防火分系统的设备(元件、附件)应能承受飞机环境条件，并能保证其正常的功能。

验证要求

防火分系统的设备(元件、附件)按型号环境技术要求内容完成环境适应性试验，依据 GJB150A 规定的方法完成试验验证。

依据的标准、规范：HB7253、GJB150A。

条款“8.4.1.3”

条款内容

验证乘员站(可改为地面站)能提供足够的信息，以告知飞行员(可改为操作员)系统的工作状态。

设计要求

火警探测系统应具有自检功能，当发生断路可上报飞机系统；灭火系统中储存灭火剂的灭火器通过地勤人员检查压力进行监控。

验证要求

开展机上与地面站系统验证试验，通过模拟故障验证系统功能完好性。

依据的标准、规范：HB7253。

条款“8.4.2”

条款内容

验证航空器零部件已按火灾和爆炸的危险程度合理分区，并提供了防范危险的手段，以便在正常的使用状态下不会存在火灾或爆炸危险。

设计要求

必须用防火墙将所有的可能失火区域和发动机同燃油箱及机翼和机身内侧相互隔开。所有的防火墙都应采用不小于 0.4 mm 厚的不锈钢板或者用在 15 min 内能耐1 100 ℃火焰的其他材料制成；

安装在任何可能失火区域中所有易燃液体管路、软管组件及发动机舱的内的放气管都应采用不锈钢或其他相当的耐火材料制造；所有管路和软管组件应能经受住1 100 ℃火焰不少于5 min而不泄露；

电气元件的安装应符合HB6183，灭火系统的电源应当由“重要设备汇流条”供电，除非导线是防火的，否则电气导线不应当布置在可能失火的区域内；

在发动机舱或吊舱中，所有的密封腔（如发动机附件区，含有燃油、滑油、液压管路和设备的空间，以及其他类似的空间）都应为各种常见的飞行姿态和地面姿态设置泄漏装置；在确定泄漏管路位置和尺寸时，应考虑意外溢流情况和偶然事故；如果发动机工作中某阶段的特殊需求不可避免地要泄漏可燃液体时，应安装一个合适的泄漏系统，以确保这种泄漏不影响飞行安全。

设置发动机舱或短舱的冷却和通风系统，用来防止发动机附件、设备、支撑构件和舱内温度过高，防止易燃、易爆气体混合物积聚在发动机装置中或周围。

验证要求

在方案设计中进行火区分布及火区特性论证。

通过设计分析，确认火区防火及防护措施的功能、性能。

依据的标准、规范：GJB2187。

条款“8. 4. 3. 1”

条款内容

验证在流体系统可能渗漏易燃液体或蒸汽的区域，有将液体和蒸汽点燃的可能性降到最小以及一旦点燃能将产生的危险降到最小的措施。

设计要求

a）在发动机舱或吊舱中，所有的密封腔（如发动机附件区，含有燃油、滑油、液压管路和设备的空间，以及其他类似的空间）都应为各种常见的飞行姿态和地面姿态设置泄漏装置；在确定泄漏管路位置和尺寸时，应考虑意外溢流情况和偶然事故；如果发动机工作中某阶段的特殊需求不可避免地要泄漏可燃液体时，应安装一个合适的泄漏系统，以确保这种泄漏不影响飞行安全。

b）在任一可能失火区域内输送可燃液体的增压管路内都应该装有防火切断阀，切断阀应尽可能安装在失火区附近，但不在失火区域内，如有可能，应装在隔离失火区的防火墙外侧；切断阀电控阀门应工作可靠，不应受电路短路、电压不稳、电源失效或一般机械力的影响而改变位置；

设置发动机舱或短舱的冷却和通风系统，用来防止发动机附件、设备、支撑构件和舱内温度过高，防止易燃、易爆气体混合物积聚在发动机装置中或周围。

验证要求

通过设计分析，确认火区防火及防护措施的功能、性能是否满足防火设计要求。

依据的标准、规范：GJB2187。

条款“8. 4. 3. 2”

条款内容

验证对航空器安全关键部件设有保护措施，能在预定的安全水平上承受住火和热的影响。

设计要求

对潜在着火险情的区域以及需要保证有效操纵的那些邻近区域，应采取防御措施，以便部件或系统被着火、爆炸或过热损坏而导致险情无控制蔓延到飞机其他舱时，对这些部件和系统进行防护，具体设计要求如下：

必须用防火墙将所有的可能失火区域和发动机同燃油箱及机翼和机身内侧相互隔开。所有的防火墙都应采用不小于 0.4 mm 厚的不锈钢板或者用在 15 min 内能耐1 100 ℃火焰的其他材料制成；

安装在任何可能失火区域中所有易燃液体管路、软管组件及发动机舱的内的放气管都应采用不锈钢或其他相当的耐火材料制造；所有管路和软管组件应能经受住1 100 ℃火焰不少于5 min 而不泄露；

电气元件的安装应符合 HB6183，灭火系统的电源应当由“重要设备汇流条”供电，除非导线是防火的，否则电气导线不应当布置在可能失火的区域内。

验证要求

通过选材分析，验证材料、零部件是否满足防火要求或耐火要求。

对新材料开展材料耐火试验验证。

依据的标准、规范：GJB2187。

条款“8.4.4.1”

条款内容

验证排泄和排气装置的位置便于将易燃物从航空器中引到机外安全位置，并在飞行或地面运行中不会再次进入飞机。

设计要求

舱和设备的泄露管，应能将正常和意外泄漏的燃油、滑油和液压油，排到飞机机体外远离发动机排气系统出口的安全地带。在任何工作状态下，从泄漏管排除的液体，既不能与发动机排气尾迹相接触，也不能接触或进入飞机的任何部分。在飞机的吊架、隔框、加强肋和蒙皮上，应开有足够数量的泄漏孔，以便正常流动的已积聚的液体流到飞机较低的部位，泄漏口和泄漏管应能有效地将积聚的液体从飞机排出去。所有的泄漏管，都应位于飞行中能产生吹除效果的地方。

验证要求

通过设计分析，验证排泄和排气系统的性能，结合试飞检查排泄和排气系统的效果。

依据的标准、规范：GJB2187。

条款“8.4.5”

条款内容

验证来自易燃液体区域的排泄和排气不与来自无潜在易燃液体区域的排泄汇集在一起。

设计要求

应确保排漏设施的安装在所有使用条件下都不使排放物与潜在火源接触，冲击到机上或进入飞机内。当任何油液、油气回流可能产生着火危险或可能损坏任何相互连接的零部件时，不允许使排漏管相互连接。不得使燃油排漏口与部件密封排漏口或与排放滑油、水——酒精等的电气附件的排漏管相互连接。

在任何液体和蒸汽产生倒流可能酿成火灾，或者损坏相互连通的任何部件处，则不允许相互连通。特别是发动机燃烧室的泄漏管、增压和卸压活门泄漏管、加力燃烧室或尾喷管的泄漏管不能互相连通或同其他任何泄漏管连通。

验证要求

通过设计分析，验证动力装置系统

及其他系统的排气、漏油系统性能，保证排泄的效果。

依据的标准、规范：飞机设计手册第13册，GJB2187。

条款“8.4.6”

条款内容

验证发动机舱内的冷却和通风装置足以提供必需的散热，并保持舱内的必需状态，以避免形成热表面火源和易燃液体或蒸汽的聚积。

设计要求

设置发动机舱或短舱的冷却和通风系统，用来防止发动机附件、设备、支撑构件和舱内温度过高，防止易燃、易爆气体混合物积聚在发动机装置中或周围；

冷却和通风系统应具有足够的能力，保证发动机装置在任何工作状态下，都不超过所有规定的温度极限。飞机承制方应确定飞机在空中和地面工作的所有阶段以及发动机停车后，发动机舱和发动机舱的管路、导线、附件、设备及结构部件可能遇到的最高环境温度。在确定最高环境温度时，应遵守发动机、发动机附件及其他设备的温度限制。

在飞机所有正常工作期间，冷却和通风系统应能防止在发动机舱内积聚易燃、易爆的气体混合物。

验证要求

开展仿真计算及发动机舱温测试试验，验证发动机舱冷却性能是否满足防火设计需求。

依据的标准、规范：GJB2187。

条款“8.4.7”

条款内容

验证指定了所有潜在的火区（如发动机、辅助动力装置（APU）、和其他诸如发动机驱动的机体附件区域），同时提供合适的火灾告警和防护。

设计要求

a）潜在的火区包括：

1）发动机附件部分；

2）发动机排气系统周围的区域；

3）发动机压气机与燃烧室区段；

4）发动机防火墙后部区域；

5）燃气涡轮增压器的隔舱；

6）装有易燃材料或易燃液体管路或油箱的隔舱，且隔舱内装有点火源或者隔舱没有用严密配合的耐火结构与另外的可能失火区隔开时，视为可能失火区；

7）辅助动力舱区。

b）必须用防火墙将所有的可能失火区域和发动机同燃油箱及机翼和机身内侧相互隔开。所有的防火墙都应采用不小于0.4 mm厚的不锈钢板或者用在15 min内能耐1 100 ℃火焰的其他材料制成。

c）安装在任何可能失火区域中所有易燃液体管路、软管组件及发动机舱的内的放气管都应采用不锈钢或其他相当的耐火材料制造；所有管路和软管组件应能经受住1 100 ℃火焰不少于5 min而不泄露。

d）电气元件的安装应符合HB6183，灭火系统的电源应当由“重要设备汇流条”供电，除非导线是防火的，否则电气导线不应当布置在可能失火的区域内。

e）在任一可能失火区域内输送可燃液体的增压管路内都应该装有防火切断阀，切断阀应尽可能安装在失火区附近，但不在失火区域内，如有可能，应装在隔离失火区的防火墙外侧；切断阀电控阀门应工作可靠，不应受电路短路、电压不稳、电源失效或一般机械力的影响而改变位置。

f）在发动机舱或吊舱中，所有的密封腔（如发动机附件区，含有燃油、滑油、液压管路和设备的空间，以及其他类似的空间）都应为各种常见的飞行姿态和地面姿态设置泄漏装置；在确定泄漏管路位置和尺寸时，应考虑意外溢流情况和偶然事故；如果发动机工作中某阶段的特殊需求不可避免地要泄漏可燃液体时，应安装一个合适的泄漏系统，以确保这种泄漏不影响飞行安全。

g）设置发动机舱或短舱的冷却和通风系统，用来防止发动机附件、设备、支撑构件和舱内温度过高，防止易燃、易爆气体混合物积聚在发动机装置中或周围。

h）在飞机内所有可能发生失火或过热的区域都应设置失火与过热探测系统。

i）灭火系统的喷射应当在其作用区的所有部分中形成至少6%空气容积，在正常巡航状态下，该灭火剂浓度在该区的每个部分中应当持续至少0.5 s时间。

验证要求

在方案设计中进行火区分布论证。

设计分析防火设备供电是否满足防火设计需求。

设计分析火区的材料和零部件是否满足防火或耐火要求。

验证发动机舱冷却性能是否满足防火设计需求。

验证火警探测性能，是否满足为火区提供合适的报警。

验证灭火系统性能，是否可以可靠的扑灭失火。

依据的标准、规范：GJB2187。

条款“8.4.8”

条款内容

验证位于指定防火区或邻近区域的重要飞行控制、发动机安装及其他的飞行结构已经过鉴定，能够承受火灾的影响。

设计要求

a）必须用防火墙将所有的可能失火区域和发动机同燃油箱及机翼和机身内侧相互隔开。所有的防火墙都应采用不小于0.4mm厚的不锈钢板或者用在15 min内能耐1 100 ℃火焰的其他材料制成；

b）安装在任何可能失火区域中的所有易燃液体管路、软管组件及发动机舱的内的放气管都应采用不锈钢或其他相当的耐火材料制造；所有管路和软管组件应能经受住1 100 ℃火焰不少于5 min而不泄露；

c）电气元件的安装应符合HB6183，灭火系统的电源应当由“重要设备汇流条”供电，除非导线是防火的，否则电气导线不应当布置在可能失火的区域内。

验证要求

验证在发动机舱内布置的各系统的成、附件、零件选材符合按防火、耐火设计要求，并开展新材料耐火性验证试验。

依据的标准、规范：GJB2187。

条款“8.4.9”

条款内容

验证每一个电驱动的防火子系统(如火情探测、灭火及防爆)在航空器使用过程中,包括发动机启动和电池使用过程中,一直被提供电源。

设计要求

防火系统的电源应当由“重要设备汇流条”供电,除非导线是防火的,否则电气导线不应当布置在可能失火的区域内。

验证要求

通过设计分析,验证防火分系统供电的安全性,在任何飞行状态下,防火分系统均被提供电源。

依据的标准、规范:HB6760。

条款“8.4.11”

条款内容

验证火情探测系统设计能避免出现错误告警。

设计要求

报警系统设计和安装应能防止由于飞行使用、系统的部件损坏、连接松动或维护不当而发生假报警:

a) 不应由报警系统断路而出现假报警;

b) 不应由于任何正常的不接地导体偶然地与任何其他导体或与飞机的接地部分发生连接或间断地接触而出现假报警;

c) 不应由于任何接头处积聚含盐分的湿气而出现假报警;

d) 不应由于 GJB181A 中规定的瞬变电压条件下或在交流电源系统的(0~124)V 间的间断电压变化下或在直流电源系统的(0~29)V 间的间断电压变化下出现假报警;

e) 系统应当遵守 GJB151 的电磁干扰要求。

验证要求

验证防火分系统成品、附件功能、性能、环境适应性,在飞行使用要求下不会出现虚警。

防火分系统电气线路采取必要的防护措施,避免出现虚警。通过功能检查完成验证。

依据的标准、规范:HB6759。

条款“8.4.12”

条款内容

验证火情(抑制)系统的性能。

设计要求

灭火系统的喷射应当在其作用区的所有部分中形成至少 6%空气容积,在正常巡航状态下,该灭火剂浓度在该区的每个部分中应当持续至少 0.5 s 时间。

验证要求

通过分析及试验,验证灭火系统性能,是否可以可靠地扑灭失火。

依据的标准、规范:HB6759,HB6760。

条款“8.4.13”

条款内容

验证提供了防火的保护性设备,把火灾隔离在限定区域,与火情可能引发危险的无人机区域分开。

设计要求

必须用防火墙将所有的可能失火区域和发动机同燃油箱及机翼和机身内侧相互隔开。所有的防火墙都应采用不小于 0.4 mm 厚的不锈钢板或者用在 15 min 内能耐1 100 ℃火焰的其他材料制成。

验证要求

对防火墙的防火性能开展设计分析，验证在规定条件下可有效防止火灾的蔓延。

依据的标准、规范：GJB2187。

条款“8.4.15”

条款内容

验证烟雾、火焰或灭火剂中的有害部分被阻止进入飞行关键传感器舱。

设计要求

防火墙可以将火区与飞行器关键传感器舱隔开；防火墙应是能防液体和防蒸汽的。防火墙两面的材料或贴在其上的材料，应不会由于防火墙另一侧的火焰热传导而点燃。在发动机和防火墙之间，应保持足够的间隙，以免从损坏的燃烧室中窜出来的火焰烧穿防火墙。

验证要求

飞机可能火区发动机舱为独立于其他舱结构之外的独立短舱，发动机舱与其他结构通过防火墙进行隔离，防火墙应避免不会发生火焰烟雾蔓延到其他舱区的情况。

依据的标准、规范：GJB2187。

条款“8.4.16”

条款内容

验证在氧化剂和易燃液体系统或电气组件之间提供了适当的隔离措施。

设计要求

a）应采用防液体和防蒸汽的隔层，将所有的燃油箱同发动机短舱、机翼内侧和机身内侧隔开。所有飞机的发动机装置，不论发动机的数目和相对位置如何，都应装一个防液体和蒸气的隔层；把附件和压气机区，或装有大部分可燃液体管路和附件的舱区，同发动机上温度达到 370 ℃以上的任何表面隔开。此隔层应能防止可燃液体和蒸气同发动机热区接触。如果它不适于隔离温度达到 370 ℃以上的发动机热表面的话，附件和传动装置应该远离发动机设置并隔离；

b）必须用防火墙将所有的可能失火区域和发动机同燃油箱及机翼和机身内侧相互隔开。所有的防火墙都应采用不小于 0.4 mm 厚的不锈钢板或者用在 15 min 内能耐1 100 ℃火焰的其他材料制成。防火墙应是能防液体和防蒸气的。防火墙两面的材料或贴在其上的材料，应不会由于防火墙另一侧的火焰热传导而点燃。在发动机和防火墙之间，应保持足够的间隙，以免从损坏的燃烧室中窜出来的火焰烧穿防火墙。

验证要求

通过设计分析、工艺验证，机上氧气、燃油、电气线路之间已经采用了可靠的防护隔离措施，避免火灾的发生。

依据的标准、规范：GJB2187。

条款“8.4.17”

条款内容

验证在包括地面操作的整个任务阶段，在标识的防火区域内可以关闭易燃液体和切断所有电点火源的装置。

设计要求

在往任何一个可能失火区域内输送可燃液体的增压管路中都应装有防火切断阀。对于泄漏管路和可能失火区内系统或设备自身的闭环液体系统管路可不装切断阀，切断阀应尽可能装在火区附近，但不在失火区域内，如有可能，应装在隔离失火区附近，但不在失火区域内，如有可能，应装在隔离失火区的防火墙外侧。切断阀电控阀门应工作可靠，不应受电路短路、电压不稳、电源失效或一般机械力的影响而改变位置。

应设置动力装置系统供断电开关，在失火时可以切断发动机点火和启动的电源，避免造成更大的损失。

验证要求

通过设计分析验证燃油系统设置断油开关，在失火时可以可靠切断向发动机的供油；

通过设计分析动力装置系统供电线路，在紧急情况下能够可靠切断向动力装置系统的供电。

依据的标准、规范：GJB2187。

条款“8.4.18”

条款内容

验证地面防火口盖与标准地面防火系统是兼容的，且通过这个口盖能完成灭火。

设计要求

对于潜在火区，应设置地面消防可达设施。这些地面消防可达设施应与标准地面消防灭火剂喷射系统相容。对于其他内部区域，也应考虑地面消防可达设施。除了为已知火区提供通达口盖外，对于可能由于起落架收起着陆或由于维护而引起的潜在火区，也应提供地面可达通络。

在某些情况下，当需防护区域的位置已使地面灭火设计成为不可能时，取消地面灭火要求。例如有些飞机的发动机安装距地面过高，消防人员难以到达。

验证要求

通过三维数模分析和模拟验证试验，确定地面防火设备的可达性。

依据的标准、规范：GJB2187。

条款“8.4.19”

条款内容

验证航空器为应对坠撞后火情与爆炸危险提供了安全特征。

设计要求

应在最大可能范围内采用下列设计，以防止坠机后着火险情：

a）飞机燃油包容设计：不允许油箱轻易受损，应对油箱布局、形状、材料、接头及附件加以考虑：

1）不应使输送易燃油液的部件和附件处于坠机环境下与地面接触的位置，易燃油液管路的铺设应受到飞机结构的防护；

2）避免将燃油或液压管路布置在机翼前缘区，在坠机可能损坏的区域应使用带有足够松弛长度的软管；

3）在高度危险的区域应考虑使用自封接头或撞击作动切断阀，在油箱至发动机的供油管路上应设置切断阀，切断阀的设置应考虑其位置和使用，避免切断阀因坠机而失效，切断阀由地面站控制。

b）抑制火源特性：包括热表面、摩擦火花、电源起火：

1）热表面：不应使着陆灯的位置暴露于直接坠机撞击区域，已经验证，着陆灯破裂后，灼热的白炽灯丝在（0.75～1.5）s期间足以点燃燃油，因此需注意此类热源；

2）摩擦火花：在坠机着陆期间可

能触地的位置，应选用低摩擦火花特性的金属；

3）电气火源：点燃需要的最低电能很小，在立项状态下，仅为0.15 J，这就成为一个效率极高的火源；因此在电气设计中，应提供快速使电气火源（如蓄电池、发电机及变流器）解除激励的方法，作动时间不超过0.2 s；应将系统设计成所有非基本汇流条不激励，仅使维持最小数量的灯、通信及坠机灭火系统工作所必需的应急直流电路保持激励；此外，将下列设备置于预期的撞击区域之外：蓄电池、电线束、变流器、发电机和交流发电机、永磁发电机、雷达反射体及有关电子设备。

验证要求

通过设计分析验证易燃液体系统包容性，避免坠撞时出现失火；

通过设计分析验证飞机坠撞后抑制火源的特性，包括热表面、摩擦火花和电源起火发生的可能性，已采取可靠的保护措施。

依据的标准、规范：HB7253。

条款"8.4.20"

条款内容

验证航空器有探测和控制会引起潜在火情和爆炸危险的过热状态的装置。

设计要求

a）在有易燃液体和点火源的所有区域，以及由于任何系统和装置的损坏能引起失火或爆炸的区域内，都应设置失火探测系统；

b）在所有因发动机工作不正常或其他故障能使结构部件或设备产生过热的区域，以及由于过热状态将导致飞行危险或扩大已有危险的区域内，都应设置过热探测系统；

c）在往任一可能失火区域内输送可燃液体的增压管路内都应该装有防火切断阀，切断阀应尽可能安装在失火区附近，但不在失火区域内，如有可能，应装在隔离失火区的防火墙外侧；切断阀电控阀门应工作可靠，不应受电路短路、电压不稳、电源失效或一般机械力的影响而改变位置；

d）在发动机舱或吊舱中，所有的密封腔（如发动机附件区，含有燃油、滑油、液压管路和设备的空间，以及其他类似的空间）都应为各种常见的飞行姿态和地面姿态设置泄漏装置；在确定泄漏管路位置和尺寸时，应考虑意外溢流情况和偶然事故；如果发动机工作中某阶段的特殊需求不可避免地要泄漏可燃液体时，应安装一个合适的泄漏系统，以确保这种泄漏不影响飞行安全；

e）设置发动机舱或短舱的冷却和通风系统，用来防止发动机附件、设备、支撑构件和舱内温度过高，防止易燃、易爆气体混合物积聚在发动机装置中或周围；

f）灭火系统的喷射应当在其作用区的所有部分中形成至少6%空气容积，在正常巡航状态下，该灭火剂浓度在该区的每个部分中应当持续至少0.5 s时间。

验证要求

验证发动机舱冷却性能是否满足防火设计需求。

验证火警探测性能，是否满足为火区提供合适的报警。

验证灭火系统性能，是否可以可靠

地扑灭失火。

依据的标准、规范：GJB2187，HB6760。

3 结束语

综上，本文针对美军标 MIL-HDBK-516B“军用航空器适航性审查准则”，通过分析剪裁确定无人军用飞机防火系统适航性准则适用条款；依据防火系统通用设计规范、标准完成了防火系统适航性设计和验证的初步分析。

参考文献

[1] MIL-HDBK-516B《适航性审查准则》.

[2] 陈嵩禄，等. 飞机设计手册：第13册：动力装置系统设计[M]. 北京：航空工业出版社，2006：435-473.

[3] 刘冬. 无人机防火分系统适航性设计和验证指南.

文章编号：SAFPS1529　　其他与飞机防火相关内容

民用飞机防火区域划分

屈昕，田傲，邵飞

（中航通飞研究院有限公司，珠海 519040）

摘要：飞机一旦发生火灾，极有可能酿成机毁人亡的严重后果，造成严重的经济损失和人员伤亡。凡可燃液体或蒸气可能因液体系统渗漏而逸出的区域，必须有措施尽量减少液体和蒸气点燃的概率以及万一点燃后的危险后果。因此确定防火区域对飞机防火系统设计显得尤为重要。本文通过对飞机上各区域内是否无控制地存在火灾的三个基本要素进行分析，划分飞机防火区域。针对各防火区域的不同特点，采取通风、排液措施避免可燃液体或蒸气的积聚；采取隔离、分离措施避免可燃液体或蒸气与点火源的接触；设置有效的火警探测和灭火系统，提高飞机安全性和生存力。

关键词：防火；点火源；指定火区；辅助动力装置；可燃液体泄漏区

中图分类号：X936；X932　　**文献标识码**：A

0　引言

安全性是民用飞机设计中需要考虑的重要环节，不管是飞行状态还是地面状态，火灾都是严重危害飞机安全的因素之一。飞机火灾的特点是燃烧迅速、扑救难度大、人员疏散困难，危害极大。飞机一旦发生火灾，极有可能酿成机毁人亡的严重后果，造成严重的经济损失和人员伤亡。据统计，在美国民航飞机坠毁事故中，坠毁后被火烧死的人数占全部死亡人数的 15%；而在那些撞击可生存的事故中，烧死的人数比例更是高达 40%。

飞机防火系统设计基本思想[1]，首先是使发生火灾危险的可能性减至最小，其次是使着火后造成火灾危险的严重性减至最小。运输类飞机适航标准[2]要求：凡可燃液体或蒸气可能因液体系统渗漏而逸出的区域，必须有措施尽量减少液体和蒸气点燃的概率以及万一点燃后的危险后果。因此确定防火区域，并根据各区域的不同特点，采取合适的防护措施对飞机防火系统设计显得尤为重要。

1　潜在火灾危险及分析

1.1　潜在火灾危险

燃料、点火源、氧气是火灾的三个基本要素。在正常状态下，每一要素或其中两个要素是以有控制的状态存在，但是由于功能失常或意外事故，其中的某一要素或其组合脱离了控制状态，这些无控制的基本要素的同时存在，构成潜在火灾危险。

1.2 潜在火灾危险分析

在飞机设计的各个阶段，都应按系统安全性的要求，进行飞机潜在火灾危险分析，对飞机的每个区域仔细评估，对其意外事件出现概率做出统计，确定其潜在火灾危险。按照火灾三个基本要素同时无控制存在的状态，综合确定潜在火灾危险的各个部位，由此来确定各种类型的防火区域。

2 防火区域划分分析

根据飞机结构区域划分，并结合各区域内的布置情况，分别对各区域进行点火源以及可燃液体泄漏源分析：

2.1 点火源分析

在飞机正常运行以及可能的失效条件下，分析各区域内是否存在有足够的温度和能量可以点燃可燃液体的点火源。同时区分点火源是名义点火源还是潜在点火源，名义点火源是与失效状态无关的可燃液体点火源，而潜在点火源与失效状态有关。

2.2 可燃液体泄漏源分析

在飞机正常运行以及可能的失效条件下，分析各区域内是否存在可燃液体泄漏源。认真分析可能的泄漏源和途径，比如燃油箱、燃油管路及其路径，滑油、液压系统管路的铺设位置与走向等。通过泄漏源分析，确定可燃液体可能泄漏的区域，评估可能的泄漏量；确定可燃液体的种类和点火温度等参数。

综合点火源以及可燃液体泄漏源的分析：检查各区域内有无单点故障或可能的综合故障会导致此区域同时出现可燃液体和点火源；检查可燃液体管路的安装布置是否远离点火源，是否进行了隔离等防护设计；检查排液路径是否安全，可燃液体在机体内流动时是否会经过高温物理表面或是高温引气可能泄漏的区域等。

3 防火区域划分

按照火灾三个基本要素同时无控制存在的状态，综合确定潜在火灾危险的各个部位，将全机大致划分为如下几类防火区域：

3.1 指定火区

指定火区是只要有单个故障就能导致潜在火灾的区域。这些区域包括分离或消除潜在点火源及易燃油液是不可能的区域，以及由于接近燃烧区域、高温表面、高温燃气泄漏或其他不可阻挡的点火源而不能绝对保证不发生火灾的区域。指定火区包括：发动机动力部分；发动机附件部分；辅助动力装置(APU)舱；涡轮发动机的压气机和附件部分；包含输送可燃液体或气体管路或组件的涡轮发动机安装的燃烧室、涡轮和尾喷管部分。

针对性的防火设计措施有：采取通风、排液等措施，避免可燃液体或蒸气的积聚；采取隔离、分离等措施，避免可燃液体或蒸气与点火源的接触；采用防火墙、防火[3]蒙皮、防火封严条等进行防火包容和封严设计，禁止火焰蔓延到飞机其他区域；设置有效的火警探测和灭火系统等。

3.2 邻近指定火区

邻近指定火区是指定火区的邻近区域。通常指的是发动机短舱和 APU 舱的邻近区域，例如飞机吊挂、尾舱(除 APU 舱以外区域)等。

针对性的防火设计措施有：采取措施尽可能避免可燃液体泄漏；该区域内的设备和零部件的材料应至少是耐火的，除非采取隔离、分离等其他措施保护；采用通风等措施，防止邻近指定火区内的防火墙表面温度过高；采取通风、排液等措施，避免可燃液体或蒸气的积聚；采取隔离、分离等措施，避免可燃液体或蒸气与点火源的接触等。

3.3 易燃区

易燃区是指正常使用期间，存在可燃液体或蒸气，但无点火源的区域，包括：燃油箱、通气管和导管；液压油箱、组件和导管；含有可燃液体及其蒸气的容器，例如滑油散热器等。

针对性的防火设计措施有：采取措施防止易燃区出现点火源；必须采取保护措施防止燃油箱被击穿；燃油系统及其管路、接头所在的相关区域必须采用排液、通风的设计等。

3.4 可燃液体泄漏区[4]

可燃液体泄漏区是指在正常使用期间，由于某种失效或渗漏，预计可能出现可燃液体或蒸气的区域，但无潜在的点火源。这些区域一般是飞机的非增压部分，包括：机翼(不包括燃油箱)；轮舱；飞机上所有其余的非增压部分，这些部位配置有存放可燃液体和其蒸气的部件。

针对性的防火设计措施有：采取措施尽可能避免可燃液体泄漏；在正常或失效状态下，可燃液体泄漏区均不应有点火源存在；对指定区域进行排液、通风设计，减小可燃液体或蒸气的积聚；该区域内的部件材料至少是阻燃的等。

3.5 非危险区

非危险区指载有机组或旅客的区域和装有电气或电子设备的区域，可燃液体及其蒸气应与这些区域隔绝，包括：驾驶舱、电子设备舱、货舱等。

针对性的防火设计措施有：应避免在非危险区域安装易燃油箱、管路和其他可燃液体携带物等；采取措施防止其他区域的可燃液体或蒸气进入非危险区；非危险区域内的部件，其材料至少是阻燃的[5]，且在正常使用期间不应是点火源；座舱内饰以及座椅的材料应满足相关的要求等。

3.6 某飞机防火区域划分图

图 1、图 2、图 3 是经过综合分析之后总结出的某飞机部分防火区域划分图。

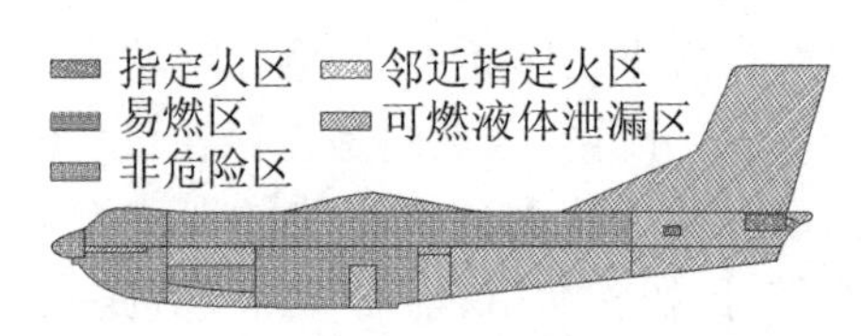

图 1　某飞机防火区域划分图(机身)

无控制地存在火灾的三个基本要素进行分析，划分飞机防火区域，为后续全机各区域的防火设计提供依据。针对各防火区域的不同特点，采取通风、排液措施避免可燃液体或蒸气的积聚；采取隔离、分离措施避免可燃液体或蒸气与点火源的接触；设置有效的火警探测和灭火系统，提高飞机安全性和生存力。后期进行全机排液[6]、灭火系统等机上地面以及飞行试验对防火区域划分以及区域内防火设计的合理性进行验证。

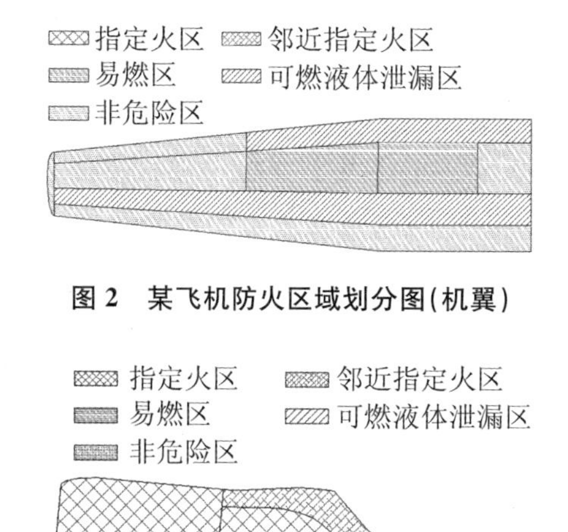

图 2　某飞机防火区域划分图(机翼)

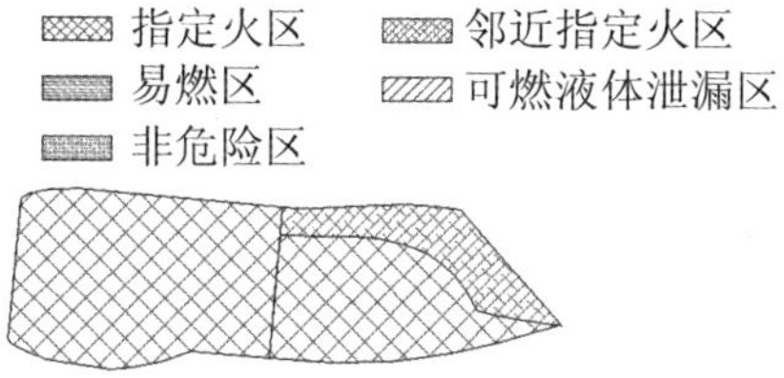

图 3　某飞机防火区域划分图(短舱)

4　结束语

本文通过对飞机上各区域内是否

参考文献

[1] 陈嵩禄，等. 飞机设计手册：第 13：册动力装置系统设计[M]. 北京：航空工业出版社，2006.

[2] 中国民用航空局. CCAR-25-R4 中国民用航空规章第 25 部运输类飞机适航标准[S]. 2011.

[3] FAA. AC 20-135：Powerplant Installation and Propulsion System Component Fire Protection Test Methods，Standards，and Criteria[Z]. 1990.

[4] FAA. AC 25. 863 draft：Flammable Fluid Fire Protection. 2002.

[5] RTCA. RTCA/DO-160F：Environmental Conditions and Test Procedures for Airborne Equipment. 2007.

[6] 白杰. 运输类飞机适航要求解读：第四卷动力装置[M]. 北京：航空工业出版社，2013.

文章编号:SAFPS15030　　　　　　　　　　　　　　飞机火灾探测技术

民用飞机烟雾探测器研究

韩琨

(上海飞机设计研究院,金科路5188号,上海 200124)

摘要:不管是飞行中还是地面上,火对飞机来说是最危险的威胁之一。飞机失火是飞机使用、维护过程中发生次数最多的事故之一。防火系统应为飞机上需要防护的区域提供安全可靠的探测措施,为机组提供快速准确的告警指示,并提供有效的灭火措施,将飞机发生着火或过热等危险状况后的危害和损失控制在最小。烟雾探测器是防火系统的重要组成部分,探测器用来探测飞机特定区域可能出现的着火、烟雾情况,其性能指标的高低影响防火系统的性能。

关键词:探测器;烟雾;光电型

中图分类号:X936;X932　　　　**文献标识码:**A

0　引言

不管是飞行中还是地面上,火对飞机来说是最危险的威胁之一。飞机失火是飞机使用、维护过程中发生次数最多的事故之一。很多飞机发生事故时都伴有起火爆炸现象出现。据统计,美国民航飞机坠毁事故中全部死亡人数15%是由坠毁后起火烧死的,而在那些撞击可生存的事故中,烧死的几乎占40%。因此,世界各国对飞机防火工作十分重视。美国和欧洲对飞机防火系统的设计、分析和验证方法已有深入的研究并积累了丰富的经验。防火系统应为飞机上需要防护的区域提供安全可靠的探测措施,为机组提供快速准确的告警指示和有效的灭火措施,将飞机发生着火或过热等危险状况后的危害和损失控制在最小。民用飞机防火系统由火警探测器、烟雾探测器、过热探测器、灭火系统、控制器、防火控制板以及喷射管路等附件组成。探测器是用来探测飞机各区域可能出现的着火、烟雾、过热情况,其性能指标的高低直接决定了整个防火系统技术水平的先进与否。

现代民用飞机通常采用感温或感烟探测器对防护区域进行探测。探测器对防护区域的温度或者烟雾浓度进行监测,探测到的信号发送到控制器中进行逻辑判断,控制器判断防护区域出现着火或者过热等危险状况后通过航电系统在驾驶舱激发声光告警信号。

民用飞机上使用的感烟探测器主

要为光电型烟雾探测器，本文主要对不同类型的光电型烟雾探测器的技术参数及其使用经验进行对比分析。

1 烟雾探测器分类

民用飞机中应用比较广泛的是基于光散射原理的光电型烟雾探测器。光电烟雾探测器是利用火灾烟雾能够改变光的传播性的特点（对光产生吸收和散射作用）来探测火灾的一种装置。

根据烟粒子对光线的吸收和散射作用，光电烟雾探测器又分为遮光型和散光型两种。通过测量由于烟雾对光的吸收而产生的衰减作用来确定烟雾，从而探测火灾的探测器称为遮光型电烟雾探测器。根据发光元件和受光元件安装位置的不同，遮光型光电烟雾探测器又可分为点型和线型两种（红外光束烟雾探测器即为线型）。如果在光路以外的地方，通过测量烟雾对光的散射作用而产生的光能量来确定烟雾从而探测火灾的探测器，称为散光型光电烟雾探测器。

2 单通道光电型烟雾探测器

2.1 工作原理

光电型烟雾探测器是一种单通道烟雾探测器，是美国凯德公司最新研制的产品，增加了 CAN 总线设计，在降低误报警率措施方面，采用了两种入射波长的光波技术，通过不同波长的光对不同半径颗粒产生的散射效果不同来区分灰尘和烟雾颗粒有效降低了误报警，如图 1 所示。

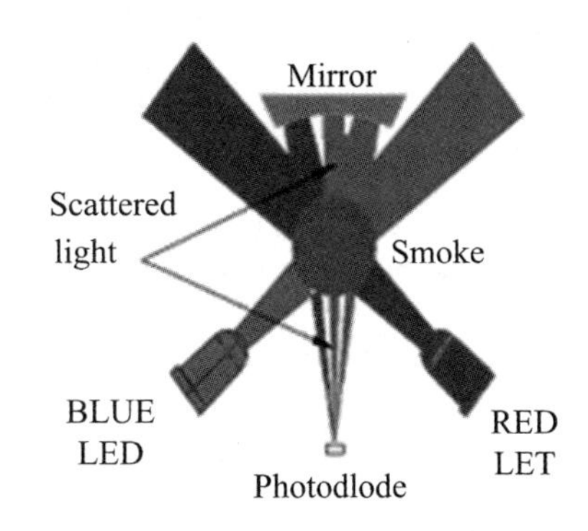

图 1 烟雾探测器原理

2.2 性能参数

单通道光电型烟雾探测器满足 TSO-C1d 的性能标准，具有较高的灵敏度、反应时间和稳定性。

它具有较强的烟雾探测功能，采用两个波长的光的烟雾探测技术，大大提高了沙粒、灰尘、花粉、动物羽毛、清洁剂、杀虫剂等引起的误报警的免疫能力。

探测器具有自校准功能，每个探测器拥有两个温度独立的温度监控器，一个用于监测外界环境温度，一个用于监测探测器内部温度，从而实现温度自校准功能，并且每个温度监控器在温度超过 100 ℃时都可以实现温度报警。

该探测器重量轻，市面上最轻的开放式（open area）烟雾探测器。

基于 CAN 总线的通讯（对于离散输入/输出）降低了接线重量并且可以提供附加信息（如“需要清洁”命令），每 5 分钟完成一次周期性 BIT 测试，完成对探测器电学、光学和通信功能的测试,对探测器的失效以及报警状态进行确认(如0.2~2秒内可对报警信号进行确认,0.05~2秒内可以对未报警信号确认)。

CAN总线结构减少了部件和线缆的重量,相应地减少了系统的营运成本,提高了系统实用性,M3000具有更好的探测性能,其设计有效降低了误报警,提供了系统的可靠性。

它不需要特定的维护计划,机上的自校准判断程序会向系统发送"需要清洁"的信息提示,以便进行相应的维护。

2.3 光电型货舱烟雾探测器

货舱烟雾探测器的安装设计、运行环境和重量以及设计特征等需满足RTCA/DO-160E的环境要求。烟雾探测器可以由一个工作人员完成安装和更换,其材料不是助燃的。为了满足对货舱烟雾探测的功能要求,货舱烟雾探测器通过烟雾探测器罩安装于货舱顶部,如图2所示。

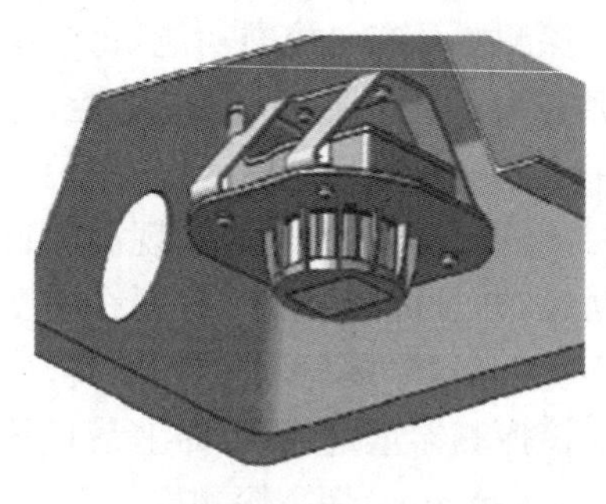

图2 货舱烟雾探测器设计安装图

货舱烟雾探测器的电路板设计小,以满足烟雾探测器罩的安装设计要求。其电路板能提供+28V DC,电源反馈和基于CAN总线的通讯数据,软件设计满足RTCA/DO-178B的要求。货舱烟雾探测器至少可以服役30年,10 000次航班或者30 000个飞行小时,并且可以对探测器的软件进行更新和升级。

2.4 光电型盥洗室烟雾探测器

光电型盥洗室烟雾探测器安装在每个盥洗室的顶部(不需要附加探测器罩),其安装如图3所示(可适用于水平或者垂直方向安装):

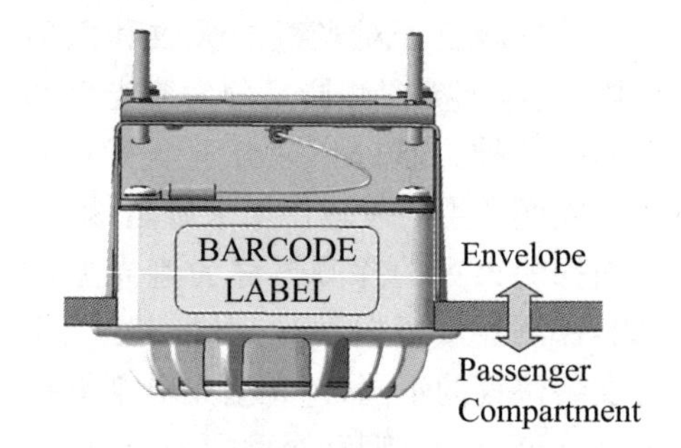

图3 盥洗室烟雾探测器设计安装图

探测器为可更换部件,可以由一个飞机维护人员在15分钟内完成更换。

盥洗室烟雾探测器提供CAN总线和离散信号两种通信信号,当探测到烟雾时,为驾驶舱和机组提供报警信号。盥洗室烟雾探测器设计满足RTCA/DO-160E、Section 17、Category A相关的电气以及环境要求。

盥洗室烟雾探测器的软件设计满足RTCA/DO-178B的要求,设计服役年限为20年,其设计材料满足FAR 25.853对客舱内饰材料的要求,其电气元件的设计满足FAR 25.869(a)对于防火系统的要求,其材料不助燃且没有放射性成分。

盥洗室烟雾探测器在货舱烟雾探测器基础上增加了声音报警功能，可以通过探测器上的按键消除报警声音；设计了自校准功能，可以根据外界环境的变化和探测器的受污染程度调整其探测的灵敏度。同时探测器还有LED状态显示模块，用LED灯显示的颜色和频率来显示探测器的工作和故障状态。

2.5 光电型电子设备舱烟雾探测器

光电型电子设备舱烟雾探测器安装形式如图4所示，安装在引气管路上。烟雾探测器设计满足RTCA/DO-160E, Section 4 Category A3相关的电气以及环境设计要求。探测器适用的飞行高度为－200 ft～25 000 ft，最大压力为28.0 psia，储藏环境温度为－55～85 ℃，连续运行温度为－40～70 ℃。探测器为可由一个维护人员完成更换及维护，其材料不是助燃的且没有放射性成分。

电子设备舱烟雾探测器和货舱烟雾探测器具有相同的电源输入和CAN总线通信方式，报警温度设置以及BIT检测功能等。

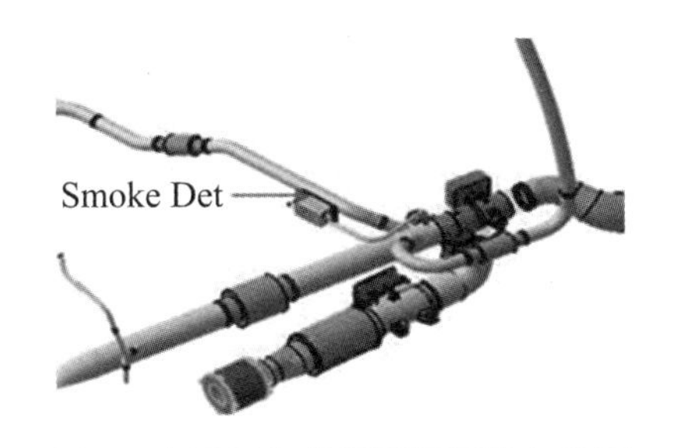

图4　电子设备舱烟雾探测器安装图

3　双通道光电型烟雾探测器

3.1　工作原理

美国买杰特公司生产的双通道光电型烟雾探测器可以作为单通道使用也可作为双通道使用，每个通道都具有辅助的温度过热探测功能。为了降低烟雾探测误报警的概率，增加了烟雾粒子区分模块，其工作原理如图5所示：

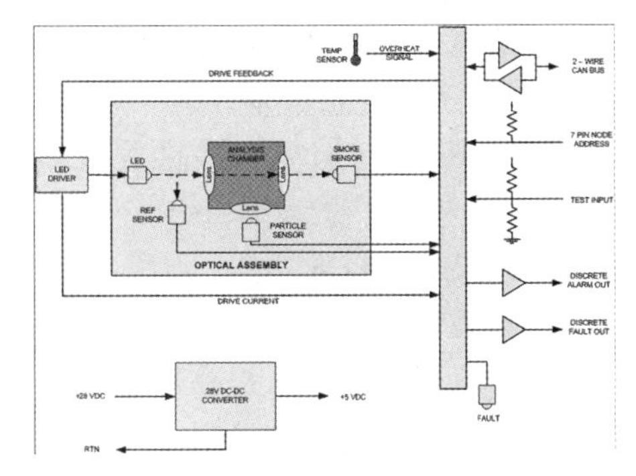

图5　烟雾探测器原理

3.2　性能参数

双通道光电型烟雾探测器满足TSO-C1d标准，具有较高的灵敏度、反应时间和稳定性。

该探测器增加了烟雾粒子区分模块，提高了系统的可靠性，降低了误报警率，分析显示烟雾探测器失效的概率降低了5%。

该探测器具有实时状态监测、附加温度检测等以及自校准功能，可以通过软件改变或设定报警阈值。

烟雾传感能力为96%～85%LT-PF(每英尺的光的透射系数)，一般设为95%左右。

温度过热探测范围为 65～125 ℃(149～257°F)可调,一般设为 85 ℃左右。

双通道光电型烟雾探测器增加了烟雾粒子区分模块,自身重量有所增加,每个烟雾探测器的最大设计重量为 0.408kg。但其探测性能的提高以及双通道结构使得所需要的探测器总数降低,安装在货舱的系统设备得以减少(更少的支撑结构,更少的固定结构和飞机布线),从而降低了系统的总重量。

双通道光电型烟雾探测器具有 BIT 连续自检测功能,采用 CAN 总线连接,减低了系统总重量,CAN 总线可以提供如下信息:烟雾和过热数据、烟雾/过热状态、自检结果、I-BIT 结果、C-BIT 结果等自校准功能。

根据粒子半径对干扰粒子加以区分,从而降低误报警率,提高可靠性。

不需要特定的维护计划,具有故障信息记录功能,以便在探测器维护模式下,完成对烟雾探测器失效以及故障的诊断和维护。

3.3 光电型货舱烟雾探测器

探测器通过探测器罩安装在货舱顶部,其安装方式如图 6 所示:

烟雾探测器可以设计成双通道或者单通道型,在货舱使用包含两个传感器的双通道结构,每个探测器被分成 A、B 两个通道,货舱烟雾探测器设计 RTCA/DO-160E 的相关环境要求,其保证的 MTBF 值为60 000小时。

货舱烟雾探测器采用 CAN 总线通信,+28 VDC 的电源输入,可以进行实时连续的 BIT 监测,监测烟雾探测器的状态信息,并且具有故障显示和记录功能,当探测到烟雾时,可以给驾驶舱提供声音和视觉报警信号。

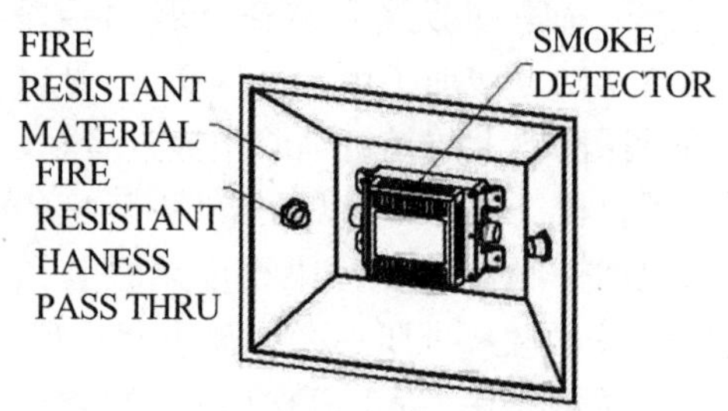

图 6 货舱烟雾探测器安装

3.4 光电型盥洗室烟雾探测器

单通道烟雾探测器,按如图 7 所示的方式安装于盥洗室天花板顶部。

采用 CAN 总线通信,+28 VDC 的电源输入,其保证的 MTBF 值为 25 000小时。探测器的实际探测灵敏度由自身探测性能以及在盥洗室的安装方式决定。

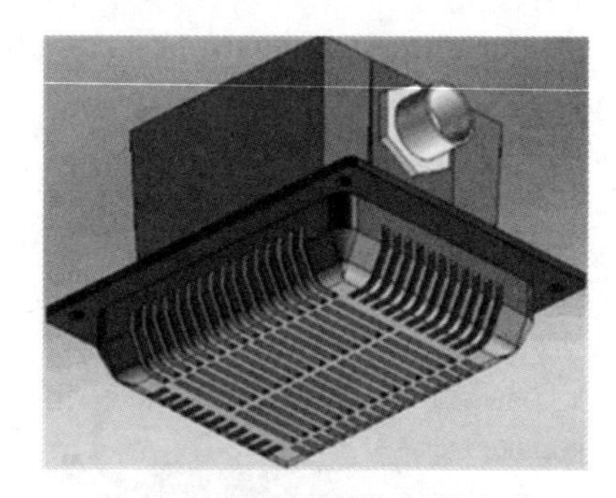

图 7 盥洗室烟雾探测器安装

盥洗室烟雾探测器的通信采用 CAN 总线和离散两种输出的方式,当探测到烟雾时,为飞行员以及机组提供告警输出信号。

3.5 光电型电子设备舱烟雾探测器

单通道光电型烟雾探测器安装在电子设备舱的引气管路上，如图8所示。

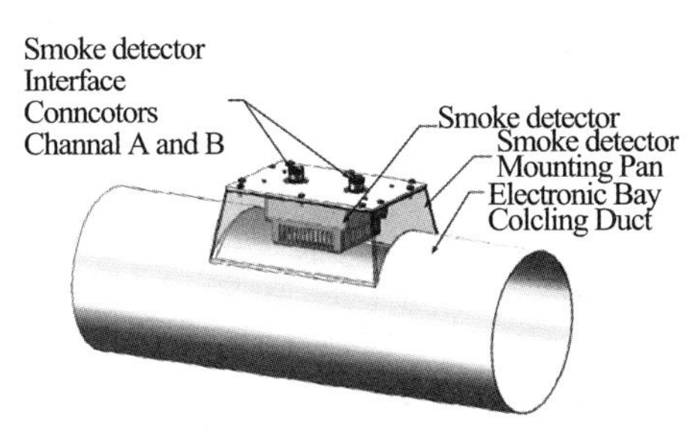

图8 电子设备舱烟雾探测器安装

电子设备舱烟雾探测器和货舱烟雾探测器一样采用CAN总线通信，+28 VDC的电源输入，具有实时连续的周期性BIT检测功能，当探测到烟雾时，在驾驶舱提供声音和视觉报警信号。

4 结论

本文介绍的两种烟雾探测器设计均满足TSO-C1d标准以及DO-160E相关的环境设计要求。为了降低探测器的误报警，均采取了不同的措施在最新的烟雾探测器上进行了改进设计。对于降低烟雾探测器误报警率这一指标，美国MSSI公司提供烟雾探测器在降低误报警方面做得更好，可以消除99%的误报警，但对降低误报警率这一指标没有数据或试验可以作对比分析。在重量方面，虽然美国凯德公司的烟雾探测器是目前最轻的开放式烟雾探测器，但其单通道的设计为了满足探测要求对所需探测器数量较多，所以在系统重量方面美国MSSI公司产品略占优势，在可靠性方面，MSSI相对其他两家更高。

参考文献

[1] 向淑兰，付尧明. 现代飞机货舱火警探测系统研究[J]. 中国测试技术，2004，30(5)：18-20.
[2] 付尧明，向淑兰. 现代民用飞机的发动机火警探测系统设计分析[J]. 西安航空技术高等专科科学学，2003，21(03)：03-09.
[3] 蒋亚龙，谭启，陈鲜展. 火灾探测技术及方法[类型]. 安全技术与管理，2009.
[4] 吴龙标，袁宏永. 火灾探测与控制工程[M]. 合肥：中国科学技术大学出版社，1999.

文章编号:SAFPS15031　　其他与飞机防火相关内容

膜制氮技术在民用飞机油箱防火防爆上的应用与发展

黄雪飞,尉卫东

(合肥江航飞机装备有限公司,安徽 合肥 230051)

摘要:为了提高飞机飞行的安全性,防火抑爆技术的重点是将油箱上部空间的极限氧浓度限制在规定值之下,膜式空气分离技术是燃油箱惰化的关键技术。本文分析归纳了FAA惰化要求条款的演变,总结了各型民用飞机上空气分离装置ASM的结构、性能分析模型及应用技术,并指出了其技术及应用的发展方向。

关键词:飞机油箱防火防爆;空气分离装置;膜组件

中图分类号:X936;X932　　**文献标识码**:A

0　引言

对于所有飞机来说,“燃油、氧气和点火源”被称为“起火三角形”,其中,燃油是指燃油燃烧产生的热空气,会引起油箱内部压力的快速升高而导致油箱爆炸;氧气是指一定量值的氧气浓度;点火源是指包括雷电、炮火、静电火花、线路打火、热源等。因此,对于所有民机来说,油箱因闪电袭击、油泵故障、电器短路和静电火花而引起着火和爆炸都是最为严重的问题。

1　FAA的惰化条款的演变分析

对于商务飞机的油箱防火防爆的安全性,FAA在油箱易燃性方面的研究大部分集中在限定航空类燃油的氧浓度(LOC)。LOC定义为氧浓度,在该浓度之下不再支持燃油蒸汽的燃烧。FAA原本有适航条例FAR 25.981限制燃油箱内的温度,其后又发出附加的SFAR 88,要求消除油箱内的任何可能的点火源,随后FAA在最近短短几年之内接连发出了2份修正案25.102和25.125,要求将油箱平均可燃度控制在3%以下,并提出加装惰化系统的建议。FAR 25.981修改版25-125附录N定义“油箱惰化防护中惰性化气体与可燃性”中明确提出了控制油箱内氧浓度的标准:“当飞机在海平面至10 000英尺飞行时,油箱每个隔舱内的平均氧气浓度小于或等于12%;当飞行高度从10 000英尺增加到40000英尺时,由12%线性递增至14.5%;超过40 000英尺高度时,则以此类推。”

从飞机安全风险分析，中央翼油箱比机身油箱具有更高的可燃风险。

“远程”飞行——满油量，能有效控制在12%以下。

“短程”飞行（短程蛙跳）——低油量，个别超出12%，但只要不大于3%的暴露时间，随高度略放松的惰化指标14%，认为被惰化。

从FAR 25.981近十年来条款变化可以看出其演变历程：从控制燃油箱温度→燃油箱点燃防护→控制燃油箱含氧浓度，始终围绕“起火三角形”中“燃油、氧气和点火源”三个点来进行防火防爆的控制，目前防火抑爆技术控制的重点集中在限制油箱气氛空间的氧浓度含量上惰化技术上。油箱惰化技术就是使飞机油箱上部气相空间的氧浓度在整个飞行过程中始终保持低于不支持燃烧（燃烧开始后的抑制）的程度，采用OBIGGS（On-B0ard Inert Gas Generator System）也由原来的可有可无成为一种装机必需品，且越来越被认同，由于膜分离技术具有高效、节能等特点，成为民机适航条例中所推荐运用的技术。

2 膜空分制氮技术

膜空分制氮技术采用一种高分子聚合物薄膜来选择“过滤”进料气而达到分离的目的，由于各气体组分在聚合物中的溶解扩散系数的差异，导致其渗透通过膜壁的速率不同。由此，可将气体分为“快气”（如H_2O、H_2、He等）和“慢气”（如N_2、CH_4及其他烃类等）。当空气在驱动力——膜两侧相应组分分压差的作用下，渗透速率相对较快的气体优先透过膜壁而在低压渗透侧被富集形成富氧气（OEA），而渗透速率相对较慢的气体则在高压滞留侧被富集形成富氮气（NEA）作为产品气用于油箱惰化。图1所示为HFM分离氧氮原理图。

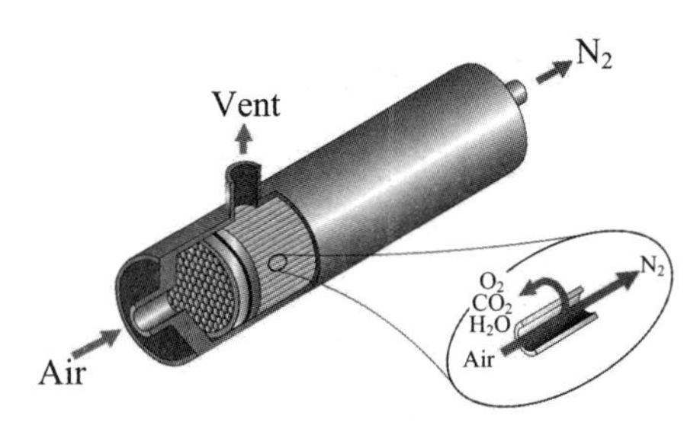

图1 HFM分离氧氮原理图

空气分离装置（ASM）是由一根或多根膜组件（HFM）组合而成的装置。

2.1 引气源控制技术

气滤技术：污染物可以进行分类，一部分对ASM没有危险，包括二氧化碳、一氧化碳和氮的氧化物；一部分在大量的累积中有危险，比如碳氢化合物。因此，采用多级过滤器，分级选用不同的目数过滤气体颗粒和活性碳作为空气水蒸气和液态水过滤。综合过滤器去除掉所供气流中的液体和气雾滴，此外还去掉颗粒污染物，控制在不大于0.2～0.6微米的尺寸范围内，这些颗粒物小于纤维孔尺寸的1%，因此解决了堵塞问题。

臭氧转换技术：采用催化反应技术。由于臭氧经过某些催化剂，如Pd（钯）、Pt（铂）的贵金属或Mn（锰）、Co（钴）、Ni（镍）、Ag（银）等过渡金属的氧化物，这些成分通常附载于Al_2O_3、沸

石、活性炭或它们的组合体上时，能加快其分解速度，从而提高臭氧的分解转换效率。

空气温度控制技术：基于膜分离溶解扩散机理，空气温度需控制在一定范围内，限制于膜耐温极限内。一般采用热交换器冷却较高的引气温度。

空气压力控制技术：基于膜分离的溶解扩散机理，中空纤维膜丝内外两侧的压力差是其分离的推动力，综合考虑其分离及耐压能力，空气压力需控制在一定的范围内。另外，空气在 ASM 内压降的控制包括两部分：一是 ASM 引气压力降的控制，采用气体动力学原理，减少引气管路的压降，对于单根膜组件的 ASM 引气口内可设置均压分流器，对于多根膜组件的 ASM 应均衡设置引气口、增大引流管内径、避免弯口等方式；二是 HFM 膜丝内的压力降，丝内压降的规律服从于 Hagen-Poiseuille 微分方程，联合膜分离传质方程可以得出丝内压降与丝内径的四次方成反比。因此压降控制重点在于控制膜丝内径不低于一定值，且膜组件应采用逆流流型的分离构型。

2.2 流量/浓度控制技术

在大部分商务飞机上采用双流量系统工作模式，小流量模式用于爬升和巡航，惰化气体主要用以补充燃油消耗空间所需，以维持油箱上空较高的惰化性；大流量模式用于降落，主要用于油箱增压及补充燃油消耗空间所需，以维持压力平衡或维持油箱与外部空间的规定压差。

采用流量控制阀控制 ASM 输出的 NEA 流率，从而控制了其 NEA 浓度，两者成反比关系（如图 2 所示），即：小流量/高 NEA 纯度（用在巡航期间）与大流量/低 NEA 纯度（用在降落期间）之间成一定的关系。

2.3 性能模型分析技术

当 HFM 性能及数量一定时，

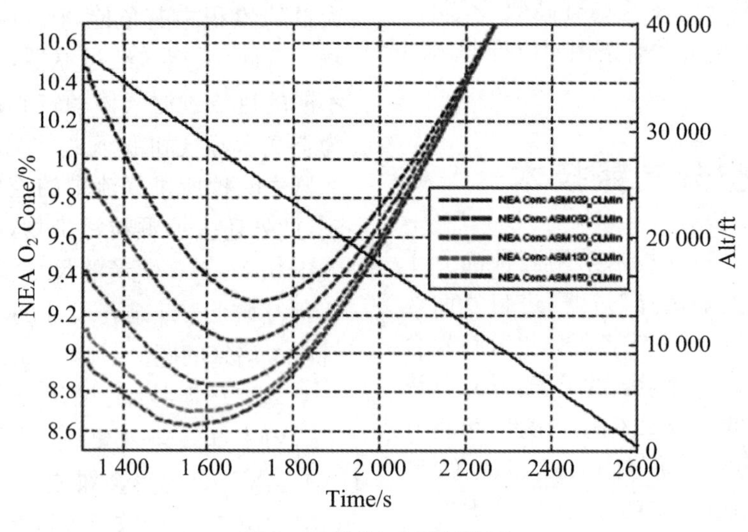

图 2 流量/浓度控制模型

ASM模型独立变量有入口气体流率、压力、温度、OEA废气压力和NEA流量/浓度。如果考虑环境温度则成为第六个独立的变量(如图3所示)。模型能为每个独立的变量计算出估值,然后,用数学函数计算对应的NEA出口压力、温度、氧气浓度及OEA废气流率和氧气浓度。但在入口压力和温度较低时函数是非线性的,此时不适用于该模型。

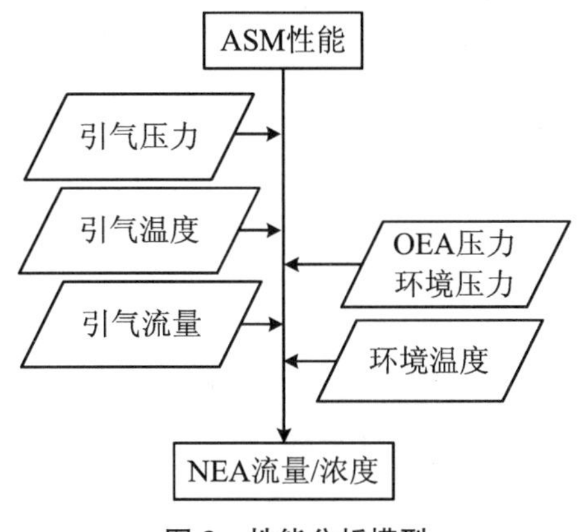

图3 性能分析模型

经过大量试验验证,一定浓度的氮气流量在一定引气温度、一定压力相对于需要乘以一个温度修正系数K_{tx}、压力修正系数K_{Px}和环境温度修正系数K_H,NEA渗透流量可表示为:得出了压力/温度—流量/浓度的基本计算模型(没有考虑传递过程中的压力损失、浓差极化等):

$$Q_{NEAx}=K_{tx}\times K_{Px}\times K_T\times(P_{引}-P_{环})\times S_m\times J_{O_2}/\alpha$$

式中:

Q_{NEAX}——含$X\%$氧浓度的富氮气流量,kg/h;

K_{tx}——输出含$X\%$氧浓度NEA引气温度系数;

K_{Px}——输出含$X\%$氧浓度NEA引气压力系数;

K_T——环境温性能修正系数;高温环境大于1,低温环境小于1;

$P_{引}$——引气压力,kPa;

$P_{环}$—— 环境压力,kPa;

S_m——膜面积,mm^2;

J_{O_2}——氧气渗透速率,单位:$cm^3(STP)/(cm^2\cdot s\cdot cmHg)$;

α——分离系数。

不同高分子材料、不同化学结构和物理结构的膜其温度修正系数K_{tx}和压力修正系数K_{Px}均不同,需要通过专项试验进行得出。按分离一般规律来说,输出NEA的浓度/流量与空气压力、温度呈线性比例增长;制氮率与空气压力呈线性比例增长,而与空气温度则呈线性比例略有降低。

3 应用分析

对于所有的商务飞机来说,增压气源主要从发动机直接或间接(机舱)引气,不可避免地使用发动机引气会降低发动机的性能并导致燃油消耗的增加,相应地就要限制飞机飞行剖面的各个阶段所需的引气量,特别是巡航阶段的引气量,因此,膜空分制氮技术和装置遇到的最重要的设计挑战就是要求飞机在最小的损失下能提供最合适的富氮气流量。为了达到这一目标,从早期配装于商用飞机的B737、A320、B747、B767/777直到最先进B787的膜式ASM一直致力于其性能的提升和结构的优化。

B737采用单根膜组件式的空气分

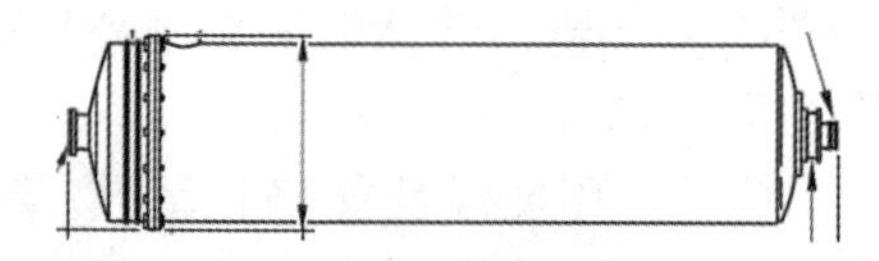

图 4 配装于 B737 的 ASM

离装置，采用双流控制模式，通过 ASM 后端的一路定径孔控制小流量，通过流量阀控制大流量，并具备飞行过程中对产品输出浓度的监测功能。其膜组件采用的是 AIR LIQUIDE 公司的 MEDAL 膜，具有渗透通气量大、制氮效率高、性能衰减率较大的特点。

B747 采用三根膜组件式的空气分离装置，采用双流控制模式，通过 ASM 后端的一路定径孔控制小流量，通过流量阀控制大流量，具备飞行过程中对产品输出浓度的监测功能（如图 5 所示）。其膜组件采用的是美国空气产品和化学品公司（Air Products and Chemicals Inc.）旗下 Permea 公司的二代 PRISM 膜，具有渗透通气量大、衰减率小、使用寿命长的特点。

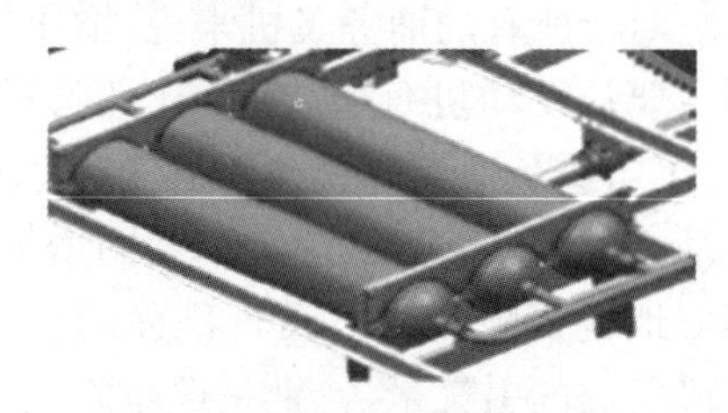

图 5 配装于 B747 的 ASM

B767/777 采用五根膜组件式的空气分离装置，采用双流控制模式，通过前端的双路电控阀控制流量：小流量时，单根膜工作；大流量时，五根膜同时工作。ASM 具备飞行过程中对产品输出浓度的监测功能、地面测试功能、故障诊断功能等（如图 6 所示）。其膜组件实际采用的是 Permea 公司的三代 PRISM 膜，具有较高的氧气通气量和氧氮分离系数、且性能衰减率小、耐较高温度气源的特点。

图 6 配装于 B767/777 的 ASM

B787 采用五根膜组件式的空气分离装置，与前端的气体品质过滤器组成进引气端，与五根膜组件形成了一体化装置（如图 7 所示）。五根膜同时工作，通过后端的流量调节实现双流控制模式，整合化程度更高、智能化更高和健康诊断更优化。其采用先进的四代膜技术，具有更加耐温、耐压和耐污染的特点。

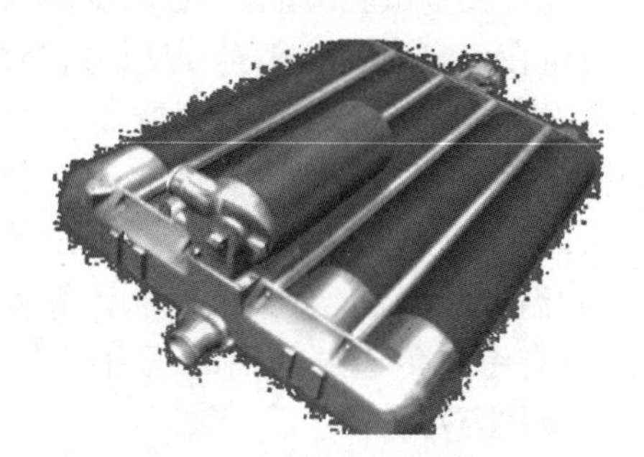

图 7 配装于 B787 的 ASM

4 技术及应用发展方向

4.1 高效整合

新型飞机将采用的功能模块化的

ASM，与中央处理器实现信号传输，实现智能化控制调节；并将ASM整合进主机的燃油系统/环控系统设计中，采用并行设计和协同设计方法，综合利用机上资源，形成一体化设计，有效地控制了体积和重量，减少了能源消耗，从系统流程、关键部件提高了对能源的有效利用，使得系统匹配最优化，效费比最佳化，尺寸重量最小化，维护简捷化，满足飞行包线内油箱的惰性化防护。

4.2 智能化

采用电控程序、分配控制、自动调节相结合的先进控制技术，实现多级智动流量控制模式，并提供故障诊断和隔离，监测系统通过故障诊断和隔离，允许在危及飞机安全情况下关闭系统，这个信息通过集中信号发送系统（CAS）或中央控制计算机（CMC）传输至机组人员，使能源消耗得以最小化。

4.3 创新引气源

研究可采用发动机高温高压废气作为中空纤维膜的引气源，其具有较高的压力从而提高了制氮率，具有较高的温度减少热交换器负荷从而减小重量，同时又避免了大气量的引气对发动机的影响。因此，随着耐高温的高分子材料膜的研发与应用，利用高温废气作为引气源将是未来几十年的发展方向。

随着发展，其防火区域将不只限于油箱，对发动机附近易燃区、难以接近区也可进行氮气惰化防护，对隐蔽区域防火的可能也将成为现实，建立一种集成防火系统（如图8所示），将会减少火灾隐患。

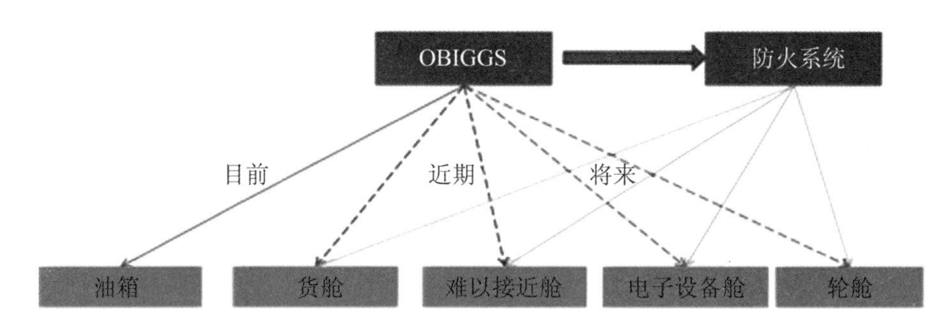

图8 应用方向

参考文献

[1] Boeing NAPD OBIGGS Configuration and Technology evelopment Program Submitted by: Hamilton Sundstrand, dated October 29, 2002.

[2] On-B0ard Inert Gas Generator System(OBIGGS)Studies, C. L Anderson.

[3] Ground and Flight Testing of a Boeing 737 Center Wing Fuel Tank Inerted With Nitrogen-Enriched Air,Burns, Michael et,al, August, 2001.

[4] Burns Michael, et al. Flight testing of the FAA Onboard Inert Gas Generation System on an Airbus A320"June,2004.

[5] Burns Michael, et al. Evaluation of Fuel Tank Flammability and the FAA Inerting System on the NASA 747.
[6] 14 CFR 25 部分:适航标准:运输类飞机.
[7] 14 CFR 26 部分:连续的适航性以及运输类飞机的安全改进.
[8] 向淑兰,付尧明. 现代飞机货舱火警探测系统研究[J]. 中国.

文章编号:SAFPS1532　　　　飞机防火系统试验验证技术

某型飞机 APU 舱灭火系统设计

宁晓蕾,王宇,王靖,刘康

(中航飞机研发中心)

摘要:本文旨在设计某型飞机的 APU 舱灭火系统,通过对已有机型的分析和适航条款的解读,对灭火系统的安装方式和灭火瓶的安装位置进行了研究,计算了所需的灭火剂剂量,使用 FLUENT 仿真软件模拟了灭火喷嘴的位置和灭火剂喷射效果,可为灭火系统的布局和优化提供科学论据。

关键词:灭火系统设计;仿真计算

中图分类号:X936;X932　　　　**文献标识码:**A

0 引言

安全性是飞机设计的重点,不管是在飞行中还是在地面上,着火对飞机来说是最危险的威胁之一。飞机防火系统能有效探测到飞机上的火情,并及时进行扑灭,提高了飞机的安全性,从而保证飞机和乘客的安全。在飞机上,无法分离或消除潜在火源及易燃油液、油气部件的区域,以及接近燃烧区域、高温表面、高温燃气等火源的区域,都称为火区。APU 舱是典型的火区,其工作温度高,有压缩机、燃烧室、涡轮等点火源存在,同时又有大量的可燃液体管路通过,是防火系统设计的重点区域。本文主要讨论某型飞机 APU 舱内的灭火系统设计以及灭火剂浓度的仿真模拟计算。

由于现代计算技术的发展,可以使用仿真软件模拟流动、传热、火灾等具有一定规律的物理现象。本文利用仿真软件 FLUENT 对 APU 舱内的空气流场进行模拟,对 APU 舱内的火灾进行有效的预防研究。

1 APU 舱灭火系统设计

1.1 其他机型的 APU 舱灭火系统

APU 舱灭火系统与 APU 系统一样,是一个从无到有缓慢发展的系统。早期的飞机没有设置 APU 系统,也不存在 APU 舱灭火系统。后来,一些飞机安装了 APU 系统,APU 舱的探测和灭火系统应运而生。

目前,安装了 APU 系统的飞机,在 APU 舱灭火系统的设计上可以大体分为两类:一是借助动力装置灭火系统;二是独立的 APU 舱灭火系统。两种设计思路各有利弊,如表 1 所示。

表 1　两种 APU 舱灭火系统对比

	优　点	缺　点
借助动力装置灭火系统	重量轻;不用单独配置一个 APU 灭火瓶	易受动力装置灭火系统干扰;管路布置长
独立的 APU 舱灭火系统	APU 舱的灭火不受其他系统的干扰;灭火瓶靠近 APU 舱,管路短	重量大;需要单独配置一个 APU 灭火瓶

MA60 飞机 APU 舱的灭火借助于发动机舱灭火系统完成,如图 1 所示。灭火瓶安装在左发短舱隔板后的灭火瓶托架上,灭火管路在由灭火瓶出来后分为两路,一路往左短舱,一路往右短舱。灭火管路到右短舱后,通过气压电磁阀,分别进入 APU 舱和右发动机舱;气压电磁阀与灭火按钮控交联,控制灭火剂进入 APU 舱灭火或进入右发动机舱灭火。

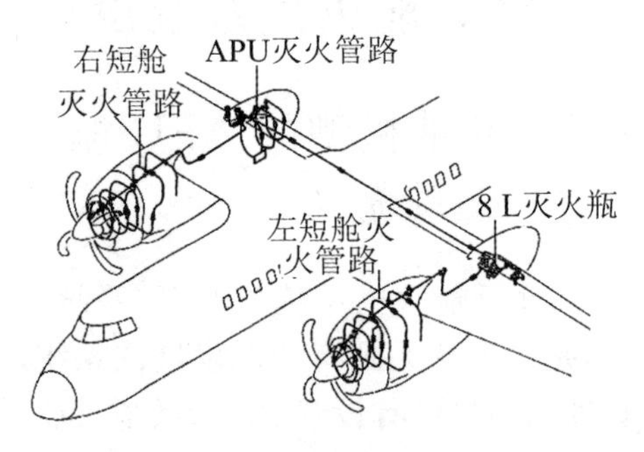

图 1　MA60 飞机灭火系统

EMB190 飞机的 APU 舱采用独立的灭火系统,如图 2 所示。

EMB190 飞机的 APU 舱灭火瓶安装在后机身,通过按压驾驶舱内的灭火开关,可以向 APU 舱内释放灭火剂。驾驶舱实时监控 APU 舱灭火瓶的压力、电源、爆炸帽完整性和相关的线缆。如果发生失效,会在 EICAS 和 CMS 中发出指示。

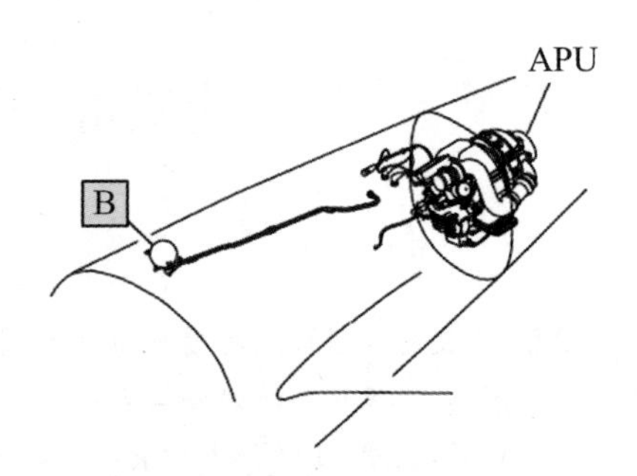

图 2　EMB190 飞机 APU 舱灭火系统

1.2　某型飞机 APU 舱灭火系统的布置

结合某型飞机 APU 舱自身的特点,参考相似机型的布置,采取 APU 舱独立灭火的方案,将灭火瓶安装在 APU 舱前防火墙外侧,如图 3 所示。灭火管路穿过 APU 舱前防火墙进入 APU 舱内后,分成两路,能够向 APU 舱喷射灭火剂。这样可以避免由于安装在 APU 舱内造成的空间不足和安全性低等问题,而且就近安装在 APU 舱防火墙外侧可以大大缩减管路的长度,减少灭火剂的浪费。

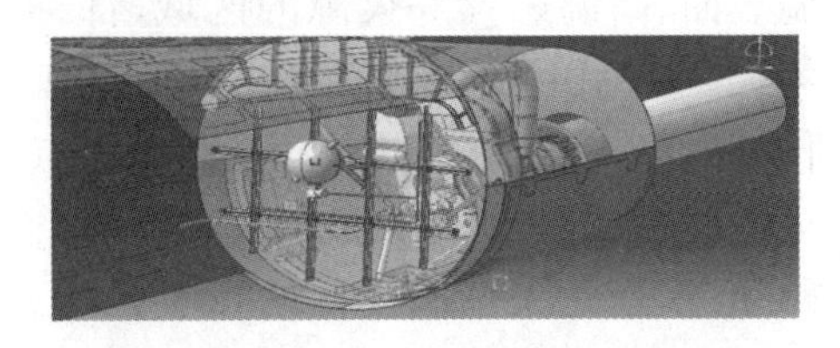

图 3　某型飞机 APU 舱灭火系统布置

2 APU 舱灭火剂计量的理论计算

2.1 APU 舱灭火剂的选择

在 APU 舱灭火系统的设计中，一个很重要的环节就是灭火剂量的确定。本文中的 APU 舱灭火系统使用 Halon 1301 作为灭火剂。Halon 型灭火剂具有灭火效率高、扩散快、低毒性、无腐蚀、喷射之后无残留等特点，是一种十分理想的灭火剂。

2.2 APU 舱灭火剂用量的计算

根据《飞机设计手册第 13 册动力装置系统设计中的说明，对于使用 Halon 1301 灭火剂的发动机/APU 舱，可用经验公式估算需要喷射的最小灭火剂量。

本机型 APU 舱内最高的隔框高度小于 15 cm，为浅框的舱。空气流量大，使用如下公式进行计算。

$$W = 3(0.32V + 0.25Wa)$$

式中：W——灭火剂剂量，kg；

Wa——在正常巡航状态下通过该区的空气流量，kg/s；

V——该区的净容积，m^3。

通过测量某型飞机 APU 舱的二级样机三维数模，近似认为 APU 舱的净容积为 1.5 m^3。

根据公式，可算出 APU 舱需要喷射的最小灭火剂量为 1.8 kg。考虑到灭火瓶内残留和喷射管路内壁上黏附的损耗，应在以上计算的基础上增加 15%的灭火剂用量，则最终得出某型飞机 APU 舱需要喷射的最小灭火剂量约为 2.07 kg。

3 APU 舱灭火剂的仿真计算

为了计算 APU 舱内灭火剂的浓度数据，运用 FLUENT 作为分析工具进行模拟。运用 FLUENT 的稳态模型来模拟计算，首先将 APU 舱灭火系统的模型进行处理，转化为 FLUENT 能够处理的网格；然后对 APU 舱的进排气进行仿真，计算得到稳定的流场环境；最后设置灭火剂的参数，进行灭火剂喷射的仿真计算。

3.1 APU 舱模型网格化

运用 FLUENT 软件对 APU 舱进行分析，首先需要对模型进行网格化处理，本次试验中使用 ICEM CFD 工具处理模型，如图 4 所示。

图 4　某型飞机 APU 舱网格

3.2 APU 舱通风冷却的仿真

对本次仿真实验中的进排气方案进行简化。空气通过 COOL 管道穿过滑油散热器，进入 APU 舱内，由尾喷管将舱内空气排出，如图 5 所示。

APU 舱边界条件的具体设置如表

2 所示。

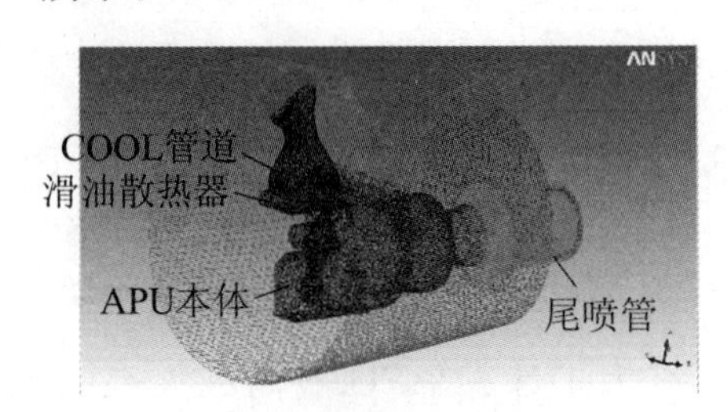

图 5　进排气方案

表 2　边界条件

入口	流量	0.49 kg/s
	温度	10 ℃
出口	压力出口	
APU 表面温度	90 ℃	

对 APU 舱流场计算的模型采用湍流标准 $\kappa-\varepsilon$ 模型。图 6 为整个流场的速度流线图。从图中可以看出，气流从入口进入以后，速度最大，环绕 APU 舱壁面，速度慢慢下降，最后从出口处流出，在舱内形成了一个稳定的流场。

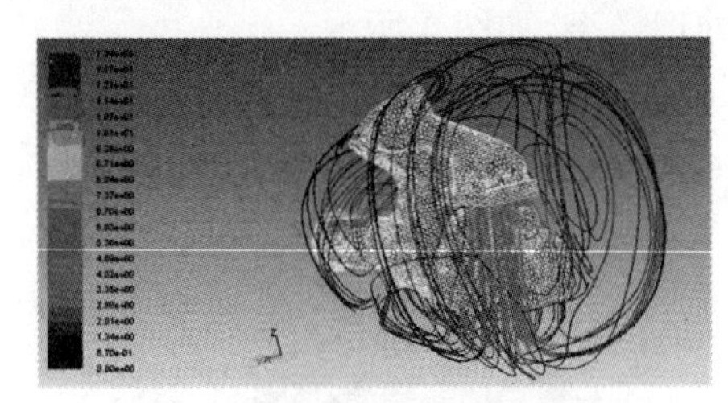

图 6　APU 舱流场速度流线图

3.3　灭火剂浓度仿真计算

根据 2.2 节计算出的 APU 舱灭火剂的重量 2.07 kg，以及喷射时间的要求，在 APU 舱内设置两个灭火喷嘴，在 1.4 MPa 工作压力下，灭火喷嘴工作流量为3.2 kg/s。

首先，取灭火喷嘴的位置如图 7 所示。

图 7　APU 舱灭火喷嘴位置(方案一)

在 Fluent 中的设置与 3.2 通风冷却的设置相同，只是将定常流动改为非定常流动，另外增加材料和喷头的设置。

设置离散模型，选择喷洒模型中的 droplet breakup 模型，在喷头选项中选择液滴类型(droplet)，这一步骤使材料设置中添加了 droplet partical 类型，可以继续设置液体 Halon 的各项数据，在喷头设置界面，将 Halon 1301 灭火剂设置为从液体状态喷出，并雾化成气态。然后开始进行仿真模拟。

仿真结果如图 8～11 所示。

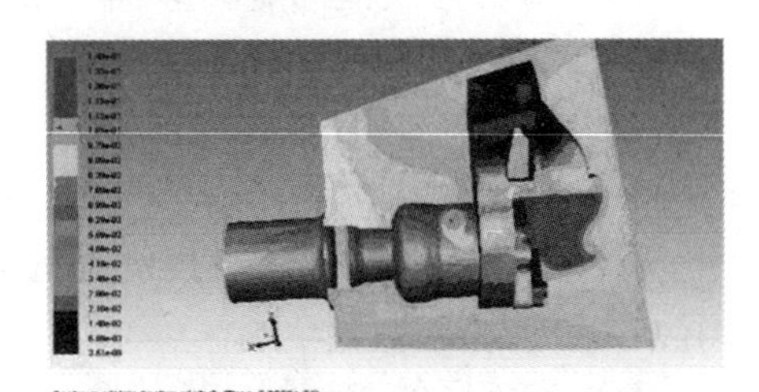

图 8　方案一在 0.6 s 时的模拟结果

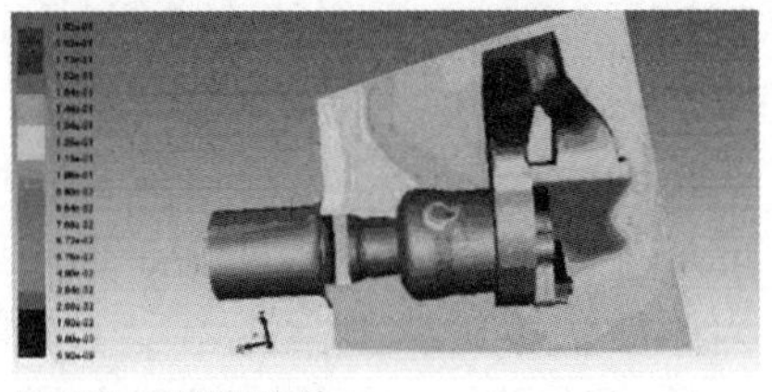

图 9　方案一在 1.0 s 时的模拟结果

图 10　方案一在 1.6 s 时的模拟结果

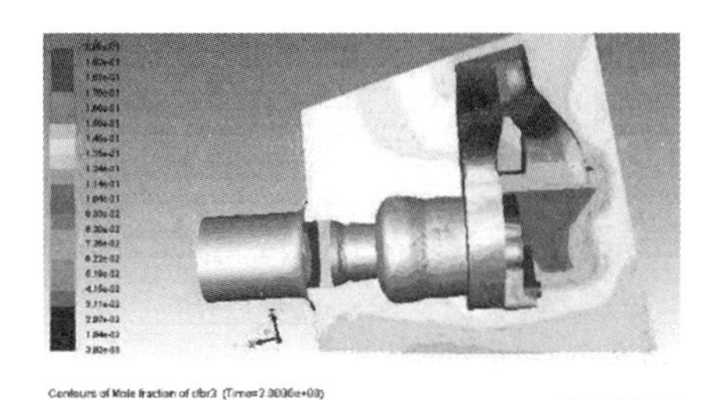

图 11　方案一在 2.0 s 时的模拟结果

对喷嘴位置进行优化，优化后的方案如图 12 所示。

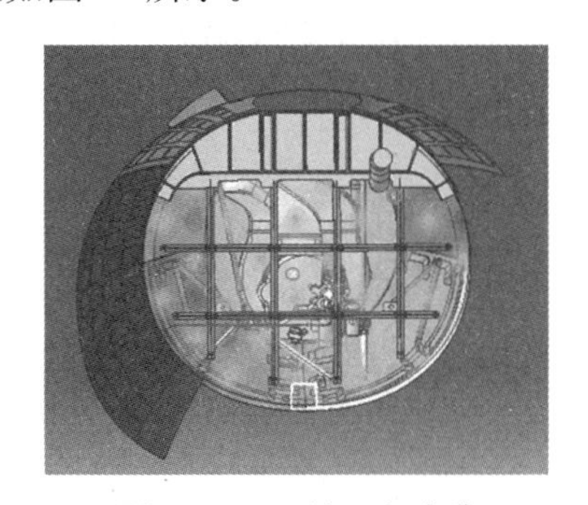

图 12　APU 舱灭火喷嘴

优化后的方案仿真结果如图 13～16 所示。

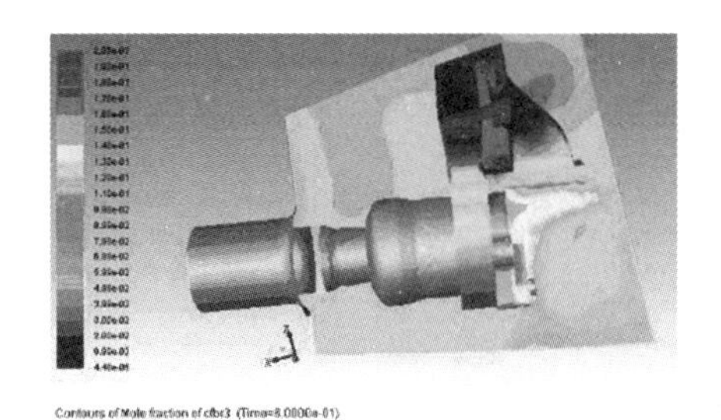

图 13　在 0.6 s 时的模拟结果

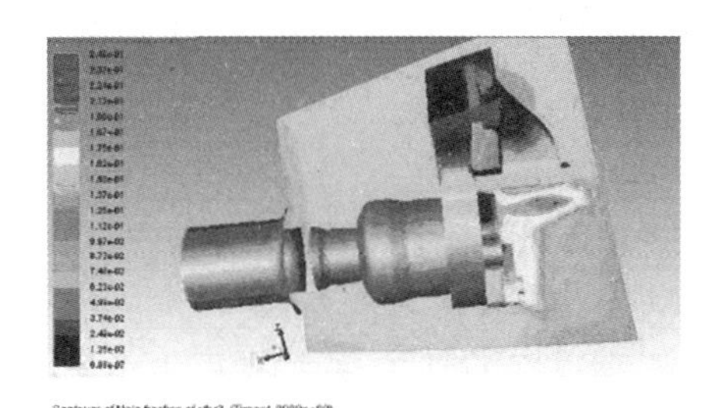

图 14　在 1.0 s 时的模拟结果

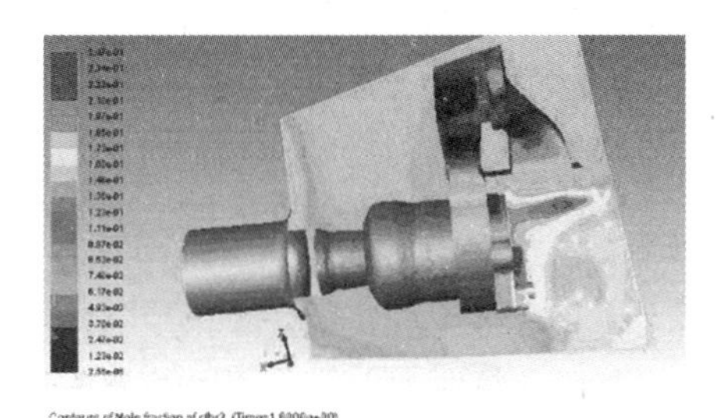

图 15　在 1.6 s 时的模拟结果

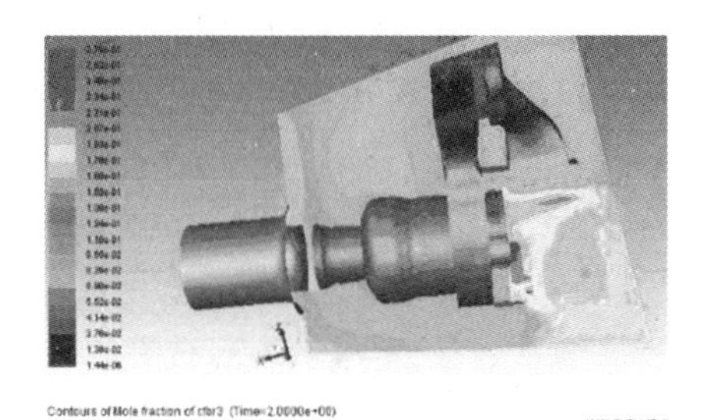

图 16　在 2.0 s 时的模拟结果

3.4　仿真结构分析

比较图 8～11，发现滑油散热器下方的由于气流速度大，几乎没有灭火剂。通过对灭火喷嘴的位置进行优化后，整个 APU 舱内的浓度基本能够达到 6%的浓度要求。在 1.0 s 时仅进气道附近的小范围区域尚未达到 6%的浓度要求，虽然 1.6 s 时进气道附近的灭火剂浓度达到了要求，但是进气道下方的灭火剂浓度已经开始下降。随着时间的推移，灭火剂下方浓度快速降低，但是其他区域的浓度已经超过了9%。

4 结论

通过以上研究，最终确定了某型飞机APU舱的防火系统方案。采用独立的APU舱灭火系统，将灭火瓶布置在APU舱前防火墙外侧，设置两个灭火喷嘴，位置分布如图12所示。灭火瓶内填充2.07 kg灭火剂。

参考文献

[1] MA60飞机AMM，西飞公司，2012.
[2] EMB190飞机MTM，GE公司，2007.
[3] MIL-E-22285，Extinguishing System，Fire，Aircraft，High-rate-discharge type，Installation and test，1995.
[4] 陈嵩禄. 飞机设计手册：第13册[M]. 北京：航空工业出版社，2006.
[5] 李丽. 飞机发动机舱灭火剂浓度测量[J]. 测控技术，2008，27：151-154.
[6] FAA AC20-100，General Guidelines for Measuring Fire-Extinguishing Agent Concentrations in Power plant Compartments，1997.
[7] 中国民用航空规章第25部R4版，中国民用航空总局，2011.
[8] 朱红钧. FLUENT流体分析工程案例精讲[M]. 北京：电子工业出版社，2013.

文章编号:SAFPS15033 飞机防火系统设计

某型机副翼结构防火设计研究

涂冰,杨家勇

(中航工业成都飞机设计研究所,成都 610091)

摘要:根据某型机副翼防火设计要求,开展防火结构设计选型及应用研究,主要通过分析副翼的烧蚀环境,从结构、烧蚀、涂层等方面进行防火选材设计,通过地面试验的方法,对比几种不同的防火密封方案的防火防烧蚀和隔热密封效果,优选防烧蚀性能最佳的防火密封方案。

关键词:防火;密封;设计选型

中图分类号:X936;X932 **文献标识码:**A

0 引言

对于高空高速飞机或航天器,在其助推器工作期间或者以高速穿越大气层时,会出现火焰直接烧蚀飞行器结构的现象。因此,在设计这一类飞行器的时候,需考虑结构的防火密封措施,以保证飞行器结构的安全。美国"挑战者"号航天飞机及俄罗斯"联盟"号宇宙飞船均曾因密封失效导致结构温度过高,而发生过机毁人亡的事故。据统计,世界上的高空高速飞机或航天器产生的各类故障中,有 40%～60%与防火隔热失效有关,这直接说明了结构防火设计的重要性。

1 设计背景

某型机助推器工作期间,其燃气尾流将对于尾流区的副翼有直接的烧蚀作用。副翼是飞机的重要操纵舵面,主要用于飞机偏转和俯仰控制。燃气尾流对副翼的直接烧蚀,会导致副翼结构产生不可接受的变形甚至毁损,对飞行安全有很大影响,因此需对其副翼须进行防火密封设计。

本文根据某型机副翼烧蚀环境,从结构、烧蚀、涂层等方面进行防火密封方案设计,通过地面试验的方法,对比几种不同的防火密封方案的防火防烧蚀和隔热密封效果,优选防烧蚀性能最佳的防火密封方案,保证副翼在助推器燃气尾流的作用下,不产生不可接受的变形,并保证内部结构的温度不超过允许的使用温度。

2 副翼防火密封方案设计

副翼防火密封设计需考虑防烧蚀、

隔热和重量等因素,其设计原则和目标是必须能在尽可能轻的重量代价下,取得足够的防火防烧蚀和隔热密封效果,从而保证内部结构有效工作。本文主要从结构、烧蚀、涂层等方面进行防火防烧蚀、隔热密封的设计选型。

2.1 钛合金蒙皮的选用

位于助推器尾流区的结构,尽管表面会选用防火密封材料进行保护,但仍应该选用使用温度尽可能高的材料进行制造,使之在助推器尾流区的烧蚀作用下能正常工作(如图1所示)。钛合金材料密度低,比强度高,耐高温、组织性能稳定性好,具有优良的综合性能。因此,选用了钛合金作为副翼结构蒙皮的材料。

图1　助推器尾流区

2.2 防火密封材料的选用

结构表面的防火密封材料,能够抵抗火焰的直接烧蚀,同时可以保护内部结构,还有一定的隔热功能。选用合适的防火密封材料,是本文研究的重点。

2.3 涂层的选用

为增强结构表面的热辐射系数,尽可能降低结构的温度,在非尾流区的结构表面,涂覆 TF-9 高辐射涂层。为减弱尾流区火焰的直接烧蚀,在尾流区的防火密封板材表面,涂覆低辐射涂层 TWL-12 涂料。

3 防火密封材料选型

3.1 简介

目前,可选的防火密封材料主要有橡胶防火密封材料、类隔热瓦防火密封材料、耐烧蚀涂层等几种。

橡胶防火密封材料是一种具有防火防烧蚀功能的橡胶类材料。橡胶类材料在飞机上虽然用量不大,但却发挥着至关重要的作用,常被用来实现密封(气密、水密、油密)、阻尼减振、隔热、防火、腐蚀防护等功能,直接影响着飞机的性能、寿命及可靠性。有机硅防火密封材料,主要用于一些具有防火、隔热、吸波、减振等特殊功能的有机硅密封剂产品。其中,北京航空材料研究院研制的 HM320 防火密封材料,3.2 mm 厚的防火密封板在1 100 ℃火焰下烧蚀15 min 也不会烧穿,且能够有效阻隔火焰的温度,产品达到了国内领先、国际先进技术水平。防火密封板在火焰下烧蚀试验照片及烧蚀时火场温度与橡胶板温度对比曲线如图2所示。

类隔热瓦防火密封材料,主要是利用材料高的隔热性能和一定的烧蚀性能,通过在高温下产生的一系列复杂的物理和化学变化,通过自身烧蚀带走热量从而保证飞行器正常飞行的一种材料。类隔热瓦防火密封材料的发射率是一个重要的热辐射特性参数,它是飞

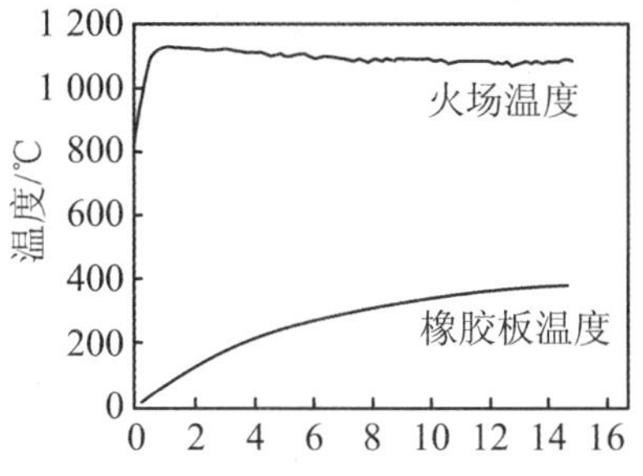

图 2　HM320 防火密封板材在 1 100 ℃火焰下烧蚀

行器防火密封设计的关键性能参数之一。

耐烧蚀涂层一般由无机-有机复合涂层组成，采用室温固化高强度硅橡胶为基体材料，通过加入耐烧蚀和隔热等填料达到涂层材料在飞行过程中的防火密封效果。

本文根据国内防火密封材料的研制情况，给出了四种可选的防火密封材料，如表 1 所示。

表 1　可选的防火密封材料

	类型	材料
A	类隔热瓦	酚醛基复合材料
B	耐烧蚀涂层 1	无机-有机复合涂层
C	耐烧蚀涂层 2	TR-48 耐烧蚀涂层
D	低密度阻燃隔热有机硅密封材料	HM317

3.2　试验

1. 试验方案

将不同的防火密封材料在相同的 300 mm×300 mm 的钛合金底板上黏贴，在相同的环境下进行模拟烧蚀试验。采用的试验装置为参考 SEA 1377A 和 HB6167.14 标准的航空器烃类火灾防火性能测试装置，如图 3 所示。该装置采用 120 号汽油作为燃料，喷口火焰温度可调，热流量为 116 KW/m^2，通过温度传感器实时采集火焰及被测样品温度，喷口火焰垂直作用于被烧蚀材料表面。按照某型机助推器尾流区的环境要求，本试验按约 1 050 ℃控制火焰温度烧蚀 90 s。四种试样和试样方案如图 4 和表 2 所示。

图 3　模拟烧蚀试验系统实物

表 2　四种试板方案

	材料类型	耐烧蚀材料厚度	备注
A	类隔热瓦层	6.6 mm	
B	无机-有机复合涂层	10 mm	带 TC4-M 底板
C	TR-48 涂层	4.8 mm	
D	HM317 密封材料	3 mm	

(a) 类隔热瓦防火密封材料

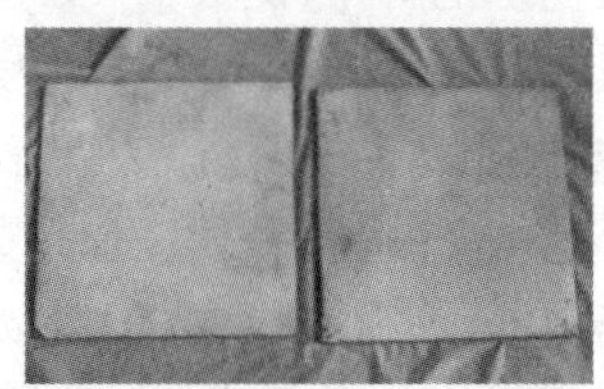

(b) 有机复合耐烧蚀涂层

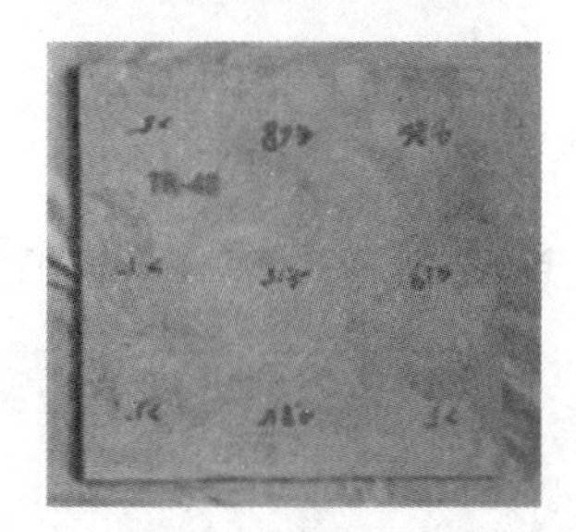

(c) TR-48耐烧蚀涂层

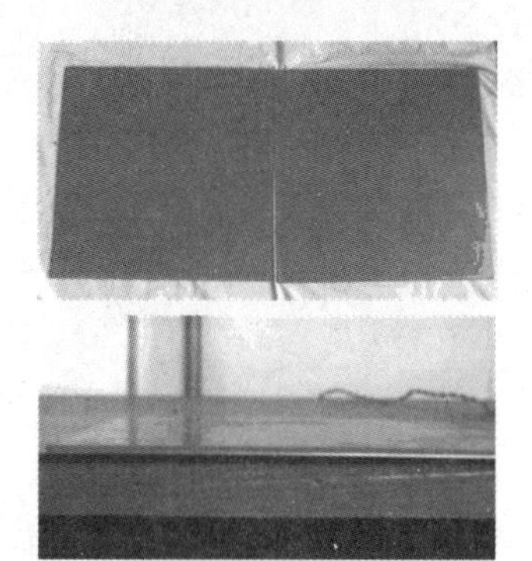

(d) HM317低密度阻燃隔热密封材料

图 4　四种试样

2. 试验结果

A 材料：

材料在烧蚀过程中出现阻燃隔热瓦与底板的分离，如图 5 所示。其原因是在高温下底板和瓦的变形不匹配，冷却一段时间后由于变形而翘出的瓦块基本平复。

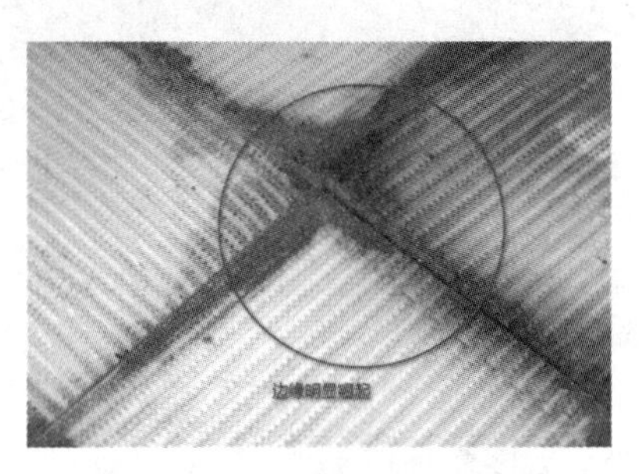

图 5　A 材料烧蚀后表面状态

试板测温曲线如图 6 所示，由图可知，在 90 s 烧蚀过程中及停止烧蚀后，底板温度最高为 168 ℃。

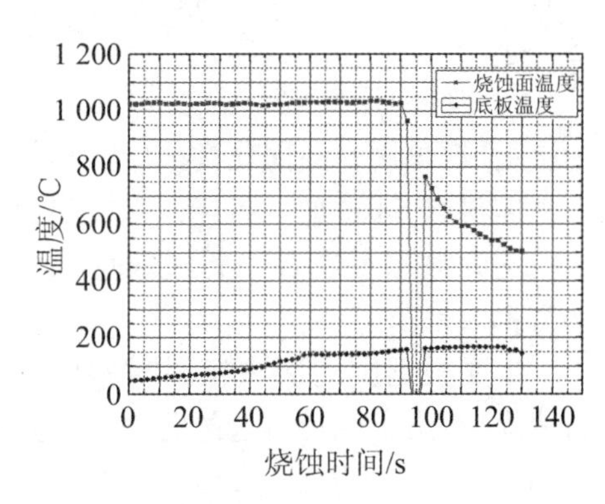

图 6　样品测温曲线

B 材料：

样板在烧蚀后涂层未产生粉化及鼓泡现象，表面出现裂纹，放置一段时间后表面裂纹扩展至涂层并完全脱落，烧蚀后的表面形貌如图 7 所示。

试板测温曲线如图 8 所示，由图可知，在 90 s 烧蚀过程中及停止烧蚀后，

底板温度最高为 183 ℃。

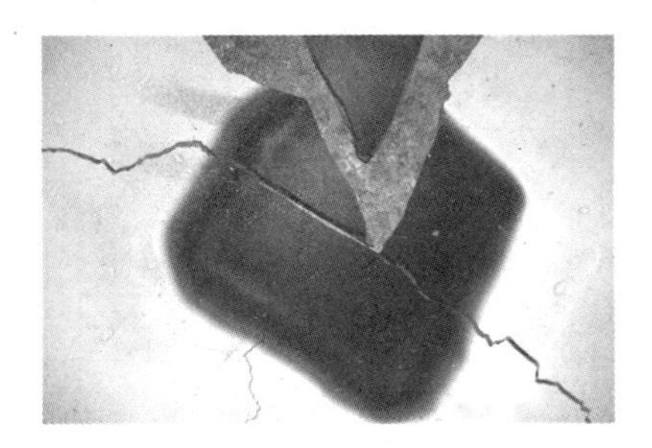

图 7 B 试板烧蚀后状态

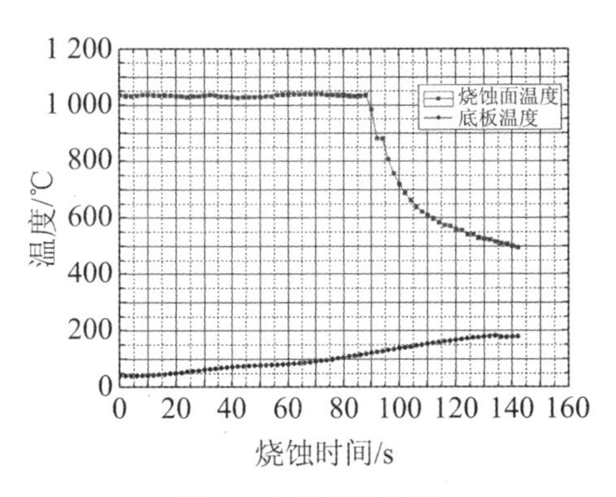

图 8 试板测温曲线

C 材料：

带钛合金底板的 TR-48 涂层在火焰烧蚀过程中被引燃，至关掉火源后表面仍有火焰，并散发出一种很明显的令人不适的刺激性气味。涂层表面碳化明显，碳化层呈刚性，并且出现裂纹，如图 9～10 所示。

图 9 C 试板烧蚀后表面火焰未不熄灭

TR-48 涂层试板测温曲线如图 11

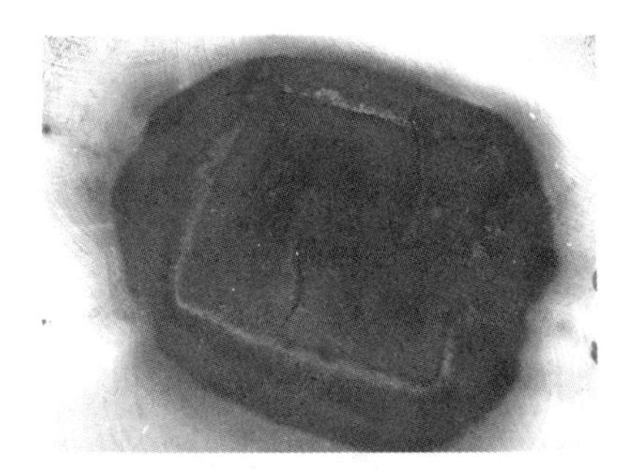

图 10 C 试板表面火焰烧蚀区域

所示，由图可知，在 90 s 烧蚀过程中及停止烧蚀后，底板温度最高为 122 ℃。

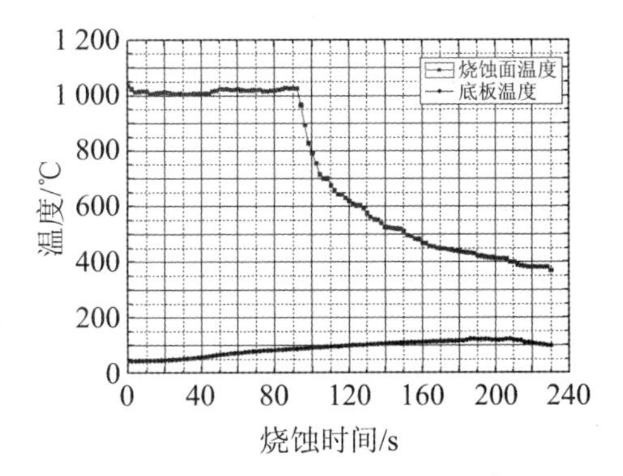

图 11 试板测温曲线

D 材料：

烧蚀后的材料表面出现细小裂纹，涂层未见起泡和脱落，用钢片轻轻刮烧蚀表面有粉化产物，大约 2 mm 厚度后能看到未烧蚀粉化涂层，钛合金底板表面中心火焰位置出现氧化变色情况，试板从样品架上取下时有轻微向底板方向的翘曲，分析原因是涂层呈柔性，火焰高温加上面所盖的重物综合作用导致，其形貌如图 12 所示。

试板测温曲线如图 13 所示，由图可知，在 90 s 烧蚀过程中及停止烧蚀后，底板温度最高为 144 ℃。

图 12　D 试板烧蚀后的涂层表面状态

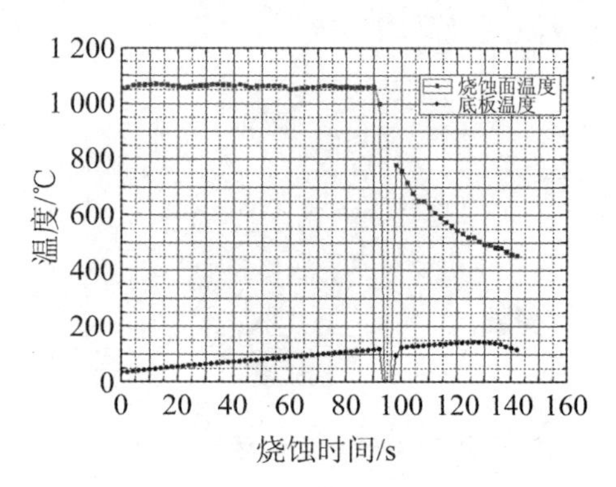

图 13　试板测温曲线

3.3　小结

结合材料的施工方式和密度等信息，考虑模拟烧蚀试验后材料的外观变化和底板的最高温度，综合评估信息如表 3 所示。

表 3　试验现象小结

材料	施工方式	材料密度	材料厚度	烧蚀后外观变化	底板最高温度	备注
类隔热瓦层	隔热瓦分块黏接	1.6 g/cm^3	6.6 mm	未见起泡和粉化，瓦有翘起现象	168 ℃	试验后试板发生烧蚀翘曲，反映瓦的隔热性能不够
无机-有机复合涂层	喷涂、刷涂，可常温固化，也可加温固化	约 1.8 g/cm^3	10 mm	有贯穿裂纹，无粉化、起泡现象，涂层破裂脱落	88 ℃	需提高涂层与试板的粘接性
TR-48 涂层	喷涂，模压黏接	1.2～1.4 g/cm^3	4.8 mm	过程中被引燃，熄火后表仍有火焰，涂层表面碳化明显，碳化层有裂纹。	122 ℃	会有明火，会散发出一种很明显的令人不适的刺激性气味
HM317 密封材料	喷涂、刮涂、模压黏接	约 0.8 g/cm^3	3.3 mm	细小裂纹，涂层未见起泡和脱落，有粉化	144 ℃	若采用密封剂与陶瓷布复合的方式适当提高强度后，更有优势

4　结束语

根据某型机副翼防火密封要求，对副翼进行防火密封材料设计选型研究，主要通过分析副翼的烧蚀环境，从结构、烧蚀、涂层等方面进行防火密封设计，给出了四种可选的防护密封材料。通过地面试验的方法，对比几种不同的防火密封方案的防火防烧蚀和隔热密封效果，综合考虑重量、工艺性等因素，确定了选用 3 mm 厚的 HM317 防火密

封板材作为首选的防火密封材料方案。考虑气动、工艺、维护等因素，将副翼上的 HM317 防火密封板材划分为 9 块独立的板材（如图 14 所示），在迎风面和侧面进行 45°倒角，使设计方案最大合理化。

图 14　副翼防火密封板材装机状态

参 考 文 献

[1] 刘丽萍，等. 航空橡胶密封材料发展及应用[J]. 军民两用技术与产品，2013，6：13-16.

[2] 唐红艳，等. 耐烧蚀材料的研究进展[C]. 复合材料学术年会论文集，2003：350-354.

[3] 潘玲英，等. 一种新型蜂窝夹层结构防热材料[J]. 宇航材料工艺，2012，42(5)：38-41.

[4] 杨燕，等. 飞机发动机短舱结构防火设计与试验验证[J]. 航空科学技术，2014，25(6)：58-61.

文章编号:SAFPS15034　　飞机防火基础理论

声弛豫吸收谱线峰值点在一氧化碳气体探测中的应用

胡铁,王殊,朱明

(华中科技大学电子信息与通信学院,武汉 430074)

摘要: 虽然已有多种方法可以探测空气中一氧化碳气体的含量,但是大部分都无法达到实时、较高灵敏度以及安全系数高的要求。本文提出了一种基于声弛豫吸收谱线峰值点的一氧化碳气体探测方法。该方法通过两对常用超声波换能器在两个固定频率点处对声速及声吸收系数进行测量,由两点测量值合成得到待测气体声弛豫吸收峰值点坐标。仿真结果表明,对于待测未知气体,该方法可准确定性识别一氧化碳并定量检测其浓度。该方法为火灾气体探测及工业过程控制中一氧化碳气体的检测提供了一种新思路。

关键词: 声弛豫吸收峰值点;一氧化碳气体检测;两点测量合成算法

中图分类号: X936;X932　　**文献标识码:** A

0　引言

一氧化碳是一种危害性极大的空气污染物。空气中一氧化碳来源主要是工业场合如钢铁、炼油等用煤的不完全燃烧,汽车尾气排放,家用煤气不完全燃烧。一氧化碳无色无味且有剧毒。当人吸入一氧化碳后,它会与血液中血红蛋白结合造成无法输送氧气的后果。而且当一氧化碳与空气混合达到爆炸极限时,会引起人员伤亡和财产损失。在飞机火灾环境下,一氧化碳气体探测器往往能在感温和感烟探测器未检测到异常信号时做出反应。因此,其在飞机防火中的作用不容小觑[1]。

目前,检测空气中一氧化碳浓度的方法有红外检测法[2]、气象色谱法[3]等。但是这些传统方法所使用的仪器大多笨重,携带不方便,无法达到实时的效果,且需要抽取待测气体从而破坏气体环境,因此很多都无法进行现场分析。目前的一氧化碳传感器的设计主要有以下四种类型[1]:单片机型一氧化碳传感器、固态高聚物电解质型一氧化碳传感器、金属氧化物半导体型一氧化碳传感器、触媒燃烧型一氧化碳传感器。但是这些传感器只能应用于特定场合且都有一定的缺陷。

本研究小组的朱明[4]提出了通过测量弛豫声吸收和声速来计算一氧化碳气体的算法,建立了弛豫声吸收和声速与气体浓度的三维模型。仿真实验结果表明该算法具有一定的实际可行性。通过近几年的研究，本小组的张克声和朱明提出了可计算多种混合气体声复合弛豫吸收谱的解析模型[5,6]，对文献[4]中的检测算法做了进一步的推进，对实际检测中准确预测混合气体声弛豫吸收谱线提供了良好的基础。然后，他们提出了一种可应用于实际的两点重建算法[7]，通过测量两个频率点处的声吸收值和声速值，可快速合成出混合气体声弛豫吸收谱线。两点重建算法实现了超声气体探测方法实时探测的目标。基于解析模型及两点重建算法，我们提出了基于声弛豫吸收峰值点探测气体的方法并给出了基于该方法的智能传感器原型[8]，实验结果表明基于峰值点坐标定位的气体探测方法对常见气体可达到实时准确的测量。

本文给出了基于峰值点坐标定位的空气中一氧化碳气体检测方法，以甲烷、氮气混合气体为背景气体，从中检测一氧化碳气体含量，给出了基于该方法的传感器设计思路。

1 基于声弛豫吸收谱线峰值点定位的气体探测方法

1.1 有效弛豫区域的构建

在实际测量中，我们首先应该构建出一个探测标准，即一定外界环境条件下，一定浓度气体混合物的峰值点坐标分布。因为峰值点其物理意义表示为，它的横坐标对应混合气体有效弛豫频率，纵坐标对应最大弛豫吸收。因此，在文献[8]中，我们将不同浓度条件下峰值点坐标分布定义为有效弛豫区域。通过求解张克声提出的混合气体声弛豫吸收谱线解析模型[5,6]，即可求得目标气体有效弛豫区域。该模型通过求解通用弛豫方程[9]，得到有效声波角波数 k^{eff}：

$$k^{\mathrm{eff}}(\omega)=\frac{\omega}{c_{\mathrm{e}}(\omega)}=\omega\sqrt{\frac{\rho_0}{p_0}\frac{C_V^{\mathrm{eff}}}{C_V^{\mathrm{eff}}+R}}=\frac{\omega}{c(\omega)}-i\alpha_{\mathrm{r}}(\omega) \tag{1}$$

其中，c_{e} 为有效热力学声速；$c(\omega)$ 和 $\alpha_{\mathrm{r}}(\omega)$ 分别为依赖与频率 ω 的声速和弛豫声吸收；ρ_0 和 p_0 分别为气体平衡态密度和压强；R 是普适气体常量；C_V^{eff} 是依赖于频率的有效定容摩尔热容。通过求解内外自由度温度变化率之比，可以得到式(1)中最右边 $c(\omega)$ 和 $\alpha_{\mathrm{r}}(\omega)$ 的解析表达式[5]，即可得到整条声弛豫吸收谱线，然后求得其峰值点坐标，得到混合气体有效弛豫区域[8]。

1.2 两点合成算法

在得到混合气体有效弛豫区域后，如何在实际测量中快速测得峰值点是我们关注的重点。传统的方法是通过测量整条谱线，然后再取其峰值点坐标。理论上，获得整条谱线有两种方法：其一，测量一个较宽频率范围内的声吸收系数；其二，通过改变压强获得整条吸收谱线。由于市面上所使用的超声波换能器大多工作在固定频率点，要做到多点测量很困难，所以大部分的实验都采用改变环境压强的方法。然而，这样就无法达到实时检测的效果，且需要花费更多的成本。因此，限于这一缺陷，目前并没有利用超声波换能器进行气体探测的产品，大部分研究仍然停留在实验室阶段。

为了克服这一问题，张克声提出一个利用两频率点处声参数合成峰值点的算法[7]。由声弛豫吸收谱线上两个点的值，即可得到最大弛豫吸收系数 μ_m 和有效弛豫频率 f_m 的值为

$$\mu_m = \mu(f_1)(f_1^2 + f_m^2)/(2f_m f_1)$$

$$f_m = \left[\frac{\mu(f_1)f_1 - \mu(f_2)f_2}{\mu(f_2)/f_2 - \mu(f_1)/f_1}\right]^{1/2} \quad (2)$$

其中，f_1 和 f_2 分别为所选中的两个频率点；$\mu(f_1)$ 和 $\mu(f_2)$ 分别为这两点处声吸收系数。由上式即可快速求得峰值点坐标值。

在实际测量中，首先由 1.1 节中讨论求得待测气体的有效弛豫区域，然后使用两对超声波换能器对待测未知气体进行测量。由测得的两个频率点处的声参数值通过式(2)合成出峰值点坐标测量值。将其定位到有效弛豫区域中，即可得到未知气体的组分及浓度信息。在下节中，将以甲烷-氮气混合气体为背景气体，检测其中一氧化碳气体浓度。

2 仿真实验结果

工业过程控制中，甲烷如果不完全燃烧，会生成一定量的一氧化碳气体。因此，检测甲烷气体中一氧化碳气体中含量具有重要的应用价值。假定甲烷-氮气为背景气体，其中混入一定量一氧化碳气体，其中氮气含量为 10%保持不变，甲烷浓度变化为 1%到 89%，相应的一氧化碳气体浓度变化为 89%到 1%。而温度作为另一个简单易测的重要环境参数，被用来一起构建甲烷-一氧化碳-氮气的有效弛豫区域，温度变化范围为 273～323 K。构建结果如图 1 所示。

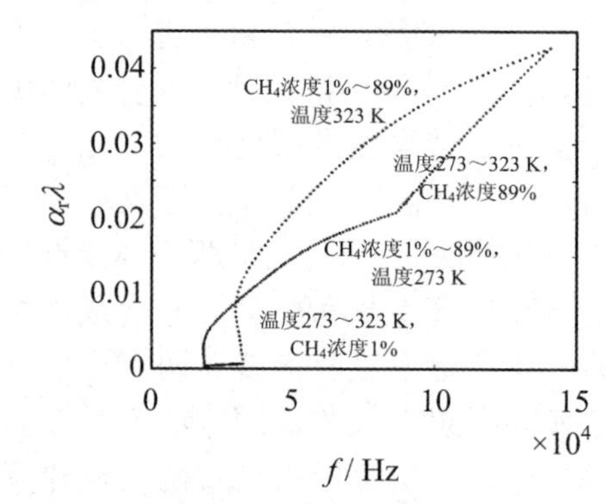

图 1　甲烷-一氧化碳-氮气混合气体有效弛豫区域

如图 1 所示，为甲烷-一氧化碳-氮气混合气体的有效弛豫区域，即混合气体在不同温度，不同浓度条件下，由解析模型计算得到的峰值点在坐标系中的分布情况。为了简便起见，本文只给出了边界条件下的峰值点分布状况，图中四条由点组成的“曲线”分别代表温度变化从 273 K 变化到 323 K，甲烷浓度由 1%变化到 89%的峰值点坐标变化情况。图中每个点都代表一个峰值，它对应的横纵坐标分别表示其有效弛豫频率和最大弛豫吸收。另一方面，它的另一层物理意义是当前环境温度和气体成分信息。

在得到甲烷-一氧化碳-氮气混合气体的有效弛豫区域后，假定背景气体为甲烷-氮气混合物，一定量一氧化碳气体混入其中。考虑两对分别工作在 f_a=20 kHz 和 f_b=125 kHz 下的超声波换能器对其进行测量，测量环境温度

为 293 K。通过测量可得，在 293 K 条件下两频点处的无量纲声吸收系数分别为0.013 4和0.010 0。由这两个频率点的坐标通过计算式(2)，可得到测量得到的峰值点坐标为(44.795 kHz, 0.015 7)。将此点定位到图 1 所示的峰值点有效弛豫区域中，其结果如图 2 所示。

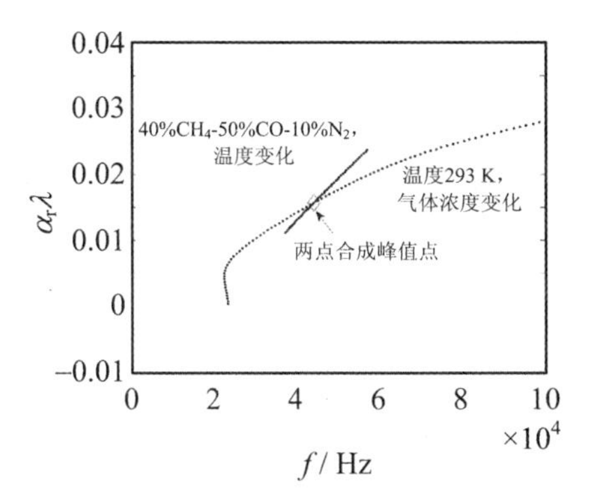

图 2　两点合成结果定位到有效弛豫区域中

如图 2 所示，将测量合成得到的峰值点定位到有效弛豫区域中，它所对应的点位于图 2 中所示的两条“曲线”的交点处。这两条曲线分别表示 40% CH_4-50%CO-10%N_2，温度变化为 273 K 至 323 K 和温度 293 K 固定，CH_4浓度从 1%变化至 89%。因此，可以定性得到混入气体为一氧化碳气体，且其浓度为 50%。因此，本文第一节中提出的基于峰值点定位的气体探测方法可有效探测出背景气体中混入的一氧化碳气体含量。

3　结论

本文给出了基于峰值点定位的气体探测方法在一氧化碳气体探测中的应用。在实际测量中，由解析模型计算一定温度、浓度条件下的混合气体峰值点有效弛豫区域，该分布区域即为实际探测中的探测标准。然后由两对固定频率点的超声波换能器测量待测气体声吸收系数，由两组声参数合成得到峰值点测量值。通过将测量得到的峰值点定位到有效弛豫区域，定性定量分析待测气体成分及浓度。

本文提出的方法只使用两组常用超声波换能器进行测量，不会破坏待测气体环境。由两点合成算法，本文提出的探测方法可达到实时检测的效果。且本文方法无需使用特定的一氧化碳传感器，对其他气体亦可进行探测，应用范围非常广泛。从理论上来说，只要能够精确计算得到气体有效弛豫区域即可对该气体进行检测。

参 考 文 献

[1] 张丹，等. 民用飞机火灾探测技术浅析[J]. 消防科学与技术，2014，4 (33)：423-426.

[2] KLEIN M，GOURDON F. New Method for measuring Environment Carbon Monoxide Levels[J]. Correlation through a Gaseous IR Filter Tech. Mod.，1983，75(1-2)：37-43.

[3] 林德俊. 气象色谱法同时连续测定空气中的 CO 和 CO_2[J]. 理化检验(化学分册)，1996，32(6)：358 561.

[4] 朱明，等. 基于混合气体分子复合弛豫模型的一氧化碳浓度检测算法[J]. 物理学报，

2008，57(9)：5749-5755.

[5] 张克声，等. 混合气体声复合弛豫吸收频谱的解析模型[J]. 物理学报，2012，61(17)：174301.

[6] Ke-Sheng Zhang，et al. Decoupling multimode vibrational relaxations in multi-component gas mixtures：analysis of sound relaxational absorption spectra[J]. Chin. Phys. B，2013，22(1)：014305.

[7] Ke-Sheng Zhang，et al. Algorithm for capturing primary relaxation processes in excitable gases by two-frequencyacoustic measurements [J]. Meas. Sci. Technol.，2013，24：055002.

[8] Yi Hu，et al. Acoustic absorption spectral peak location for gas detection[J]. Sens. Actuators B：Chem. 2014，203：1

[9] DAIN Y，LUEPTOW R M. Acoustic attenuation in three-component gas mixtures-theory [J]. J. Acoust. Soc. Am.，2001，109：1955-1964.

文章编号:SAFPS15035　　飞机火灾探测技术

双波长气溶胶粒径传感方法及其火灾烟雾探测器

王殊,邓田,窦征,朱明

(华中科技大学电子信息与通信学院,武汉 430074)

摘要:本文提出了双波长光散射气溶胶粒径传感方法,设计实现了采用该方法的双波长火灾烟雾探测器。该探测器使用短波长和长波长的双波长光源,通过计算其光功率比值,利用其与中值粒径的关系函数获得气溶胶粒径,并根据不同粒径下的气溶胶浓度分别给出大小不同粒径的火灾烟雾或干扰气溶胶提示。因而,该探测器不仅可以有效区分大小不同粒径的火灾烟雾气溶胶以正确探测火灾,而且能够识别微米级的大粒径干扰粒子,降低火灾误报率,可以应用于飞机等航空器空中密闭的特殊环境。

关键词:烟雾探测;气溶胶粒径;双波长

中图分类号:X936;X932　　**文献标识码**:A

0　引言

飞机等航空器是一个处于高空的小型密闭空间的特殊环境,装载的仪器及电气设备精密复杂,存在过流过热等火灾隐患,货舱中也可能存在火灾危险且难以人工监测。飞机火灾由于气压等原因,其燃烧状态、燃烧产物以及对火情预警的性能要求等均与地面火灾有所不同。特别是误报警由于难以人工确认,一旦发生火灾会造成远高于地面的重大人员财产损失,因此亟需开发适用于飞机特殊需求的低误报率的火灾探测系统。火灾早期阶段最明显的特征产物是热解气溶胶,NASA 的空间测量结果表明,燃烧烟雾气溶胶大都处于亚微米量级,集中分布在 100 nm 至 500 nm 之间[1],而非火灾气溶胶如灰尘和水蒸气等粒径均大于 1 μm[2]。光散射型火灾烟雾探测是火灾早期探测的主要方法,常用的红外光电烟雾探测器对 300 nm 以下的粒子敏感度较低,对大于 1 μm 的干扰粒子响应却很强,因此并不能有效地探测飞机火灾隐患并易产生误报警。普通的双波长光电烟雾探测方法可以大致区分气溶胶粒径是否大于 1 μm[3],但并不能传感粒径的具体大小,因此虽然可以减少非火灾气溶胶的误报警,但对均衡响应大小粒子烟雾气溶胶仍有不足。

我们在对双波长光电烟雾探测技

术研究的基础上，考虑到飞机等航空器烟雾探测的需要，提出了一种双波长光散射气溶胶粒径传感方法，并设计实现了利用该方法的双波长光散射火灾烟雾探测器。该方法使用短波长和长波长两种传感光源，通过计算其光功率比值获得气溶胶粒径，并根据不同粒径下的气溶胶浓度分别给出大小不同粒径的火灾烟雾或干扰气溶胶提示，能够在有效探测大小不同粒子的火灾烟雾的前提下，抑制微米量级的灰尘、纤维、水蒸气等大颗粒干扰源，减少误报警。

1 双波长气溶胶粒径传感方法

我们已经知道，粒子大小对判断火灾与非火灾气溶胶具有重要作用。气溶胶粒径有不同的度量方法，中值粒径不仅是度量气溶胶粒径的方法之一，而且还可以在一定程度上反映粒子粒径的分布情况。物质燃烧生成的气溶胶粒径的数量分布通常都可以用对数正态分布函数描述，因而可以用中值粒径与标准差这两个参数表征该分布，通常燃烧物质气溶胶的标准差为1.6～1.9，因此分布函数主要受中值粒径影响。

根据气溶胶光学Mie散射模型[4]，在某一散射角上给定接收孔径内被探测气溶胶的散射光功率 P_n 为

$$P_n = C_n \int_0^{\infty} f(d) P_\lambda(d, \lambda, m) \mathrm{d}d \quad (1)$$

其中，C_n 为气溶胶的质量浓度；$f(d)$ 为粒径分布函数；$P_\lambda(d,\lambda,m)$ 为单个粒子Mie散射光强。d 为粒径，对于对数正态分布的 $f(d)$ 可用中值粒径表达 d。λ 为入射光波长，这里为短光波长或长光波长。m 为粒子折射率。

由式(1)中散射光功率 P_n 正比于粒子质量浓度 C_n 可以看出，气溶胶散射光功率与气溶胶浓度成正比关系。如果使用短波长，可以定义式(1)的 P_n 为 P_S，对于长波长为 P_L。

在散射角、接收孔径和光短波长、光长波长均确定的情况下，且在同样质量浓度和折射率的气溶胶中，粒子的质量浓度 C_n 相同，因此短波长光散射功率 P_S 和长波长光散射功率 P_L 的比值 R 为：

$$R = \frac{P_S}{P_L} \frac{\int_0^{\infty} f(d) P_\lambda(d, \lambda_S, m) \mathrm{d}d}{\int_0^{\infty} f(d) P_\lambda(d, \lambda_L, m) \mathrm{d}d} \quad (2)$$

其中，λ_S 和 λ_L 分别是光短波长和长波长。

显然式(2)是光散射功率比值 R 与中值粒径 d 的函数，因此通过 R 的大小与 d 的对应关系即可得到气溶胶的中值粒径。例如，如果短波长采用460 nm的蓝光，长波长采用960 nm的红外光，散射角度分别为145度和85度时，式(2)的 R 与中值粒径 d 的关系如图1所示。

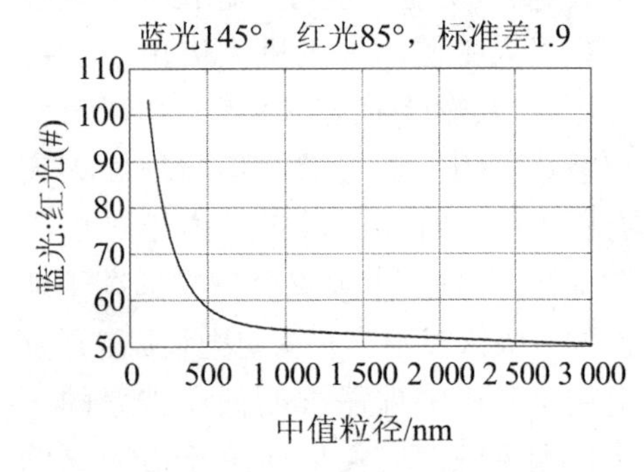

图1 蓝光和红外光功率比值与中值粒径关系

因此，当气溶胶粒径服从对数正态分布且分布的标准差在 1.6～1.9 范围内时，在一定散射角度上粒子对两种波长的光散射功率之比，与气溶胶中值粒径直接对应，由此可以得出气溶胶中值粒径数值，并以此作为传感器的气溶胶中值粒径输出信号。同时，由于气溶胶浓度与散射光功率直接对应，因此把两个波长的散射光功率作为传感器的气溶胶浓度输出信号。

2 双波长火灾烟雾探测器

根据上节双波长光散射气溶胶粒径传感方法，我们设计实现了利用该方法的双波长光散射火灾烟雾探测器。在光源的选择上，在优先满足气溶胶粒径传感要求的前提下，考虑市场可得性与成本，根据粒子 Mie 散射理论，短波长采用 460 nm 的蓝光 LED，长波长采用 960 nm 的红外光 LED，其探测范围在 50～2 700 nm，考虑到接收器件的响应范围，实际有效范围在 100～1 500 nm，仍覆盖了火灾烟雾和部分非火灾干扰物粒径。通过仿真优化，我们构造了两种探测器，一种为双前向结构，选择蓝光散射角度 135 度，红外光散射角度为 135 度。另一种为前后向结构，选择蓝光散射角度 145 度，红外光散射角度为 85 度，探测器结构如图 2 所示。图中略去电路和未标出编号的部分，其余部分：4 为光室端面、5 为接收管腔、6 为第一发射管腔、10 为迷宫、11 为防虫网、12 为外罩、13 为进烟间隔、14 为光室、15 为进烟口。

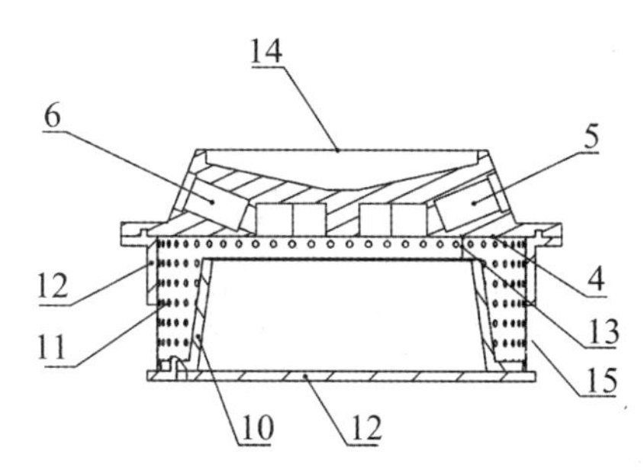

图 2　双波长探测器结构

探测器工作时将两个波长的散射光功率作为传感器的气溶胶浓度输出信号，气溶胶的中值粒径则由两个波长散射光功率的比值 R 确定，由图 1 可知，前后向探测器中蓝光前向接收的光信号强度远高于红外后向的光信号强度。为了均衡灵敏度，在实际设计中需要调整不同波长信号的增益，这将引起 R 的改变，R 与探测器的实际比值 R_D 可以用式(3)表示：

$$R = T \cdot R_D \tag{3}$$

其中，T 是比值转换系数，它与探测器不同入射光的发光效率、收光效率、放大倍数等因素有关。

当两个波长的输出光功率中至少有一个超过一定门限时，即气溶胶达到一定浓度时，根据蓝光和红外光散射功率比值 R 与气溶胶中值粒径 d 的关系函数输出气溶胶粒径，按照粒径大小和气溶胶浓度分别给出小粒子火灾烟雾、大粒子火灾烟雾、大粒子干扰气溶胶等不同的报警或提示信息。

探测器实物如图 3 所示。

3 实验

我们对双波长火灾烟雾探测器进行了试验，首先确定报警粒径门限，通

图 3　双波长火灾烟雾探测器

常把气溶胶中值粒径 1 μm 作为火灾烟雾和灰尘、水蒸气等干扰的分界线，由于使用场合各异，此分界线可以在一定范围内变化，这里我们设定为 1 μm。其次确定火灾烟雾大小粒子门限，根据我们对燃烧物质粒子的试验[5]，选定 500 nm 为区分火灾烟雾粒径大小的界限值。探测器对气溶胶浓度报警门限值可以根据不同场合对灵敏度的要求设定。根据探测器响应，确定该探测器比值转换系数 T 为 27。

我们试验了探测器对正庚烷试验火的响应，其光功率输出比值如图 4 所示。去除试验前后气溶胶浓度未达到门限时的比值，可以看到试验期间该前后向探测器比值 R_D 稳定在 2.5 左右(图 4 虚线)。

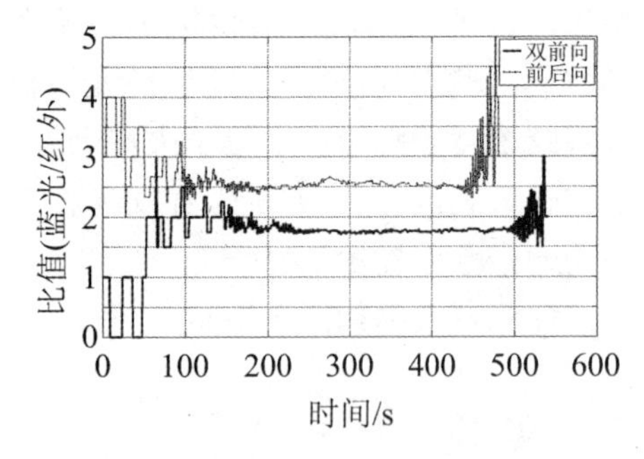

图 4　探测器对正庚烷的光功率比值

可以得出此时 R=67.5，从图 1 得到对应中值粒径在 330 nm 左右，属于小粒子火灾烟雾，也符合正庚烷试验火粒径分布。

我们也对探测器进行了灰尘实验，采用 ISO12103-1A2 标准灰，粒径分布范围为 0.97～176 μm，探测器输出比值如图 5 所示，其中该探测器比值 R_D ≤2(图 5 虚线)，实际灰尘信号期间 R_D 约为 1.7，则 R=45.9。由图 1 可知，此时探测器输出粒径应该远大于 1 μm，符合该标准灰粒径分布。

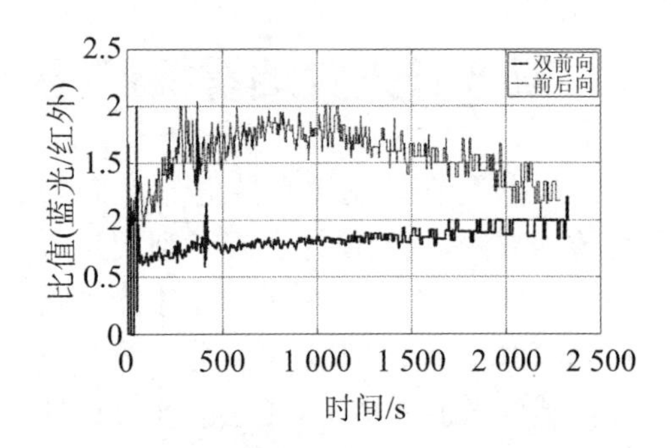

图 5　探测器对标准灰的光功率比值

图 4 和图 5 中还有双前向探测器的输出比值(实线)，也可以得到类似前后向探测器的结果，此处不赘。

上述试验表明，从该探测器对正庚烷试验火和灰尘的光响应比值信号，按照式(2)的对应关系，说明其可以有效区分火灾和非火灾气溶胶大小粒径。

4　结论

本文提出了双波长气溶胶粒径传感方法并设计实现了双波长火灾烟雾探测器，通过计算短波长光和长波长光对气溶胶浓度的响应比值，获得了该比值与气溶胶粒径的关系模型。由于该方法不仅可以通过光散射信号得到气溶胶浓度，而且可以通过两种波长的散

射光功率的比值与气溶胶中值粒径的函数关系得到被探测气溶胶的中值粒径数值，从而判断并发出火灾烟雾粒径大小的报警信号，可以在飞机等航空器上根据烟雾不同种类采取针对性的合理消防措施。对该探测器的火灾烟雾和灰尘实验表明，其区分粒径的方法有效。

此外，此类探测器实际实现时，短波长光可以采用波长为 280～490 nm 的紫外至蓝光，甚至绿光光源，长波长光可以采用波长为 830～1 050 nm 的红外光源，两种波长的散射角度既可以为双前向，也可以是前后向结合，都可以均衡有效地传感气溶胶大小粒径。

参 考 文 献

[1] DAVID L. Urban, Smoke Particle Sizes in Low-Gravity and Implications for Spacecraft Smoke Detector Design, 2009-01-2468, SAE internatinal.

[2] Wolfgang Kruell, et al. Characterization of dust aerosols in false alarm scenarios, AUBE'14, Duisburg, Germany, 2014.

[3] Martin Cole, Aerosol characterization for reliable ASD operation[J]. AUBE'05, Duisburg, Germany, 2005.

[4] PUAL A. Baron, Klaus Willeke, Aerosol Measurement: Principle, Techniques, and Applications[M]. New York: John Wily & Sons, Inc. , Second Edition, 2005.

[5] 王殊，邓田，等. 高灵敏度蓝光烟雾探测器研究[J]. 第一届飞机防火系统学术研讨会论文集，天津，2014.

文章编号:SAFPS15036　　飞机防火基础理论

烟源温度对飞机货舱烟雾扩散的影响研究

于天鹏,孙晓哲,杨士斌,王立宝

(中国民航大学 天津市民用航空器适航与维修重点实验,天津 300300)

摘要:飞机发生火灾严重危害飞行安全,目前的火灾探测技术主要针对烟雾颗粒进行预测。本文通过CFD软件,利用离散相(DPM)模型模拟了烟雾颗粒在飞机货舱中的扩散,探究不同烟源温度及烟雾释放速度对烟雾扩散规律的影响,得到烟雾扩散速率与烟源温度存在一定关系。因此,笔者建议在飞机货舱烟雾符合性验证试验中应当充分考虑烟源温度及速度对试验结果的影响。

关键词:CFD;烟雾扩散;颗粒;烟源温度

中图分类号:X936;X932　　**文献标识码:**A

0　引言

飞机在飞行中,如果发生火灾则会导致飞机返航甚至应急疏散,严重危害飞行安全。发生火灾时,高温以及有毒气体会使乘客生命安全受到严重威胁。在火灾中烟雾是致人死亡的首要原因。因此,烟雾也是美国联邦航空管理局(Federal Aviation Administration, FAA)和欧洲航空安全局(European Aviation Safety Agency, EASA)的重点关注内容。

近年来数据表明,乘客经历烟雾事件的概率大于0.01%。仅美国当地,平均每天都有一架飞机因为烟雾事件而改变航线[1]。幸运的是,飞机烟雾事件转变为不可控的火灾事件还是极少的。国际航空运输协会(International Air Transport Association, IATA)对2002年1月至2004年12月之间的航空安全报告(Air Safety Report, ASR)进行了搜集和统计,所得数据表明每年有超过1 000架次飞行发生烟雾事件,导致多于350次的航线更改或预防性着陆。飞行中大约每5 000架次航班发生1次烟雾事件,而由于烟雾导致的航线更改大约是每15 000架次发生1次[2]。飞行中发生火灾或烟雾成为航空运输安全的巨大挑战。

目前,现行的适航规章要求飞机货舱烟雾探测系统必须在火灾发生一分钟之内给机组成员提供一个可见的警示[3]。因此,制造商必须花费巨大的成本以及时间进行烟雾探测地面实验和飞行实验以证明烟雾探测系统对相关规章的符合性。

对飞机货舱防火而言,大多数现代

飞机都采用了烟雾探测技术，最为广泛采用的是光电式烟雾探测器。当飞机发生火灾，环境中烟雾浓度达到一定值时，烟雾探测器则会发出警报。早期，烟雾探测试验采用燃烧手提箱的方法以产生真实的烟雾，但由于其在试验中产生有毒气体而被放弃；后来，采用燃烧树脂或松香块以产生烟雾，但试验证明该方法可重复性较差[11]。目前，飞机货舱烟雾符合性验证试验一般采用烟雾发生器产生模拟烟雾，其产生的烟雾无毒且发烟量稳定。然而，烟雾发生器产生的模拟烟雾与真实烟雾还是存在一定差异，相关研究表明[10]，真实烟雾传播是由于烟雾温度升高而产生浮力驱动流，而烟雾发生器产生的模拟烟雾并不具备真实烟雾应有的温度等物理特性，仅仅是动量驱动流。烟雾传播特性的不同会影响烟雾探测的及时性及准确性。

另一方面，FAA曾着手验证目前的驾驶舱烟雾渗透实验是否充分[4]。实验结果表明，温度较高的烟雾更容易渗透进入驾驶舱，而冷烟在驾驶舱渗透实验中则较难观测得到。换言之，烟雾温度的高低在很大程度上影响烟雾渗透的程度。而对于货舱烟雾符合性验证试验，所用烟雾发生器产生的是冷烟，并未考虑到真实火灾时烟源温度对于烟雾扩散的影响。程书山[5]通过火灾动力学模拟器FDS5，对飞机货舱行李着火时烟雾传播进行了模拟，针对货舱内烟雾探测器位置的不同，对探测到烟雾的时间进行了比较。该文章考虑了火源放热时，烟雾在热流驱动的浮力下进行扩散，但并未给予无放热情况的仿真实验对照。空客在飞机货舱烟雾探测试验[6]时，采用烟雾发生器产生石蜡油烟雾，并在出口加热来模拟烟雾的热浮力作用。但石蜡油液滴与真实烟雾颗粒存在很大差异，温度对固态颗粒与液态液滴产生的作用不尽相同，并不能够真实反映温度对烟雾扩散的影响。

FAA曾资助桑迪亚国家实验室专门针对飞机货舱火灾做了相关研究[7]。为了减少飞行试验和地面试验，该实验室依照质量守恒、能量守恒、动量守恒等原则，开发了烟雾扩散的计算流体力学(CFD)软件。并将仿真结果与B707货舱实验数据进行了对比，对温度、透光度以及CO、CO_2气体浓度分别进行了分析，验证了数值仿真的可信度。该研究充分体现了CFD软件在飞机货舱火灾研究中的优越性。随着计算流体力学(CFD)技术的发展，商用CFD软件日趋成熟，其在复杂流动数值模拟方面表现出强大的计算能力。

本文针对飞机货舱烟雾扩散事件以及相关条款的符合性验证方法，利用FLUENT软件，研究不同烟源温度下的烟雾扩散规律，并探讨浮力驱动流与动量驱动流对烟雾扩散规律的影响。

1 模型建立及边界条件

1.1 货舱模型建立

本文通过数值仿真方法对飞机货舱烟雾扩散进行了研究。首先，建立了货舱几何模型，尺寸为3.6 m×1.5 m×7.6 m，烟雾入口设置在货舱地板中央，并在货舱纵向两侧内壁上各设置一个出口，如图1所示。为了观测舱内烟雾浓度的变化，依据空客自1995年至2005年对客舱内烟雾的研究[12]，烟雾浓度监控区域(monitoring zone)设置在货舱顶部距离中心三分之一处。其次，利用ICEM软件进行网格划分，划分后的网格为结构网格，在近壁面处和关键区域进行网格加密，网格总数为150万。最后，导入FLUENT软件中进行计算。

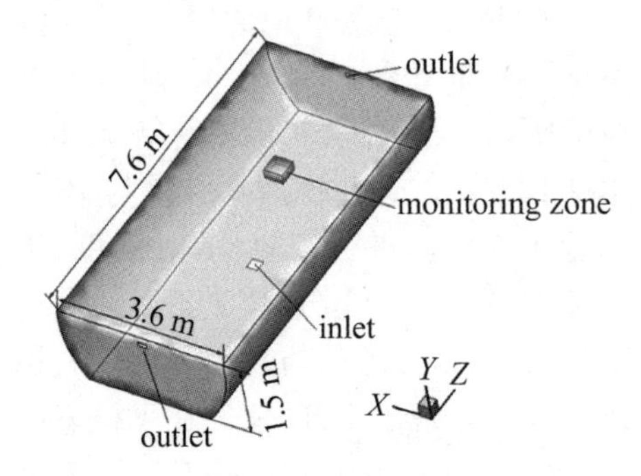

图1　货舱几何模型

1.2　边界条件和数值方法

货舱内流场特征是低雷诺数。对于湍流模型的选择，标准 k-ε 模型是一种高雷诺数的模型，而RNG k-ε 提供了低雷诺数流动黏性的解析式，有利于近壁区域的求解。所以RNG k-ε 模型比标准 k-ε 模型对于低雷诺数问题的求解在可信度和精确度上更高。江娜[8]在民航客机座舱内污染物传播规律的研究中，采用7种不同的湍流模型对封闭空间内流场进行仿真，针对速度场、温度场与实验结果进行了对比，结果表明，RNG k-ε 湍流模型在自然对流中表现较好。因此，本文采用RNG k-ε(RANS)湍流模型进行烟雾扩散计算。

在FLUENT流固耦合仿真计算中，对于某一项体积分数低于10%的两相流而言，采用离散相(DPM)模型更为准确地反映出流体颗粒、液滴、气溶胶的扩散规律。本文重点关注烟雾颗粒的扩散，因此采用离散相模型来模拟烟雾颗粒扩散。该计算模型首先计算由热对流作用产生的舱内流场，再结合流场变量求解颗粒的受力，从而得到颗粒的速度，追踪颗粒运动的轨迹。对于非稳态的离散相求解问题，连续相的流场影响离散相的分布，而离散相的存在又影响了连续相的流场，因此需要在FLUENT软件中考虑离散相对流场的影响，即相间耦合计算。在非稳态离散相问题的求解策略中，首先创建离散相入口，初始化流场后，设定求解的时间步长和时间步数，由于是耦合流动，颗粒的位置会在每个时间迭代步的相间耦合计算过程中得到更新[9]。

依据FAA烟雾研究实验结果[10]，本文初步选择烟雾颗粒为球形颗粒，且直径均一，为80 nm。此外，本文还考虑了重力、浮力、suffman升力、布朗运动等作用等对烟雾扩散的影响。而对于热辐射模型，本文选取能较好反映火灾热辐射的P1模型，该模型不但在燃烧中有较好的表现，而且求解只需要占用较少的CPU。在模拟计算的过程中，需要给烟雾入口设定稳定的放热热源和质量流量源，用以模拟烟雾。

为了研究货舱中烟源温度对烟雾扩散规律的影响，本文分别模拟了烟雾发生器冷烟温度333 K(60 ℃)、中等烟雾温度573 K以及较高烟雾温度1 173 K这3种温度下烟雾的扩散。烟雾颗粒质量流量为3E－8 kg/s，释放时间为 60 s，环境温度为 300 K。同时，考虑动量驱动流与浮力驱动流的差异，本文分别研究入口颗粒速度为 0 m/s 和 0.5 m/s 时，烟源温度对烟雾扩散规律的影响。

2 结果分析及讨论

2.1 入口颗粒速度为 0 时，烟源温度对烟雾扩散规律的影响

当烟源温度为 573 K，颗粒入口速度为 0 m/s 时，货舱内烟雾扩散如图 2 所示。0～5 s 时，烟雾在热浮力作用下迅速上升产生羽流，羽流对周围空气的吸卷作用使羽流在上升过程中产生锥形扩散，当烟雾到达天花板顶部时产生顶棚射流。15 s 时，烟雾到达货舱顶部大部分空间，上层烟雾不断堆积形成热烟雾层。30 s 时，烟雾到达货舱纵向两侧，并开始在天花板顶部大量堆积。

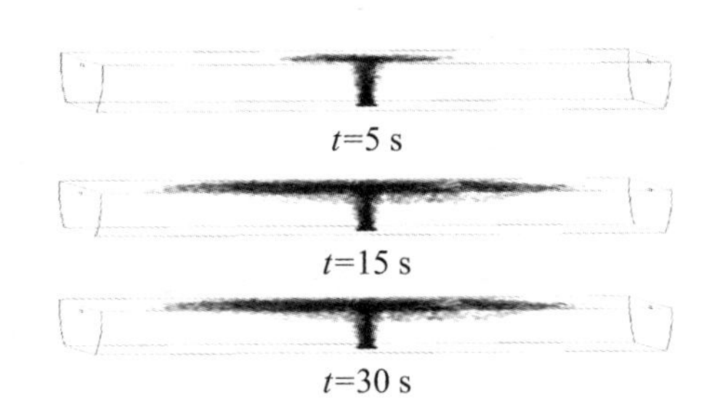

图 2 烟雾随时间扩散

烟雾颗粒与外界空气的换热效率相当高，烟雾颗粒由烟源入口进入货舱很快便下降到一个较低的温度。图 3 是不同烟源温度下 $Z=0$ 截面处颗粒温度分布，可以看出在烟源温度为 573 K 和 1 173 K 时，烟雾颗粒在未到达货舱顶棚时温度都已经降至一个较低温度，均低于 350 K。

图 4 显示了在 30 s 时两种不同烟源温度下的货舱 $Z=0$ 截面位置处流

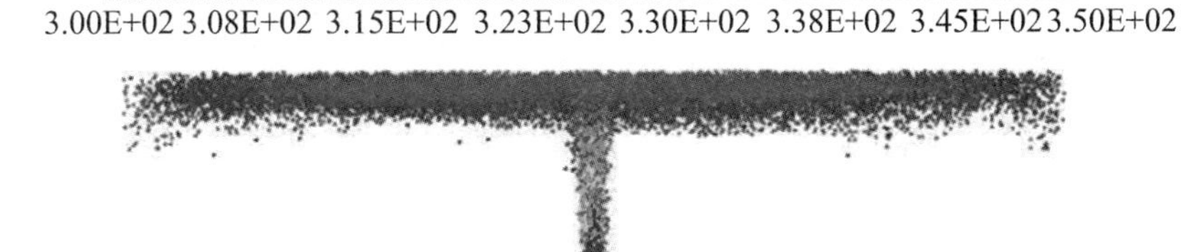

T=573 K

T=1 173 K

图 3 不同烟源温度在 $Z=0$ 截面处颗粒温度分布(单位:K)

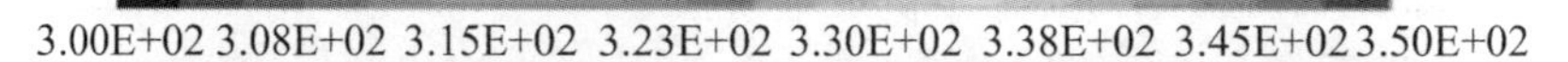

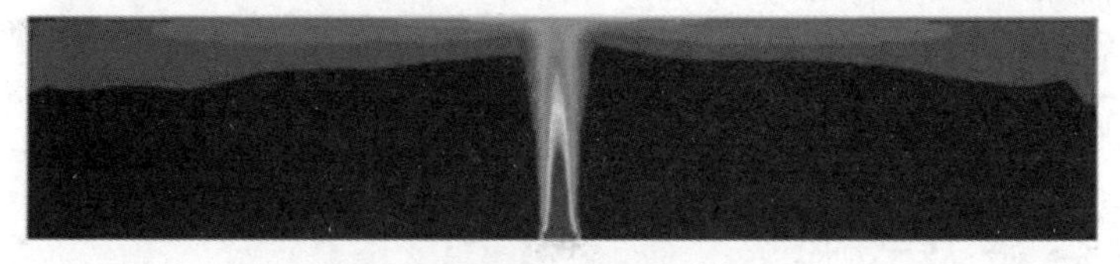

T=573 K时货舱Z=0截面温度分布

3.00E+02 3.08E+02 3.15E+02 3.23E+02 3.30E+02 3.38E+02 3.45E+02 3.50E+02

T=1 173 K时货舱Z=0截面温度分布

图4　不同烟源温度在Z=0截面处温度分布

场温度分布情况。由温度云图可见，烟源温度无论为573 K还是1 173 K，货舱内大部分区域温度依然为300 K，烟源温度对烟雾颗粒仅产生浮力作用，此时场内因加热而密度不同从而产生流动，其对颗粒产生的曳力较小，使得颗粒在入口处堆积，随流体流动至顶棚的数量较少。不同烟源温度导致的浮力差异对于烟雾扩散虽然存在一定影响，但不是很明显，其浓度差异也不是很大。

2.2　入口颗粒速度不为0时，温度对烟雾扩散规律的影响

图5显示了烟源温度分别为333 K、573 K和1 173 K，入口速度为0.5 m/s的烟雾颗粒在监控区域内浓度随时间变化的情况。从浓度变化曲线中可以清晰地看到，前15 s时，烟源温度对烟雾浓度影响并不大，此时流体主要为动量驱动流；15 s之后，烟源温度越高其监控区域内烟雾浓度越低。这是因为烟源入口温度越高，热对流越强烈，导致流场内速度增大。流体速度越大，一定时间内通过监控区域的流量也越大，而在烟雾颗粒释放率相同的情况下，较大速度的连续相流体会稀释离散的烟雾颗粒，使其浓度下降。此时，流体流动不仅受到动量驱动，还受到浮力驱动。

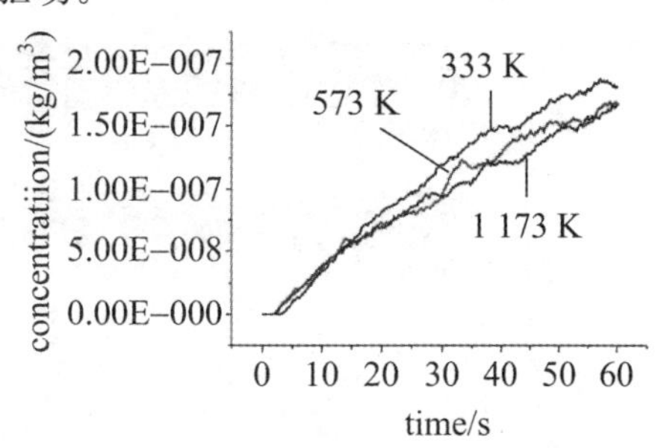

图5　不同温度烟雾浓度变化情况

图 6 为同一时刻(30 s、40 s、50 s、60 s)不同烟源温度下,取距货舱地板中心高度 1.45 m,沿轴向距离 0.3 m、0.6 m、0.9 m、1.2 m、1.5 m、1.8 m、2.1 m、2.4 m、2.7 m 以及 3 m 处速度图像。由速度图像可知,烟雾沿轴向扩散方向速度逐渐减小,且烟源温度越高,烟雾速度越大。该烟雾颗粒扩散规律与文献[6]仿真结果趋势相同。

此外,通过对比相同烟源温度下入口速度不同时烟雾扩散规律的差异,探究浮力动量耦合驱动流中动量驱动流对烟雾扩散的影响。图 7 显示了烟源温度分别为 573 K 和 1 173 K 时,存在烟雾入口速度 $v=0.5$ m/s 与不存在入口速度时烟雾浓度随时间的变化情况。

由曲线可知,在两种温度下,入口有初始速度的烟雾其浓度始终大于入口无初始速度的烟雾。在气固两相流中,两相之间存在速度差,且由于绕流及气体黏性的存在,必然由此导致两相之间的力的作用,即曳力 F_D。

$$F_D = C_D \cdot \frac{\pi d_P^2}{4} \frac{\rho(v_g - v_p)^2}{2}$$

$$= C_D \cdot \frac{\pi d_p^2}{4} \frac{\rho v_r^2}{2}$$

其中,C_D——曳力系数;

d_p——颗粒直径;

v_g——气体速度;

v_p——颗粒速度;

v_r——气体与颗粒之间的相对速度。

气体与颗粒之间相对速度越大,颗粒受到的曳力越大。颗粒在流体中还受到重力 G,以及浮力 F_f 作用,在这三个力的合力作用下,颗粒随连续相流体

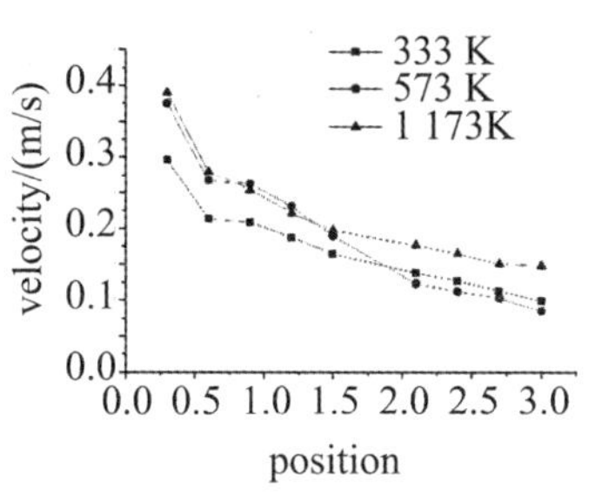

t=30 s时货舱不同位置速度大小

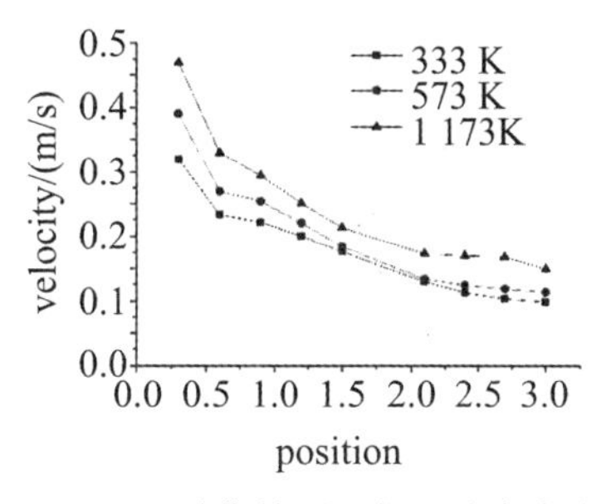

t=40 s时货舱不同位置速度大小

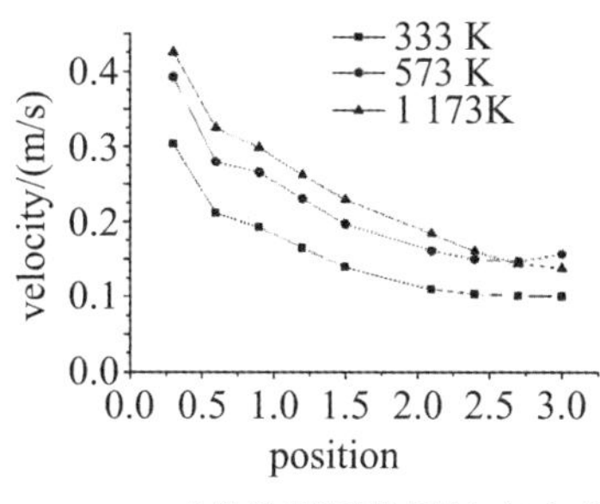

t=50 s时货舱不同位置速度大小

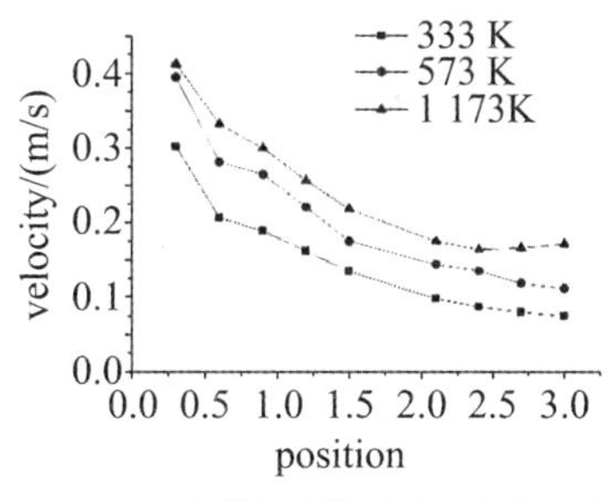

t=60 s时货舱不同位置速度大小

图 6　不同烟源温度下 $X=0$ 截面处速度分布

运动。入口速度为零时,流场内速度较低,烟雾颗粒并不能全部随连续相流体运动,而是在入口处产生了一定的堆积。而入口速度较高时,烟雾颗粒在较大的曳力作用下很快随流体运动至监控区域,因此入口速度越大顶棚颗粒浓度越高(如图 7 所示)。

2.3 讨论

当入口速度为 0 时,通过对比相同烟源温度下不同入口速度的工况(图 7)以及相同入口速度不同烟源温度的工况(图 5),可以看出单一的浮力驱动力对烟雾扩散的影响较小,由烟源温度和入口速度共同产生的浮力动量驱动力对烟雾扩散的影响较大。

根据上述仿真结果,烟源温度较低,入口速度较大时,监控区域内烟雾颗粒浓度比烟源温度高、入口速度小时烟雾颗粒浓度大。而烟雾发生器产生的烟雾温度低、速度大,在进行烟雾符合性验证试验时,比真实烟雾更容易探测到,导致试验结果与真实值偏差较大。

3 结论

本文采用离散相(DPM)模型,分别模拟了烟源温度为 333 K、573 K 和 1 173 K 时飞机货舱内烟雾的扩散,研究了烟源温度以及烟雾释放速度对烟雾颗粒扩散规律的影响。根据仿真结果分析,在烟雾初始释放速度为零的情况下,颗粒仅受到热浮力的作用而扩散,此时不同的烟源温度对烟雾扩散的影响并不大。当烟雾初始释放速度不为零时,烟雾不仅受到热浮力作用,还受到初始动量的驱动,此时当烟源温度较高时,其扩散速率较大,烟雾颗粒浓度较小;而烟源温度较低时,其扩散速率略低,烟雾浓度较大。因此,在飞机货舱烟雾符合性验证试验中应当充分考虑烟源温度以及烟雾释放速率对烟雾扩散的影响。若采用烟雾发生器进行符合性验证试验,则应该考虑正确选择烟雾的释放速率以能够更加接近真实烟雾的扩散。

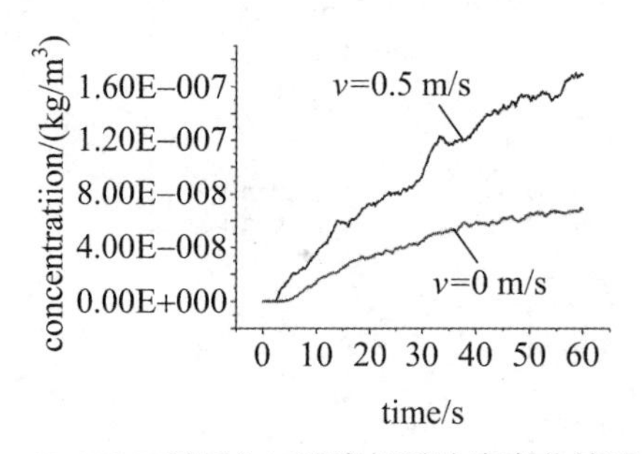

T=573 K不同入口速度烟雾浓度变化情况

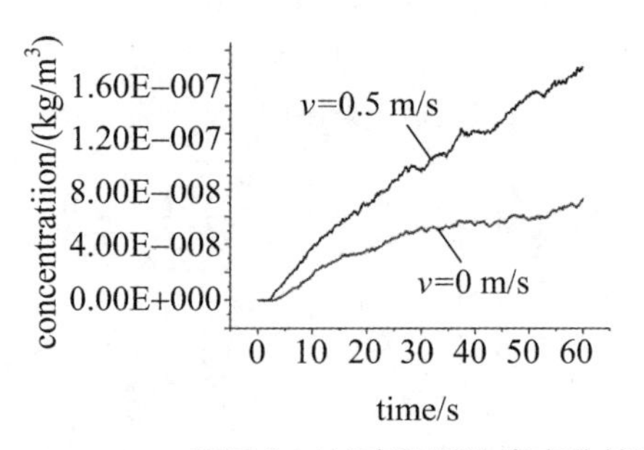

T=1 173 K不同入口速度烟雾浓度变化情况

图 7 不同烟雾释放速度对烟雾浓度的影响

参 考 文 献

[1] JOHN M. Reducing the risk of smoke and fire in transport airplanes: Past history, current risk and recommended mitigations[C]. The Fifth Triennial International Fire & Cabin Safety Research Conference, Atlantic City, New Jersey, USA 2007.

[2] JOHN M. Reducing the risk of smoke, fire and fumes in transport aircraft[J]. Smoke, Fire and Fumes in Transport Aircraft, 2006, 12(4): 1-97.

[3]《中国民用航空规章第 25 部,运输类飞机适航标准》R4,第 25.858 条.

[4] Robert Morrison. Flight Deck Smoke Penetration Testing[R]. International Fire & Cabin Safety Research Conference, 2013.

[5] 程书山. 大型客机货舱烟雾探测模拟研究[J]. 航空科学技术,2013(3):56-58.

[6] Dipl. -Ing. Kai Behle. Determination of Smoke Quantities to be Used for Smoke Detection Performance Ground and Flight Tests [C]. 25th International Congress of the Aeronautical Sciences, 2006: 1-5.

[7] Jill Suo-Anttila, Walt Gill, Carlos Gallegos, et al. Computational Fluid Dynamics Code for Smoke Transport During an Aircraft Cargo Compartment Fire: Transport Solver, Graphical User Interface, and Preliminary Baseline Validation[R]. Washington: U. S. Department of Transportation Federal Aviation Administration, 2003: 31-35.

[8] 江娜. 民航客机座舱内污染物传播规律的研究[D]. 南京航空航天大学学位论文,2009.

[9] Fluent INC. FLUENT 6. 3 User's Guide[R]. FLUENT documentation 2006.

[10] Jill Suo-Anttila, Walt Gill, and Louis Gritzo. Comparison of Actual and Simulated Smoke for the Certification of Smoke Detectors in Aircraft Cargo Compartments [R], Washington: U. S. Department of Transportation Federal Aviation Administration, 2003: 10-15.

[11] Dipl,-Ing, Kai, Behle. Determination of Smoke Quantities to Be Used for Smoke Detection Performance Ground and Flight Tests[R]. 25th International Congress of The Aeronautical Sciences.

[12] Kai Behle. Smoke Generation for Certification Ground and Flight Tests[R]. International Aircraft Systems Fire Protection Working Group Meeting, 2005.

文章编号:SAFPS15037 飞机防火基础理论

液态 1211 灭火剂中氮气溶解度的计算

杨海峰,匡勇

(天津空港经济区西十道 5 号天津航空机电有限公司,天津 300308)

摘要:本文针对充填 1211 灭火剂的固定式灭火器的内部压力随外界环境温度变化规律尚无理论计算公式而导致新产品设计初期无法预知高温环境下产品内部压力数值及变化规律的问题,提出一套可满足工程应用的灭火器温度-压力计算方法,保证产品在设计初期可通过计算得到任意充填比的高温环境中的最高压力,避免了反复试验的繁琐耗时工作。首先根据亨利定律及气体状态方程建立氮气及灭火剂混合系统温度与压力关系的方程式,然后以一台灭火器产品为样本,测定灭火器环境温度从−55 ℃升至 70 ℃过程中的内部压力,将测试数据代入建立的方程式中计算出氮气溶解度。最后通过另外四台不同充填比的灭火器的充填试验和温度-压力曲线的测定结果与理论计算结果进行对比验证。结果表明,这种计算方法过程简单,高温段计算误差较小,满足产品设计初期最高耐压值计算需要,解决了每次更改充填参数后需进行繁琐耗时的温-压曲线测定工作的问题。

关键词:1211 灭火剂;固定式灭火器;氮气;溶解度

中图分类号:X936;X932 **文献标识码:**A

0 引言

航空灭火器根据安装和使用方法不同可以分为固定式灭火器和手提式灭火器两种。固定式灭火器使用环境温度变化范围较大,可在 −55 ℃至 +80 ℃范围内变化。用于发动机舱灭火的固定式灭火器使用哈龙 1301 灭火剂,由于其充填操作是在常温环境下使用氮气加压至规定压力,在不同环境温度下,产品内部压力会随外界环境温度变化而发生较大变化,灭火器常温加压的压力值必须保证其在最高工作温度下内部压力不超过产品的安全设计值。HB7276-96 中对这种温度-压力变化规律给出了相关理论及公式[1]。在特殊情况下,需要对发动机内部灭火时一般使用 1211 灭火剂作为固定式灭火器的充填介质,针对此种充填方法 GBJ110-87 给出了 1211 灭火剂的蒸气压力计算公式[2],但并不能计算出温度-压力变化规律,因此使用 1211 灭火剂和氮气混合的灭火系统其温度随压力变化的规律很难从理论上进行计算,而灭火器在最严酷环境温度下的内部压力值是产品安全耐压设计值的重要指标，工程上的做法就是使用样机进行试充填，测定温度变化曲线，如果压力值不符合系统需求则更改充填比后再次进行测试。

本文通过合理的假设提出一种1211灭火剂与氮气混合系统的温度-压力稳态模型，通过一台样机的试验数据对模型中待定参数进行计算，然后通过另四台充填比不同的样机试验数据进行对比验证，证明了提出的计算方法在高温范围内具有较高的准确性，能够计算出高温环境下任意充填比的产品内部最高压力值，给产品设计初期安全耐压值的计算提供依据。

1 数学模型

1.1 状态描述

固定式灭火器的充填方法为：在恒温环境下，首先向灭火器内充填一定重量的灭火剂，然后使用氮气加压，摇晃灭火器加速灭火剂与氮气的混合平衡过程，直至显示灭火器内部压力不再变化。

此时，灭火器内部为处于平衡的液体和气体混合系统。液体成分为1211灭火剂以及溶于灭火剂的部分氮气，气体成分为氮气以及饱和蒸气态的1211灭火剂，此状态可以由图1描述。

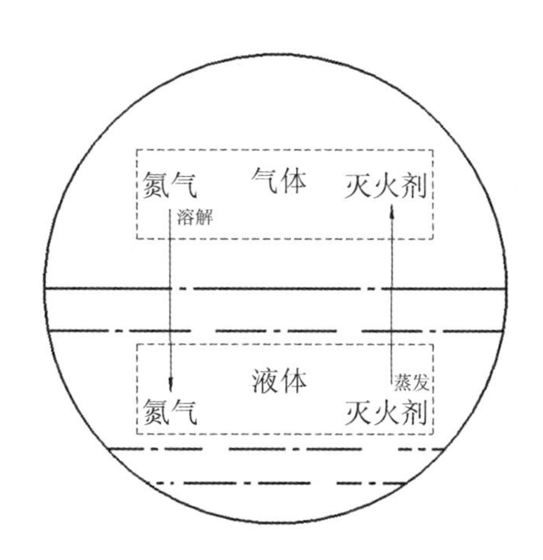

图1 灭火器内部混合系统

1.2 理论及假设

根据亨利定律，当气体在液体中的溶解度不高时，气体在液体中达到溶解平衡后，气体在该液体中的溶解度和气相中该气体的分压成正比，即有公式：

$$C = K \cdot P \tag{1}$$

其中，C——1 kg溶剂中溶解的气体质量，单位g；

K——与温度、气体、溶质有关的系数；

P——液面上气体的平衡分压，单位MPa。

根据分压定律，混合气相系统总压力等于各组分气体分压力之和，即

$$P_{总} = P_1 + P_2 + \cdots + P_n \tag{2}$$

理想气体在处于平衡态时，压强、体积、物质的量、温度间存在满足如下关系的状态方程：

$$PV = nRT \tag{3}$$

其中，P——理想气体的压强，单位Pa；

V——理想气体的体积，单位m^3；

n——理想气体的物质量，单位mol；

T——理想气体的温度，单位K；

R——理想气体常数，当公式中其他参数采用上述单位量时，R值为8.31 J/(mol·K)。

根据GBJ110—87中给出的1211灭火剂在t ℃时的饱和蒸气压力：

$$P_{\varpi} = 10^{9.038-\frac{964.6}{t+243.3}} \qquad (4)$$

其中，t——灭火剂摄氏温度，单位 ℃；

P_{ϖ}——灭火剂饱和蒸气压，单位 Pa；

为了便于计算，首先做出如下假设：

(1) 高温环境下，氮气在 1211 灭火剂中的溶解度不高，满足亨利定律，低温环境下暂时假定为符合亨利定律；

(2) 混合气体符合理想气体状态方程，总压力为氮气分压与 1211 饱和蒸气压之和；

(3) 氮气溶于 1211 灭火剂中对其液体 1211 灭火剂浓度的影响忽略不计。

1.3 公式推导

假设系统体积为 V，充填 1211 灭火剂重量为 M_{1211}，20 ℃环境下液态灭火剂密度为 ρ_{1211}，加至规定压力所需氮气重量为 M_{N_2}。

在任意环境温度 T 下保持足够长时间后系统内部稳定压力为 P_T，系统内气体为氮气和 1211 灭火剂的蒸气部分，氮气分压为 P_{N_2}，1211 灭火剂蒸气压分压为 P_{1211}，则根据公式(2)有如下关系：

$$P_T = P_{N_2} + P_{1211} \qquad (5)$$

在任意稳定的温度下，灭火剂分压即为其饱和蒸气压，即

$$P_{1211} = P_{\varpi} \qquad (6)$$

根据公式(3)有如下关系：

$$P_{N_2} = \frac{nRT}{V_{气体}} = \frac{\frac{M_{N_2}}{28} - \frac{C \cdot M_{1211}}{28}}{V - \frac{M_{1211}}{\rho_{1211}}} \cdot R \cdot T \qquad (7)$$

将公式(7)、(6)、(4)、(1)代入公式(5)可得

$$\begin{aligned} P_T &= \frac{M_{N_2} - K \cdot P_{N_2} \cdot M_{1211}}{\rho_{1211} \cdot V - M_{1211}} \cdot \frac{\rho_{1211}}{28} \cdot RT + 10^{9.038-\frac{964.6}{T+243.3}} \\ &= \frac{M_{N_2} \cdot R \cdot T \cdot \rho_{1211}}{KM_{1211}\rho_{1211}RT + 28(\rho_{1211}V - M_{1211})} + 10^{9.038-\frac{964.6}{T+243.3}} \end{aligned} \qquad (8)$$

由公式(8)可见，系统内任意稳态温度下的压力与系统温度、体积、氮气重量、灭火剂重量和密度有关，如果测定一个已知了充填氮气、灭火剂重量的系统温度与压力对应数据，就可以计算出氮气的溶解度系数 K，而反过来使用测定的溶解度系数 K 代入公式(8)又可以计算 1211 灭火系统内任意温度点对应的压力值。

2 应用计算

已知：液态 1211 灭火剂在 20 ℃密度 1 889 g/L，气态 1211 灭火剂在 20 ℃，1 个标准大气压下密度 7.12 g/L。

为了求解氮气在 1211 灭火剂中的溶解度，首先按照如下要求设置了一台 6 L 容积的试验样机：

(1) 充填 1211 灭火剂重量 2.35 kg；

(2) 20 ℃环境下系统稳态压力 9.5 MPa；

(3) 充填过程中称量氮气充填重量为 0.725 kg。

将样机置于调温设备中，测定了 13 个温度点下对应的压力，每个温度点保温 3 h。将数据代入公式(8)中可

计算出各个温度点下氮气在1211灭火剂中的溶解度系数K，计算过程略去，将结果直接填入表1中。

由表1中氮气溶解度的计算结果可知，随温度的升高氮气在液态1211灭火剂中的溶解度降低，且低温下的溶解度远高于高温下的溶解度。

表1 样机温度-压力对应关系

温度/℃	测试压力/MPa	溶解度系数 MPa·g/kg
−55	6.60	15.54
−40	7.05	14.63
−30	7.45	13.55
−20	7.85	12.63
−10	8.3	11.62
0	8.7	10.99
10	9.1	10.46
20	9.5	10.04
30	9.9	9.72
40	10.3	9.48
50	10.75	9.18
60	11.2	8.97
70	11.7	8.72

3 实例验证

为了验证氮气溶解理论和溶解度系数计算值的正确与否。重新设计四台样机，一台6L样机，两台2L样机，一台1L样机，进行不同充填比的系统压力验证。

3.1 6 L样机

6 L样机001充填要求及测试压力、计算压力的数值对比如表2所示。

（1）充填1211灭火剂重量2.2 kg；

（2）20 ℃环境下系统稳态压力9.4 MPa；

（3）充填过程中测定氮气重量0.71 kg。

表2 计算与试验值对比

温度/℃	计算压力/MPa	实测压力/MPa	相对误差e/%
−55	6.53	6.45	1.22
−40	6.98	6.90	1.95
−30	7.37	7.35	1.09
−20	7.76	7.80	0.22
−10	8.20	8.25	0.53
0	8.59	8.65	0.65
10	8.98	9.05	0.69
20	9.38	9.45	0.74
30	9.77	9.90	0.76
40	10.17	10.25	1.28
50	10.62	10.70	0.77
60	11.06	11.10	0.78
70	11.56	11.60	0.34

由表2可知，通过计算得到的压力值与试验测定的压力值基本吻合，但是计算低温范围下的误差值高于高温范围，这可能由氮气溶解度在低温范围内变高导致不严格符合亨利定律所引起。

3.2 2 L样机

2 L样机设置了充填比和常温压力均不同的两台样机。充填要求及测试压力、计算压力的数值对比如表3所示。

样机002充填参数：

（1）充填1211灭火剂重量2.25 kg。

（2）常温环境下系统稳态压力

9.32 MPa。

表3 计算与试验值对比

温度/℃	计算压力/MPa		实测压力/MPa		相对误差 e/%	
编号	002	003	002	003	002	003
−55	5.8	0.52	5.2	0.40	11.5	30
−40	6.2	0.63	5.7	0.52	8.7	21.1
−30	6.9	0.74	6.3	0.58	9.5	27.6
−20	7.5	0.80	6.8	0.63	10.3	26.9
−10	7.9	0.86	7.5	0.72	5.3	19.4
0	8.6	0.94	8.2	0.83	4.9	13.2
10	9.1	1.11	8.7	0.97	4.6	14.4
20	9.9	1.21	9.32	1.10	6.4	10
30	10.4	1.32	10.0	1.27	3.8	3.9
40	10.7	1.58	10.5	1.48	1.9	6.7
50	11.2	1.75	11.2	1.73	0	1.2
60	12.4	1.94	12.7	1.94	2.4	0
70	13.1	2.16	13.5	2.20	2.96	1.8

(3) 充填过程中测定氮气重量 0.308 kg

样机003充填参数：

(1) 充填 1211 灭火剂重量 1.90 kg。

(2) 常温环境下系统稳态压力 1.1 MPa。

(3) 充填过程中测定氮气重量 0.033 kg

由表3结果可知，低温范围内的误差明显高于高温范围的，因为在计算时系统总容积和压力读数会存在误差，并且温度越高，氮气溶于液态混合体中的质量越少，液态混合体越接近纯液态1211灭火剂，使用忽略了氮气溶于液态混合体中造成密度变化的公式(8)进行计算就越准确。更改了混合系统的容积(即更改了充填比)之后，计算压力值与试验测定的压力值普遍在20 ℃以下误差越来越大，但是20 ℃以上各温度点的误差比较小，此结果从侧面证明了在低温阶段，氮气过多地溶解于液体1211灭火剂中，使用本文中基于亨利定律建立的模型去求解温度-压力对应值会存在很大误差。

3.3 1 L样机

1 L样机设置了充填比和常温压力均不同的一台样机。充填要求及测试压力、计算压力的数值对比如表4所示。

表4 试验与计算对比

温度/℃	计算压力/MPa	实测压力/MPa	相对误差 e/%
−40	0.75	0.82	7.95
−30	0.82	0.85	3.76
−20	0.89	0.89	0
−10	0.97	0.91	6.95
0	1.06	0.95	11.26
10	1.15	1	15.09
20	1.26	1.4	10.23
30	1.38	1.51	8.82
40	1.51	1.63	7.16
50	1.68	1.75	3.99
60	1.87	1.9	1.67
70	2.09	2.1	0.41

样机004充填参数：

(1) 充填 1211 灭火剂重量 1.00 kg。

(2) 常温环境下系统稳态压力 1.4 MPa。

(3) 充填过程中测定氮气重量 0.015 kg。

由表4中结果依然可观察到，压力

计算值低温范围内误差相对高温范围内的大，进一步证明了在低温阶段，氮气过多地溶解于液体 1211 灭火剂中，使用本文中基于亨利定律建立的模型去求解温度-压力对应值会存在很大误差，而在高温范围内则不受此影响。

4 结论

（1）氮气于液态 1211 灭火剂中的溶解度随温度升高而降低，高温环境下氮气溶解度极小，可以使用本文中提出的计算方法求解高温范围内温度压力对应值。

（2）计算最高环境温度下的压力值，具有较高的准确性，低温环境温度下的压力计算值则存在较大误差。

参考文献

[1] HB7276-96. 民用航空器 Halon1301 灭火系统最低性能要求. 中国航空工业总公司.

[2] GBJ110-87. 卤代烷 1211 灭火系统设计规范. 中华人民共和国国家计划委员会.

[3] 侯大力，罗平亚，王长权. 高温高压下 CO_2 在水中溶解度实验及理论模型[J]. 吉林大学学报（地球科学版），2015，2.

[4] 王彩杰，马守涛，程振民. PR 状态方程二元相互作用参数的拟合及对柴油中氢气溶解度的预测[J]. 计算机与应用化学，2015，5.

[5] 陈文，王存文，应卫勇. 高压氮气在正庚烷中溶解度的数学模型[J]. 化工时刊，2007，5.

[6] 薛海涛，卢双舫，付晓泰. 甲烷、二氧化碳和氮气在油相中溶解度的预测模型[J]. 石油与天然气地质，2005，5.

[7] 吕燕，张巍. 挥发性有机污染物水中亨利常数的简易测定方法[J]. 华东理工大学学报（自然科学版），2009，5.

文章编号:SAFPS15038　　　　飞机灭火技术

一种航空用多支耳高压灭火气瓶的一体成型优化设计及工艺研究

杨洪亮[1],冯柏润[2],李金平[1],李召君[1]

(1. 辽宁美托科技有限公司,抚顺 121311;2. 空军驻沈阳地区军事代表室,沈阳 100010)

摘要:本文详述了一种航空用多支耳高压灭火气瓶,为了解决支耳焊接的应力影响,提高支耳的耐振动性能而进行了有限元应力分析优化,采用了一体成型工艺,实现了支耳整体成型,提高了耐振动性能,同时减少了焊接,最大程度上减少了焊接对气瓶疲劳寿命的影响,从而大大提高了高压气瓶的整体安全性能,为航空用异形高压气瓶的结构优化积累了经验。

关键词:不锈钢;一体成型;灭火气瓶

中图分类号:X936;X932　　　　**文献标识码:**A

0　引言

现代航空装备对安全性、可靠性、轻量化的要求不断提高。机载高压航空灭火气瓶是 X-XX 飞机灭火系统的重要组成部分,根据飞机的性能要求,气瓶由五个接嘴、三个支耳及上下半球组成,其内部充装哈龙 1301 灭火剂,充装最高工作压力为 10 MPa,当飞机出现火情时,可实现三个喷射嘴的同步喷射,从而实现快速灭火。

该气瓶为薄壁高压容器,根据飞机上安装空间和结构功能设计要求,采用三个支耳固定。气瓶、灭火剂及配套的喷射、充填、监测等结构件的重量,以及受飞机振动、冲击等综合环境条件影响,均由该三个支耳结构来承担。

国外同类产品多采用焊接支耳结构,但由于该机型的高性能要求,需要更高的耐振动冲击强度、更轻的重量,国外及国内的传统焊接支耳工艺结构已不能满足性能要求。

为此,进行气瓶的有限元设计优化,在重量、外形尺寸满足技术要求基础上,采用整体成型工艺,实现提高气瓶的结构强度和安全性能是必然的选择。

1　产品主要技术指标要求

a) 工作压力:10 MPa(最高工作压力);

b) 液压强度:15 MPa,保压时间 5 min;

c) 气密试验:10 MPa,保温时间 5 min;

d) 压力循环:0.3 MPa—10 MPa—0.3 MPa,循环次数 24 000 次;

e) 爆破压力:≥30 MPa;

f) 容积:(8~8.14)L;

g) 充装介质:1301 灭火剂;

h) 重量:≤3.7 kg。

2 产品结构优化设计

2.1 产品外形结构

根据飞机安装空间条件限制和产品功能要求,总体提出的高压气瓶的外形结构示意图,如图 1 所示。

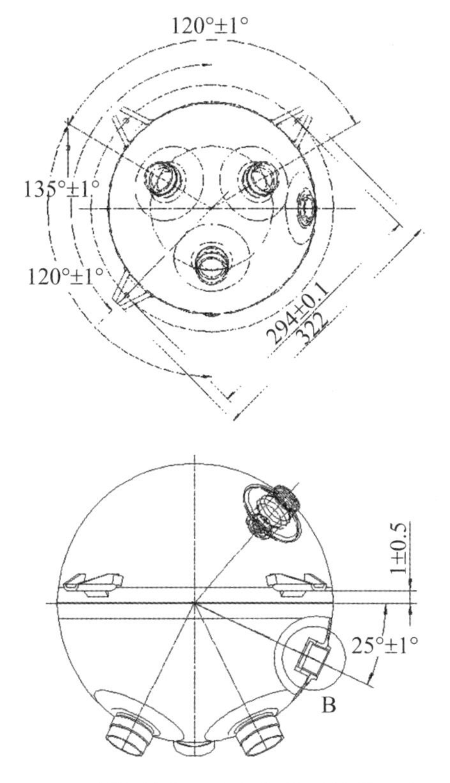

图 1 不锈钢航空灭火气瓶外形结构示意图

从图示中可以看出,气瓶由三个支耳固定,支耳承受气瓶、灭火剂及配套的喷射、充填、监测等结构件的重量,同时受飞机振动、冲击等综合环境条件影响,均由该三个支耳结构来实现。

2.2 产品结构对比及优化

原来的选择是采用支耳与薄壁瓶体焊接的方式,在进行振动试验后,出现了在支耳根部开裂的问题,如图 2 所示。耳片焊接工艺已不能满足技术性能要求。

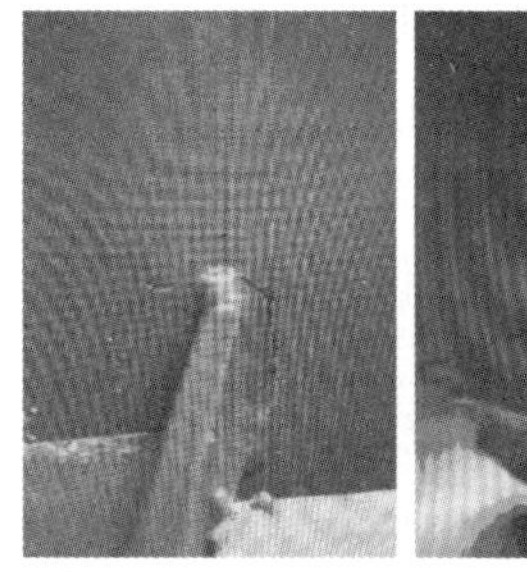

图 2 采用焊接支耳方式的灭火气瓶振动后开裂图

我们进行了耳片的设计优化工作,经过设计分析和对比,采用焊接方式使支耳直接焊接在瓶体上,由于瓶体与支耳联接部位的应力过于集中,造成瓶体在支耳根部开裂;采用的优化方式主要有两种:一种为将耳片与瓶体的直接焊接方式,改为增加焊接垫片方式,即将耳片先焊接到垫片上,再将垫片焊接到瓶体上,直接焊接到瓶体上,增加焊接面积,可以降低应力集中;另一种方式为采用整体加工技术,将耳片与瓶体一体加工成型,同时对耳片部位采取局部增厚,提高承载强度。

经过分析认为第一种焊接垫片形式,由于本产品的结构耳片安装位置与两个半球的赤道焊缝仅有11 mm，增加耳片后，耳片加大后的面积与赤道焊缝基本接近，造成热影响区的重叠，易产生焊接应力的叠加，不利于气瓶的安全性能，因此本产品不适于采用增加垫片的方式。

采用第二种将耳片与瓶体一体加工成型，由于耳片和瓶体为同一结构件，没有焊接等造成的内应力，将由原来的单独三个耳片承担全部的重量和振动等的冲击力，调整为由气瓶整体共同承担，大大提高了抗振性，采用该方式可以解决因耳片焊接造成的根部断裂问题，由此带来的原材料成本和加工难度的增加也是可以接受的。我们将采用耳片与瓶体一体加工的方式的产品，同焊接支耳情况进行了有限元应力分析对比，耳片与瓶体一体加工方式消除了耳片根部焊接点附件的应力集中，提高了设计安全性。由此我公司进行了焊接耳片和一体耳片优化前后的有限元分析对比，焊接耳片的应力主要集中在焊接根部，由于存在焊接修正系数，强度降低，造成应力集中，如图3所示；而采用一体成型工艺及局部结构补强，使得耳片与气瓶为一体结构，避免了应力集中，大大提高了安全性能，如图4所示。

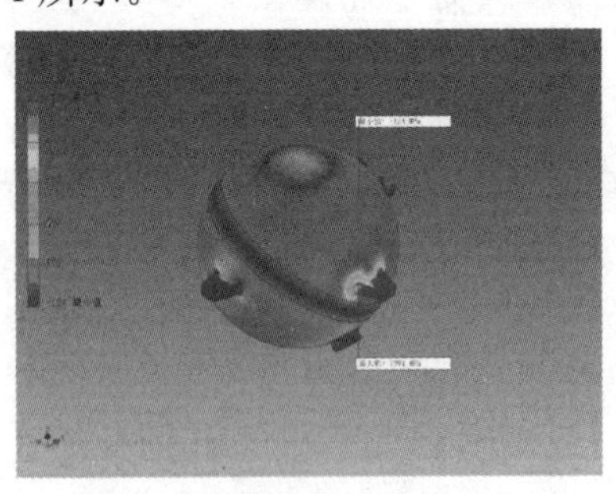

图3　焊接耳片根部应力分析

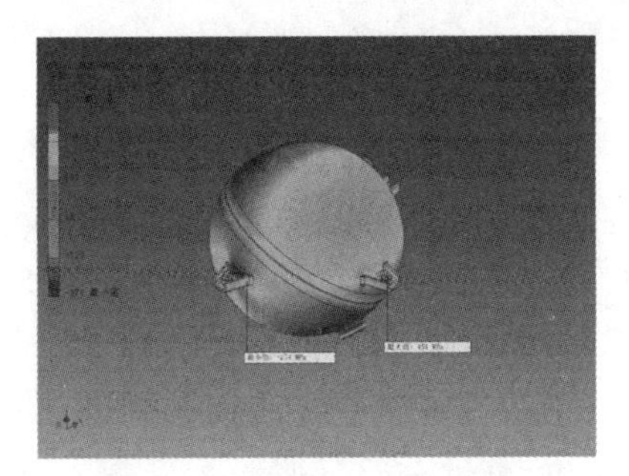

图4　耳片与瓶体一体化设计耳片根部应力分析

3　成型工艺及试验验证

3.1　产品工艺方案

为提高材料强度，气瓶上、下半球采用模锻件，耳片与半球整体加工，半球进行对接环焊成型。主要工艺路线如下：

原材料复验合格后→下料→模锻→车加工上、下半球、耳片及各接嘴→接嘴与半球焊接→焊接上、下半球→探伤检验→热处理→试片性能检测→耳片打孔→清理内表面→水压试验→气密试验→测容积、重量检测→喷漆→爆破试验（例行试验）→疲劳试验（例行试验）→力学环境试验（例行试验）→刻号→吹干→成品终检→入库。

3.2　产品试验

采用耳片与瓶体一体成型工艺制造的高压航空灭火气瓶在外形尺寸及重量的技术指标完全满足了总体技术要求。在公司通过了爆破试验及疲劳试验试验合格后，由总体单位装配后进行了加速度、基本冲击、坠撞安全、随机振动功能、随机振动耐久等力学环境考

核合格。

4 结论

采用气瓶的整体成型技术，提高产品的安全强度及性能强度，为其他类似异形结构高压气瓶的研制和优化改进，积累了经验。

参考文献

[1] 梁基照. 压力容器优化设计[M]. 北京：机械工业出版社，2010.
[2] GB 150-2011《压力容器》.
[3] HB6134-1987《航空用气瓶通用技术条件》.
[4] 闻邦椿. 机械设计手册：第 3 卷[M]. 北京：机械工业出版社，2004.

文章编号:SAFPS15039　　飞机灭火技术

直升机固定式灭火系统技术要求分析

陈阳

(总参陆航研究所,北京 101121)

摘要:直升机灭火系统的技术要求与直升机安全装置的设计和研制密切相关,越来越受重视。本文探讨并阐述了直升机固定式灭火系统的技术要求,对直升机火警告警系统、灭火控制系统、灭火实施系统、固定装置的性能要求进行了详述。

关键词:直升机;灭火系统;技术要求

中图分类号:　　**文献标识码:**A

0 引言

直升机以其独特的低空、机动飞行能力在军事和非战争军事行动中得到了广泛应用,如低空突防、战场支援、边境巡逻、护林防火、抢险救灾等。在战场态势下,直升机的火灾安全性能对直升机的生存能力有着重要影响,直升机发动机舱设有发动机、大量管路、配线、附件和辅助装置。发动机舱气流变化大,气体、易燃液体和设备管路的组合使得直升机发动机舱面临复杂的火灾环境。因此,在发动机舱、货舱、行李舱和驾驶舱设计合理高效的灭火系统对直升机自身安全意义重大。当前,国内直升机产业规模不断增长,对直升机灭火系统的设计研制提出严格、标准的技术要求日趋迫切。

1 直升机固定式灭火系统组成

固定式灭火系统通常由火警告警系统(包括火警探测装置、火警控制盒、火警告警装置等)、灭火控制系统(包括灭火控制盒、灭火控制阀、灭火控制旋钮/按钮等)、灭火实施系统(包括灭火瓶、灭火剂、灭火导管等)、固定装置(包括卡箍、固定座和搭铁线等)组成。

2 固定式灭火系统性能要求

2.1 火警告警系统

火警告警系统应将火灾区域的火灾信息实时传送到灭火控制系统和驾驶舱。

1. 火警探测装置

火警探测装置是感受温度、火焰或烟雾等火灾信号的传感器（含连接电缆），应具备以下性能：

a) 应随时、不间断地将感受的信息传送给火警控制盒；

b) 感受温度的火警探测装置，在火警告警温度±20 ℃范围内的探测敏感度应不超过±5 ℃；

c) 感受火焰的火警探测装置，对距离探测器窗口 1.2 m 远处的标准火焰，应在 X 秒内响应，并应符合 TSO-C79 中 7.1 的规定；

d) 感受烟雾的火警探测装置，应满足 CTSO-C1d 的规定，烟雾告警浓度（透过率）可根据实际需要在（60%～96%）/ft 之间选择。

2. 火警控制盒

火警控制盒是分析、处理火警探测装置发送的探测信息的设备，应具备以下性能：

a) 应能够随时接收每一个火警探测装置发送的探测信息；

b) 分析判断每一个火警探测装置发送的信息是否达到火警告警门限值；

c) 火警告警门限值的设定应根据火警探测装置安装部位确定；

d) 对安装探测温度的火警探测装置的火警告警系统，可按照温度数值设定告警门限值，也可按照温度变化速率设定告警门限值；

1) 按照温度数值设定告警门限值的，应按照所安装部位最恶劣条件时，环境温度最高值，再增加 50 ℃设定。通常情况下：

动力装置舱，告警温度一般控制在 200～450 ℃之间（如压气机匣部位可设定为 200～240 ℃之间，涡轮机匣部位可设定为 400～450 ℃之间，尾部可设定为 300～340 ℃之间）。

辅助动力装置舱，告警温度一般控制在 200～450 ℃之间；主减速器舱：告警温度一般控制在 200～450 ℃之间。行李舱，告警温度应设定为 160 ℃。

2) 按照温度变化速率设定告警门限值的，应当在温度变化速率超过 XX ℃/min 时，实施告警。

e) 一个火警探测装置感受的信息达到告警门限值时，相邻火警探测装置感受的信息必须超出日常感受值 10%，才能实施告警；

f) 应根据火警探测装置的种类、功能，分析并确定其安装位置最恶劣环境条件的数值，该数值应低于火警告警门限值的 XX%；

g) 驾驶舱和客舱/货舱内必须具有对直升机任何火灾区域发生火灾的告警能力；

h) 火警告警方式通常采用火警告警装置发出的听觉和视觉告警；听觉告警为话音告警或蜂鸣器发出声响告警；视觉告警为告警灯闪烁或电/光显示器中字符闪动；听觉告警和视觉告警必须同时采用；

i) 告警话音必须能够同时传送至所有机组成员，告警的声响等级应按照 GJB2782—1996 规定执行；

j) 火警告警的时长应为连续告警 10 s，暂停 5 s，循环告警；

k) 在火警探测装置感受的探测信息低于告警门限值后，应停止各类告警，但告警的持续时间应不少于 10 s；

l) 将发生火灾的相应信息发送给灭火控制系统；

m) 将发生火灾的相应信息发送给直升机参数记录设备；

n) 在对外通信设备开机情况下应能够自动将告警话音向外发送；告警话音的发送应符合 GJB 2782-1996 的规定。

3. 火警告警装置

火警告警装置由火警告警灯、火警告警蜂鸣器（喇叭）和电/光显示器组成。应具备以下性能：

a) 火警告警灯必须独立设置，安装在能够随时引起机组成员或乘员注意的位置，应满足 GJB1560—1992 的要求；

b) 允许对需要告警的每一个火灾区域分别设立火警告警灯；

c) 驾驶舱火警告警灯的显示和安装位置，应符合 GJB1006—1990 的规定；

d) 客舱或货舱火警告警灯的显示和安装位置，应位于客舱/货舱前部顶棚中间处；

e) 客舱或货舱告警蜂鸣器的安装位置应满足直升机总体要求，通常应安装在告警灯附近；

f) 客舱或货舱告警蜂鸣器的发声方式、发声时长及声音等级应符合 GJB1006—1990 的规定；

g) 电/光显示器中应能够显示发生火灾的火灾区域信息。

2.2 灭火控制系统

灭火控制系统是按照火警告警系统发送的火灾信息，控制灭火实施系统对失火的火灾区域实施灭火。

1. 灭火控制盒

灭火控制盒应具备以下性能：

a) 具备控制直升机灭火系统满足不少于两次灭火的能力，至少应满足连续两次扑灭一个火灾区域或同时扑灭两个火灾区域火灾的能力；

b) 必须具备手动控制对每一个火灾区域灭火的能力，对需要实施三个以上区域灭火的直升机，一般应具备对每一个火灾区域第一次灭火为自动控制、再次灭火可使用手动控制的能力；

c) 打开通往火警告警系统确定需要灭火的火灾区域通道；

d) 控制灭火实施系统释放灭火剂；

e) 在任何火灾区域中，所有部位的灭火剂浓度均应达到所采用灭火剂在相应国家标准中规定的最低灭火浓度值；

f) 在任何火灾区域中，从灭火剂开始喷射到达到规定浓度值的时间应不长于 3 s；保持规定的灭火剂浓度值的时间应不短于 2 s；

g) 控制灭火剂释放剂量，应满足在直升机上扑灭 GB/T 4968 规定的 B、C 类火灾的能力；

h) 对通过灭火导管输送灭火剂的灭火系统，为补偿浸润灭火导管和残留在灭火瓶中的灭火剂损失，应在计算出的灭火剂最小剂量基础上，增加 15% 的剂量。

2. 灭火控制阀

灭火控制阀安装在通往各火灾区域灭火管路入口处，控制灭火剂向灭火控制盒确定的火灾区域流动。

2.3 灭火控制旋钮/按钮

灭火控制旋钮/按钮的设计和布局应满足以下要求：

a）灭火控制旋钮/按钮的设计和防护，应满足 GJB 1512-1992 的要求；

b）应根据所配装直升机座舱布局要求，按照 GJB 1560-1992 的规定，设置在机组成员方便操作的位置；

c）手动灭火的舱位选择应设置为旋钮，灭火控制应设置为按钮；

d）灭火控制按钮上应覆盖防止误操作的保护盖。

2.4 灭火实施系统

灭火实施系统应具备以下功能：

a）储存灭火剂；

b）按照灭火控制系统的指令，释放灭火剂。

1. 固定灭火瓶

固定灭火瓶用于储存和释放灭火剂，应包含瓶体、灭火剂释放机构等，并应满足以下要求：

a）对定期或不定期需要拆装的单套固定灭火瓶的工作状态（含灭火剂）重量应不大于 15 kg；

b）如灭火所需的灭火剂总量导致单套灭火瓶重量超过规定值，则应设置两套或更多套灭火瓶；

c）对一次释放完灭火剂的灭火瓶，瓶内标称压力应不大于 14.7 MPa（20 ℃）；对允许多次释放完灭火剂的灭火瓶，瓶内标称压力应不大于 20 MPa（20 ℃）；

d）接通灭火剂释放机构 0.5 s 内，灭火剂应开始从灭火瓶中喷出；

e）灭火剂释放机构应保证在出现灭火瓶超压情况下，可随时自动释放灭火剂；

f）设置随时显示固定灭火瓶工作压力的指示装置；

g）固定灭火瓶的安装位置应选取在距离主要火灾区域较近的位置，应便于拆装、维护和填充灭火剂；

h）当固定灭火瓶安装位置的环境温度最高时，固定灭火瓶的灭火剂泄漏量应不大于 XX%；

i）在灭火瓶瓶体上应设有标牌，标牌上应有灭火瓶的通用标记、灭火剂型号、使用规则、灭火瓶空重、充填重量、工作压力、充填时间、充填有效期；

j）固定灭火瓶的日常维修或充填灭火剂如必须拆卸后实施，灭火瓶瓶体应设置便于拆装时搬运的把手。

2. 灭火剂

灭火剂的选用应满足以下要求：

a）应选用符合 GB6051—1985 的三氟一溴甲烷（CF3Br）或 GB4065—1983 的二氟一氯一溴甲烷（CF2CLBr）灭火剂；

b）应满足在贮存区域内任何条件下的稳定性；

c）所选用的灭火剂，对直升机不得造成损伤，对机组成员不得造成伤害；

d）所选用的灭火剂，应不得与直升机上可能接触灭火剂的任何材料发生物理或化学反应。

3. 灭火导管

灭火导管应满足以下要求：

a）具备将灭火剂输送到火灾区域的任何部位的能力；

b）灭火导管的长度应尽可能短，但必须保证其上的喷射孔（嘴）喷射出的灭火剂，可以覆盖火灾区域任何部位；

c）灭火导管应保证输送灭火剂距离最远处的喷射孔（嘴）喷出的灭火剂浓度，符合3.2.1 g)条规定；

d）灭火导管、接头和可挠性管路的最小破坏压力应按照固定灭火瓶存贮灭火剂后可能产生的最大压力的110%设计；

e）灭火导管中不应有可以积聚液体或灭火剂的低洼处。

4. 喷射孔（嘴）

在火灾区域内的灭火导管上直接开设的喷射孔或安装的喷射嘴应满足以下要求：

a）通常情况下，喷射孔（嘴）应设置在需要实施灭火的部位上部中央处，使灭火剂向下喷射；

b）对有气流通过的火灾区域，应根据气流的流向和流速，设计喷射孔（嘴）的灭火剂喷射方向和喷射能力，应保证在需要实施灭火的部位处的灭火剂浓度符合3.2.1 g)条的规定；

c）在灭火导管末端不应有喷射孔（嘴）；

d）在灭火导管上不应采用贯穿孔（对开孔）或相对喷射嘴；

e）相邻喷射孔（嘴）的距离应不小于XXX mm。

2.5 固定装置

固定装置应具备以下性能：

a）灭火系统所有设备、零组件、管路、导线在直升机上的安装、固定应满足GJB2490—1995的要求；

b）固定装置应保证所固定的设备或元器件，能够承受直升机使用过程中在该部位施加的所有载荷；

c）固定装置及其配件应耐受直升机所使用的各类油液、温度的侵蚀；

d）固定灭火瓶的日常维修或充填如必须拆卸后实施，其固定装置的拆装应满足灭火系统维修性要求。

3 结束语

本文针对直升机固定式灭火系统的技术要求进行了分析和阐述，对火警告警系统、灭火控制系统、灭火实施系统中涉及的探测器技术指标、灭火控制系统反应能力、灭火实施系统灭火剂剂量等作了相应的要求和规定。

参考文献

[1] HB 7253-1995 飞机防火灭火系统通用规范.

[2] 郑友兰，金华，付金云. 直升机灭火系统管路布局设计研究[J]. 直升机技术，2009(2).

[3] 郑友兰，刘凯. 某直升机动力舱灭火系统的设计[J]. 直升机技术，2004(3).

文章编号:SAFPS150340　　　　其他与飞机防火相关内容

智能化建模及仿真技术在防火产品研制中的应用

匡勇[1],赵四化[1],马兵[1],屈秀坤[1],苏晓阳[1],李基堂[2]

(1. 天津航空机电有限公司,天津 300308;2. 中国人民解放军总参谋部陆航部军事代表局,天津 300308)

摘要:为了适应经济的快速发展,项目开发周期变短、并行项目增多及成本控制更严,设计效率有待提高。本文以发动机防火产品温度继电器的核心零件高温碟形双金属片为研究对象,阐述了智能化建模及仿真技术研制过程,通过 VB 对 SolidWorks 和 ANSYS 进行二次开发,实现了参数化建模及仿真过程,然后根据高温碟形双金属片结构特点,采用二分取中算法实现智能化建模及仿真过程,使结构设计过程自动化,提高了设计人员的工作效率。整个研究方法同样适用于其他防火产品的智能化结构设计过程,具有重要的指导意义。

关键词:碟形双金属片;参数化;智能化;有限元

中图分类号:X936;X932　　　　**文献标识码:**A

0　引言

随着我国经济的快速发展,飞机的需求量越来越大,对产品的研制效率和研制质量提出了更严格的要求。高温碟形双金属片是飞机发动机防火产品温度继电器的核心零件,其结构设计质量直接影响温度继电器性能指标的准确性,进而影响整个飞机火警系统的稳定性。

由于高温碟形双金属片的翻转跳跃动作,是一种非线性屈曲过程,其结构复杂,为多弧度碟形片,无法直接建立数学模型进行数值求解。因此目前主要通过仿真软件采用有限元分析方法来研究高温碟形双金属片的动作响应特性,进行结构设计。但是有限元分析方法需要较强的专业知识,一般设计人员无法完全掌握,操作过程极为繁琐,分析结果准确性无法判断;而且仿真过程往往需要反复进行,根据分析结果修改结构,直到获得满足产品性能需求的结果,导致设计周期变长,设计效率降低。在此背景下,本文提出智能化建模及仿真技术,首先以得到试验验证的高温碟形双金属片热-结构耦合场仿真分析过程为基础,通过 VB 对 Solid-Works 和 ANSYS 进行二次开发,将整个高温碟形双金属片建模及仿真过程封装,实现参数化设计,最后通过结果比对,应用二分取中算法调整结构进行循环仿真，快速定位到满足设计需求的结构。

1 双金属片工作原理及结构特征

1.1 碟形双金属片工作原理

碟形双金属片由两层不同膨胀系数的金属组成，膨胀系数大的为主动层，膨胀系数小的为被动层。当碟形双金属受热后，主动层和被动层膨胀量不同，导致两层中间产生热应力弯矩，使碟形双金属片发生蠕变。当热应力达到一定程度后，碟形双金属会发生屈曲跳跃翻转动作，反转过程对应双金属片的动作温度点和接通温度点，一般断开温度点要高于接通温度点。其工作过程如图1所示，随着温度升高，高温碟形双金属片发生蠕变，当升温达到断开动作温度点，瞬间发生翻转，之后随温度升高继续蠕变；当温度降温时，碟形双金属片发生反向蠕变，当降温达到接通温度点，再次瞬间反向翻转，继续降温蠕变直到成初始状态[1,2]。

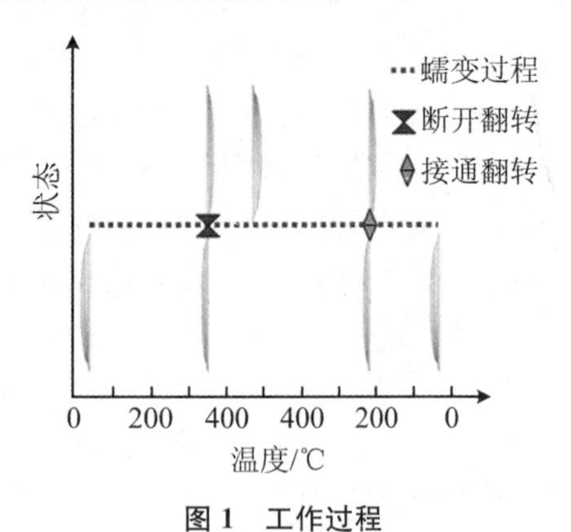

图1 工作过程

1.2 碟形双金属片结构特点

高温碟形双金属片是为了满足飞机发动机高温工作环境而研制的，为了提高碟形双金属片的工作温度，设计成多球弧度结构，如图2所示，其径向剖面图由三段圆弧①②③组成。而影响高温碟形双金属片的动作响应特性的主要因素就是圆弧①②③的挠度，通过改变ABCD四点的坐标值来调节①②③的挠度，可以在一定范围内达到想要的断开温度点和接通温度点。

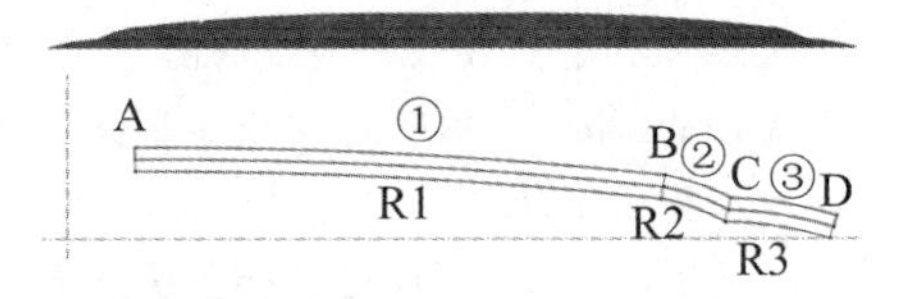

图2 碟形双金属片结构

2 碟形双金属片的参数化建模实现

2.1 参数化建模方法研究

高温碟形双金属片的动作温度主要由三段圆弧①②③的挠度决定，为了设计满足工艺要求的碟形双金属片，要不断改变ABCD四点的坐标值和三段圆弧半径进行热-结构耦合场有限元仿真计算。为了更方便地建立模型，本文采用VB对SolidWorks进行二次开发，实现高温碟形双金属片的参数化快速建模，并将生成的IGES模型导入ANSYS进行热-结构耦合场参数化有限元分析。

SolidWorks为用户提供了强大的二次开发接口（SolidWorks API），

SolidWorks 的 API 对象涵盖了全部的数据模型,通过 VB 对这些对象属性的设置和方法的调用,可以自由实现模型的参数化建模[3]。VB 实现 SolidWorks 二次开发的主要代码如下:

```
Set swapp = CreateObject("SldWorks.Application")
'创建 VB 调用 SolidWorks 的对象接口
swapp.Visible = False
'使 VB 调用的 SoldiWorks 后台运行
Set part = swapp.OpenDoc("E:\双金属片.SLDPRT",1)
'打开预定义的基础模型
swapp.ActivateDoc ("双金属片模型")
Set part = swapp.ActiveDoc
part.Parameter("Ax@剖面图").SystemValue=Ax
'VB 参数化修改 SolidWorks 关键尺寸
……
longstatus=part.SaveAs3("E:\shuangjinshu.IGS",0,0)
'将修改后的模型输出 IGES 文件
swapp.ExitApp
```

2.2 参数化建模过程

高温碟形双金属片参数化建模流程如图 3 所示。

首先根据高温碟形双金属片的结构特征,提取关键尺寸;其次在 VB 中设定对应参数;然后后台调用 SolidWorks 对其关键尺寸进行参数化修改;最后为热-结构耦合场有限元分析输出 IGES 模型,同时将 VB 设定的参数保存到数据库中,为之后的设计做参考,提高设计效率。

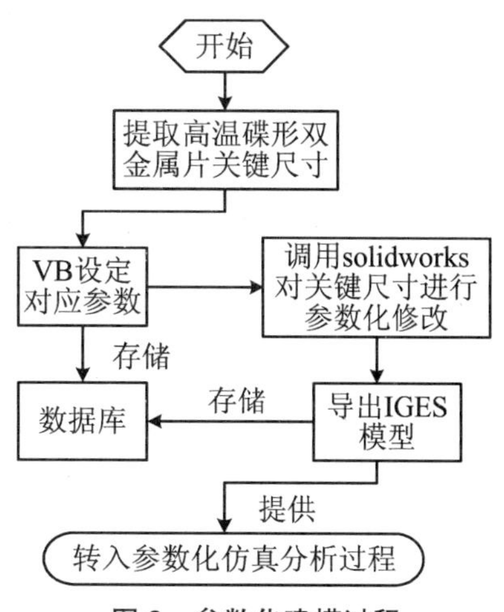

图 3 参数化建模过程

3 碟形双金属片的参数化仿真实现

3.1 参数化仿真分析方法研究

本文采用 ANSYS 实现高温碟形双金属片的热-结构耦合场有限元分析,通过计算 D 点 Y 轴的位移随温度的变化,来计算高温碟形双金属片的断开温度和接通温度,进而设计满足工艺要求的模型。为了简化仿真过程、缩短仿真周期,本文采用 VB 二次开发 ANSYS 对高温碟形双金属片进行参数化仿真,将 ANSYS 热-结构耦合场仿真分析过程封装起来,设计人员只要根据需求,设定动作温度或者结构参数就能获得对应的数据结果。

ANSYS 为用户提供了开放的二次开发功能,通过 APDL 语言,用户可以制作命令流文件，来实现 ANSYS 的仿真过程，根据用户需要实现相应的功能。通过 VB 修改提前生成的工程分析 APDL 命令流文件，来对 ANSYS 进行封装，实现高温碟形双金属片参数化仿真过程[4]。VB 实现 SolidWorks 二次开发的主要代码如下：

```
ANSYS = Shell ( " D: \ ANSYS145. exe-b-p ane3fl-i E: \ infile. mac-o E: \outfile. txt", 1)
```

其中“D：\ ANSYS145. exe”为 ANSYS 运行路径；“-b-p”为特殊字符，后台调用 ANSYS；“ane3fl”为产品代码；“-i E:\infile. mac”为调入 ANSYS 所运行的 APDL 命令流文件及其位置，正是通过修改“infile. mac”文件中的参数实现高温碟形双金属片的参数化仿真分析过程；“-o E：\outfile. txt”为输出文件及其位置。

```
Open "E:\infile. mac" For Input As #File
'打开 APDL 命令流文件
Line Input #File, Str
'读取 APDL 命令流文件
Str = Replace(Str, "@弹性模量1",SQL 弹性模量 1)
'修改 ANSYS 关键参数
……
Print #File, Str
'将修改后参数写入 APDL 命令流文件
Close #File
'关闭 APDL 命令流文件
```

通过 APDL 命令流可以驱使 ANSYS 完成整个仿真过程，并将所需要的云图或节点数据结果输出成图片和文档[5]，VB 调用图片和文档对结果进行计算处理后显示给设计人员。

3.2 参数化仿真分析过程

高温碟形双金属片参数化仿真分析流程如图 4 所示。

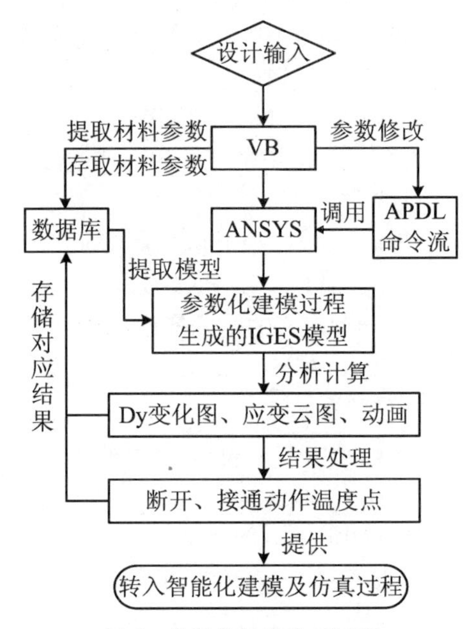

图 4 参数化仿真分析过程

首先根据高温碟形双金属片采用的材料从数据库调用仿真分析参数，并对 APDL 命令流中对应参数进行修改并保存；然后 VB 后台调用 ANSYS 运行修改后的 APDL 命令流进行仿真过程，通过 APDL 命令流可以让 ANSYS 自动调入参数化建模过程生成的 IGES 模型，根据 APDL 命令流设定的参数，自动进行前处理及后处理过程，获得 D 点 Y 轴位移随温度变化图、动作温度点应变云图及动态响应过程动画；最后根据 D 点 Y 轴位移随温度变化图，提取断开、接通动作温度点并将数据转到

智能化建模及仿真过程，同时将 VB 设定的仿真参数和对应计算的结果数据及文件存储到数据库中，为之后的设计做参考，提高设计效率。

4 双金属片智能化建模及仿真实现

本文前面已经阐述了高温碟形双金属片参数化建模及仿真的实现方法，为智能化建模及仿真提供了接口。高温碟形双金属片智能化建模及仿真分析流程如图 5 所示。

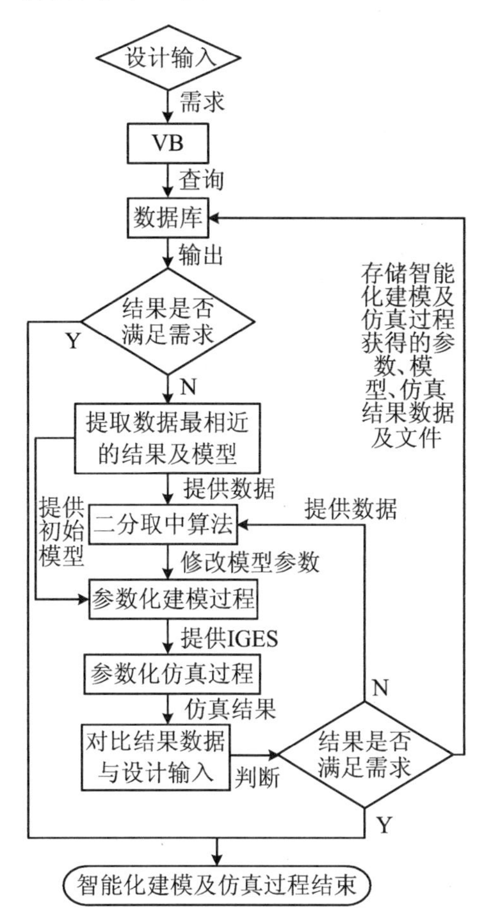

图 5　智能化建模及仿真过程

首先根据设计输入，查找数据库是否有直接满足要求的结果，如果有则可以直接应用，如果没有则调用相近数据的结果模型进行后续过程；然后根据高温碟形双金属片结构与其动作响应特性之间的关系，采用二分取中查找算法，根据设计输入和仿真结果修改对应模型参数，使 VB 进行多次建模与仿真过程的迭代，自动快速获得满足工艺需求的结果，进而实现高温碟形双金属片智能化建模及仿真分析过程。

5 人机交互界面开发及运行结果

图 6 是高温碟形双金属片智能化建模及仿真分析的主界面。分为三个区域：设计输入模块、仿真参数设定模块以及结果处理模块。通过设计输入模块，设计人员可以根据动作温度点需求，自动获得满足要求的高温碟形双金属片结构。同时如果设计人员已经获得目标高温碟形双金属片模型的结构尺寸，可以手动求得目标模型对应的动作温度，实现双向设计过程；仿真参数区域设计人员只需选择材料参数和网格划分精度，其内部仿真参数已经经过

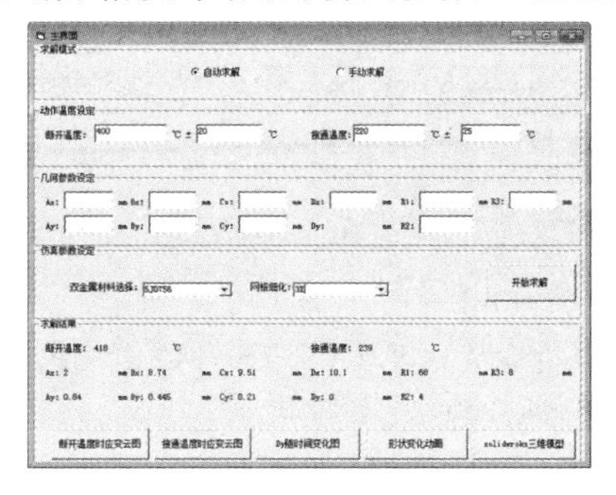

图 6　主界面

试验验证，被封装起来，提高了设计人员仿真的精确度；结果处理模块直接显示智能化建模及仿真后结果，同时以图片和动画的方式让设计人员更加直观观察高温碟形双金属片受热变形的整个过程。

图 7、图 8 分别对应 D 点 Y 轴位移随时间变化图及高温碟形双金属片应变云图。

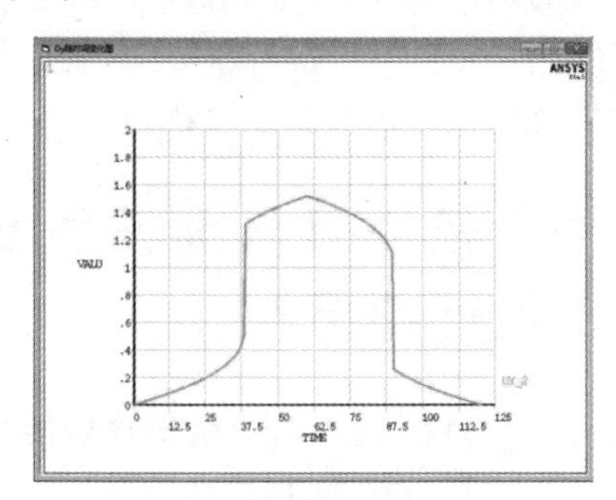

图 7　D 点 Y 轴位移随时间变化

图 8　应变云图

6　结论

本文以飞机发动机防火产品温度继电器的核心零件高温碟形双金属片为研究对象，介绍了高温碟形双金属片的工作原理和结构特征，采用 VB 对 SolidWorks 和 ANSYS 进行二次开发，实现了高温碟形双金属片参数化建模及仿真过程，并根据高温碟形双金属片结构与其动作响应特性之间的关系，通过二分取中算法实现了智能化建模及仿真过程，大大降低了高温碟形双金属片的设计开发难度和设计周期。整个智能化设计过程无缝连接，具有可扩展性，适用于其他防火产品的研制过程，能够大大提高产品的设计效率，缩短项目研制周期，具有重要借鉴意义。

参 考 文 献

[1] 滕志君，等. 热继电器双金属元件工作原理与稳定性分析[J]. 低压电器，2013(18)：56-58.

[2] 周晓红，等. 碟形双金属片在热保护器中的应用[J]. 技术创新，2012(11)：38-41.

[3] 马咏梅，等. SolidWorks 二次开发在机械零件设计中的应用与研究[J]. 机械传动，2010，34(1)：72-81.

[4] 黄洲，等. 基于 VB 的 ANSYS 二次开发在液压缸参数化设计中的应用[J]. 信息技术，2013,42 (4)：139-141.

[5] 龚曙光，等. ANSYS 参数化编程与命令流手册[M]. 北京：机械工业出版社，2009：100-500.

文章编号:SAFPS15041　　飞机防火基础理论

超薄环保阻燃涂层在飞机指定火区的防火应用研究

李定华[1],王珂[1],李麦亮[2],李千[2],杨荣杰[1]

(1. 北京理工大学,国家阻燃材料工程技术研究中心,北京市海淀区中关村南大街5号,北京 100081;
2. 空军装备部,北京 100081)

摘要:飞机重点火区部位的防火安全,对于减缓或者避免飞机火灾具有决定性的作用。如何通过新型环保超薄阻燃涂层等先进材料的设计和合理应用,提高飞机发动机舱等指定火区典型装置的防火和耐火性能,是确保飞机适航火安全防护的重要研究内容之一。本文采用自行设计的大板燃烧测试装置,对实验室研制的两种水性膨胀阻燃涂层的燃烧行为进行了对比实验,涂层厚度1 mm左右;在测试时间30分钟内,大板背部温度均未超过290 ℃。最终将水性膨胀阻燃涂层02号应用于飞机发动机舱某典型装置的防护,进行了实际火情模拟试验。测试表明,在1 100 ℃火焰围攻下,典型装置的升温被显著抑制,环保阻燃涂层起到了有效的火安全防护作用。

关键词:超薄防火涂层;飞机;指定火区;火安全

中图分类号:X936;X932　　**文献标识码:**A

0 引言

飞机作为航空运输工具,精密度高、造价昂贵。如果飞机在飞行中发生火灾,不仅会引燃飞机上大量的可燃物,也会使部分不燃的合金材料发生猛烈燃烧;同时,由于机身是金属合金结构,具有良好的导热性能,局部起火就可以把热量迅速传导到机身各个部位,火势发展速度相当快,瞬时发生,瞬间扩大。如果火灾中飞机操作系统失去控制,随时可能坠机,且人员基本无法逃生;一旦坠毁,逃生的机会就更小,造成巨大损失[1]。因此,飞机重点火区部位的防火安全,对于减缓或者避免飞机火灾,具有决定性的作用[2]。在飞机火安全防护的研究中,通过新型环保超薄阻燃涂层等先进材料的设计和合理应用[3],提高飞机发动机舱等指定火区典型装置的防火和耐火性能,成为确保适航防火和耐火的重要研究内容之一。

本文对实验室研制的两种水性膨胀阻燃涂层的燃烧行为进行了对比试验,采用的大板燃烧背温测试分析方法是在综合比较现有的涂层耐火测试方法的基础上自行设计而成的。最后基于大板测试数据,探索性地将水性膨胀阻燃涂层应用于飞机发动机舱某典型装置的防护，并通过实际火情模拟实验对应用效果加以考察。

1 实验

1.1 主要原料

聚磷酸铵 B-AP 1001(APP)，工业级，聚合度 $n>1\,000$；聚磷酸铵-蒙脱土纳米复合物 B-AP 1001M（APP-MMT），工业级；环氧乳液 EP-1（环氧值 0.07-0.1），固化剂 HA（活泼氢当量 300）；环氧乳液 EP-2（环氧值 0.21～0.24），固化剂 HB（活泼氢当量 285），上述原料由北京理工阻燃科技有限公司提供；可膨胀石墨（EG），工业级，青岛美利坤石墨制品有限公司；氢氧化镁（MH），无锡泽辉化工有限公司；双季戊四醇（DPER），工业级，江苏开磷瑞阳化工股份有限公司；二氧化钛（TiO_2），工业级，上海江沪钛白有限公司；三聚氰胺（MEL），工业级，天津市光复精细化工研究所；其余原料、助剂均为市售。

1.2 阻燃涂层制备

用球磨机/分散罐在分散剂作用下将环氧乳液和 APP、APP-MMT、DPER、MEL、EG、MH 等防火助剂及填料充分研磨分散，然后按比例与固化剂 HA 或 HB 混合，得到水性超薄膨胀防火涂料。

将 300 mm×300 mm×1 mm 的钢板去锈、除油后，在钢板的一侧喷涂约 50 μm 厚的防锈底漆层。底漆层充分干燥后，再继续刮涂防火涂料，在温度 23±2 ℃下水平放置固化，直至阻燃涂层厚度达到 1±0.1 mm；最后经 7 天干燥养护后，得到大板燃烧背温测试用水性膨胀阻燃涂层试样。采用两种环氧乳液固化体系制备得到的涂层分别记为 01、02，防火助剂在阻燃涂层中所占比例为 55%。

飞机发动机舱某典型装置防护用水性膨胀阻燃涂层的制备过程同上。

1.3 火安全测试

实验室自行建立的大板燃烧测试装置，如图 1 所示。

图 1 大板燃烧测试装置

其中火焰喷枪的火焰喷口直径为 10 cm，工作介质为航空煤油 RP-3（GB 6537）；试验中火焰温度 1 100±80 ℃，热通量密度 4 400～4 800 BTU/h；火焰冲击力强，模拟轰燃现场的火灾环境。

将待测试的涂层试样固定于铁台上，喷枪水平放置，涂层表面垂直于喷枪，与喷枪口的水平距离为 25.5 cm；若干热电偶分别置于涂层试样背面钢板后不同位置，热电偶传感元件与钢板紧密接触，完成背温数据的采集。测试时记录试样背温随时间的变化曲线。将钢板背面温度升至 400 ℃的时间作为阻燃涂层的耐火极限，或者以测试时

间1 800 s作为测试终点。

水性膨胀阻燃涂层在飞机发动机舱某典型装置防护中的应用评价试验，采用大板燃烧测试装置中的火焰喷枪实现实际火情的模拟，耐火试验时间为5 min。

1.4 扫描电镜(SEM)测试

采用HITACHI TM-3000型电子扫描显微镜对水性膨胀阻燃涂层在燃烧耐火测试中生成的膨胀炭层的微观结构进行表征分析，观察其微观形貌。

2 结果与讨论

2.1 大板燃烧测试

通过自行设计的大板燃烧测试方法得到的两种环氧阻燃涂层的燃烧隔热试验曲线和测试数据分别如图1、表1所示。

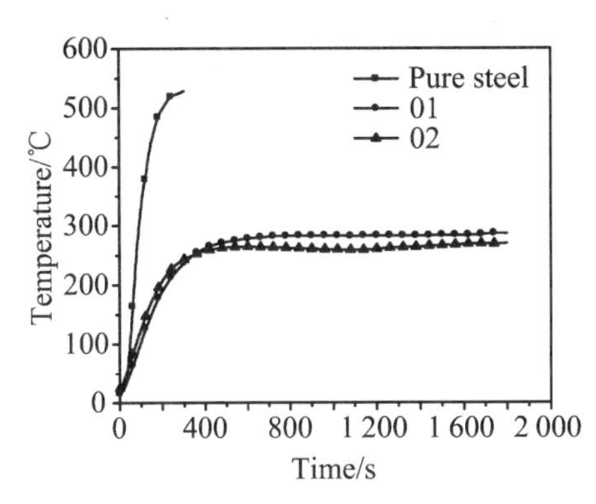

图2 阻燃涂层背温随时间变化曲线

表1 涂层燃烧测试数据

阻燃涂层试样	1 800 s时涂层背温(℃)	残炭率(%)
01	287	33.9
02	270	45.2

可以看出，无防火涂层保护的空白钢板背温曲线呈直线上升，升温速率非常快，钢板背温在3 min时已高于450 ℃，同时可观察到钢板本身发生了较大程度变形。两涂层升温趋势相似，在最初300 s内，涂层背温随时间近似呈线性增加且很快超过220 ℃。随着测试继续进行，膨胀阻燃体系开始反应形成炭层，降低了热量向基材传递的速度，涂层的背温逐渐达到平衡；在测试后期，环氧涂层02的背温曲线始终位于环氧涂层01背温曲线下方，说明环氧阻燃涂层02的耐火性能相对较好，这与EP-02环氧体系的熔融温度与膨胀阻燃剂组分的热分解行为有较好的匹配性有关，即环氧涂层02在遇热燃烧过程中，膨胀体系反应生成气体的温度范围与环氧体系的软化、交联及成炭交联过程能够同步，从而形成隔热性能更好的膨胀炭层。环氧涂层02的残炭率为45.2%，明显高于环氧涂层01的残炭率33.9%。

2.2 扫描电镜(SEM)分析

对水性膨胀阻燃涂层在燃烧耐火测试中生成的膨胀炭层进行微观形貌的观察，如图3所示。

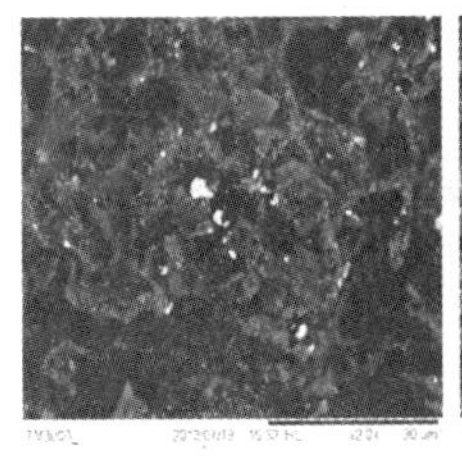

(a)

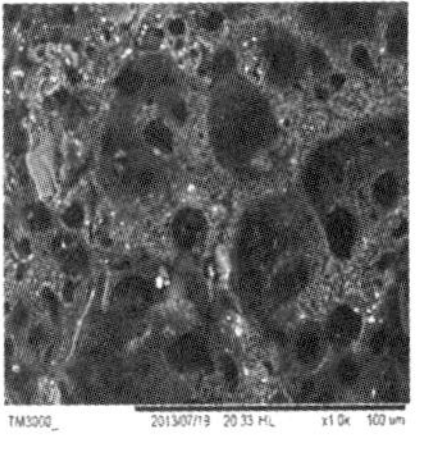

(b)

图3 阻燃涂层01(a)和02(b)测试后残炭的SEM图

可以看出，阻燃涂层 01 的残炭的炭层表面质地疏松，没有形成有效的炭层骨架，炭层强度不足；而基于 EP-2 环氧体系的阻燃涂层 02 的残炭的炭层更加致密，炭层孔洞均匀，因而起到了更好的隔热保护作用。

在上述数据及分析的基础上，选择将 02 水性膨胀阻燃涂层应用于飞机发动机舱某典型装置的防护，并考察其应用效果。

2.3 飞机典型装置火安全防护的应用评价

1. 火安全防护的实施和模拟火情实验

在飞机发动机舱某典型装置上，如图 4 所示，运用阻燃涂层作为火安全防护手段，考察在火焰热通量密度为 4 400～4 800 BTU/h 的 1 100 ℃左右的煤油燃烧器火焰下的耐火性能[4]。

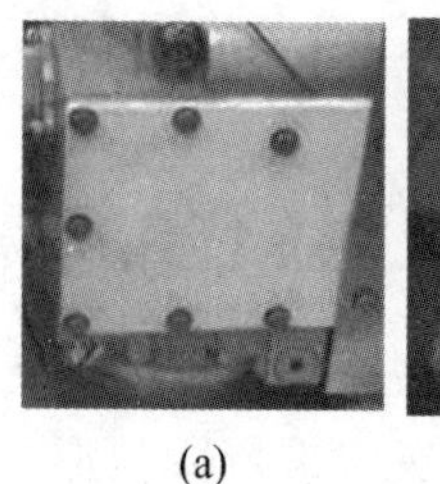

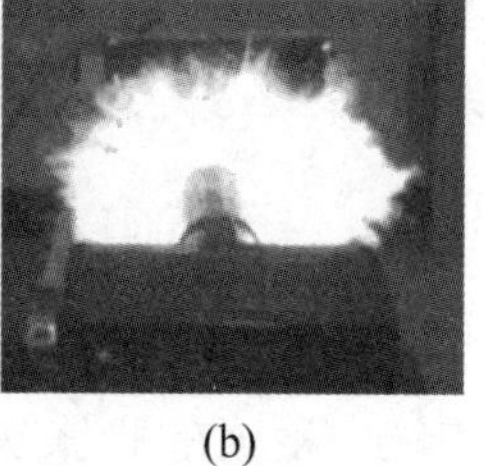

(a) (b)

图 4 防护涂层(a)和模拟火情实况照片(b)

2. 耐火实验数据

5 min 耐火实验中记录的涂层背部温度变化曲线如图 5 所示。

可以看出，在 5 min 的耐火实验中，防护涂层后方的温度变化始终没有超过 250 ℃，涂层后方的典型装置元器件在此温度下仍然可以正常工作，得到了有效的保护。

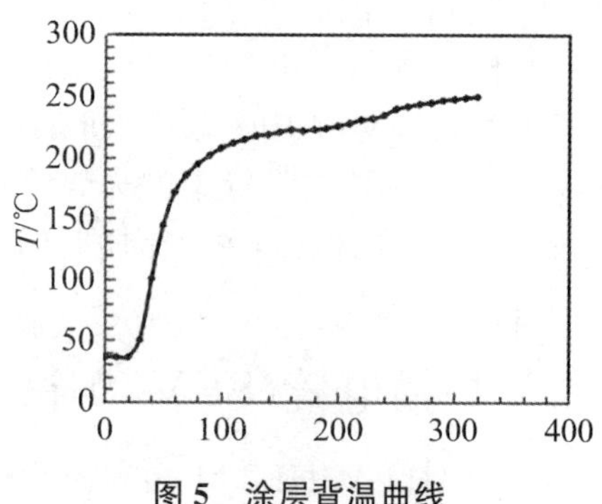

图 5 涂层背温曲线

图 6 为测试后涂层残炭的表面形貌和残炭切开后的断面照片。照片显示，涂层在耐火测试过程中形成了膨胀炭层，炭层表面致密，炭层内部为隔热效果好的均匀微孔结构，测试结束时刮开的炭层底部露出尚未热降解膨胀的涂层，说明涂层达到了预期的火安全防护目的。

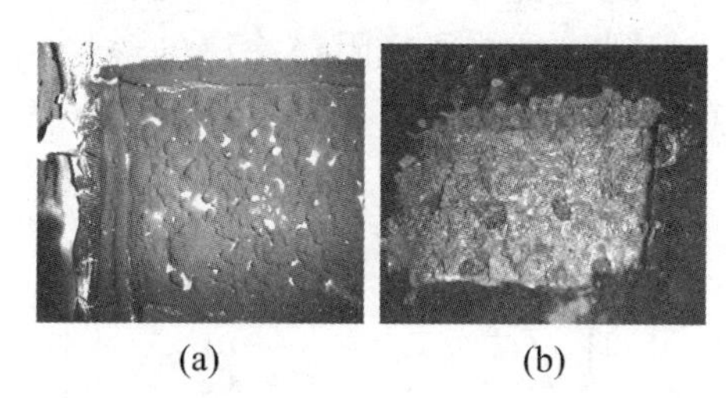

(a) (b)

图 6 涂层测试后残炭表面(a)和切面照片(b)

3 结论

基于环氧体系 EP-02 的水性膨胀阻燃涂层 02 在涂层厚度 1 mm 左右，1 100 ℃火焰的条件下，能够迅速形成致密隔热的膨胀炭层，实现背部温度不超过 290 ℃。涂层在飞机发动机舱某典型装置的防护应用试验中，实际火情模拟试验结果和自行设计的大板燃烧测试数据一致，环保阻燃涂层通过膨胀

炭层起到了有效的火安全防护作用，典型装置内部元器件的升温得到了显著抑制。

参考文献

[1] 王存栋. 民航飞机的火灾危险性浅析[J]. 中国西部科技，2013(12)：77-78.

[2] 银未宏，等. 民用飞机防火设计要求研究[J]. 民用飞机设计与研究，2014(2)：11-13.

[3] 孙世东，白康明，梁力. 运输类飞机发动机短舱火焰防护设计与验证[J]. 航空工程进展，2013(1)：17-21.

[4] ISO 2685-1998 Aircraft-Environmental test procedure for airborne equipment-Resistance to fire in designated fire zones.

文章编号:SAFPS15042　　飞机火灾探测技术

光纤传感系统应用于飞机货舱火灾探测的前景浅析

陈亮,童杏林,邓承伟,胡畔,黄迪,熊家国

(武汉理工大学光纤传感国家工程实验室,武汉 430070)

摘要:针对飞机货舱目前使用的火灾探测系统的局限性,经基于光纤传感探测系统具有尺寸小,易于安装、抗电磁干扰、分布式测量等特性,根据飞机货舱的工况,对利用光纤传感系统探测飞机货舱应用前景进行分析,有望为飞机安全提供又一道保障。

关键词:光纤传感系统;飞机货舱;火灾探测

中图分类号:X949;X951;X932　　**文献标识码**:A

0　引言

当今社会,民航运输以其速度快、机动性大、货物破损率低而越来越受青睐,其安全性也越来越受重视。飞机火灾存在扑灭难度大、生命财产损失巨大的特点[1],但火灾报警大部分属于假火灾报警,给生产运输带来了极大的损失,所以寻求可靠的安全隐患探测技术,降低火灾误报率是亟待解决的问题。常见的飞机货舱火灾探测设备有烟感火灾探测器、气体火灾探测器和复合型火灾探测器[2-4],其中,烟感火灾探测器利用火灾产生的烟雾引起空气导电性或光的传播特性的改变这一特性而研制的,该类火灾探测器在早期得到广泛的应用,但是飞机货舱往往堆积着各种各样的货物,存在较多的干扰物,如粉尘、水雾、油雾等,一旦干扰物进入探测室,会产生误报的问题;气体火灾探测器利用材料受到外界气体的刺激,引起材料的电特性改变或者光吸收谱的匹配而研制的,常用于工厂、家庭环境,材料类传感器由于尺寸成本问题,以及特定材料只能检测特定气体的局限性,不适合用于飞机货舱危险气体的检测;复合型火灾探测器是一款检测多种火灾报警因素的复合型探测器[5],由于各种火灾探测器多少存在一定缺陷,不能完全适应飞机货舱火灾报警要求,复合型探测器以其多功能化、性能稳定而得到更加广泛的应用。温度、气体及烟雾是火灾报警的重要因素,其中光纤传感系统提供火灾感温探测,光纤传感系统不仅提供成熟的温度在线实时监测,还能将多个光纤光栅传感器串成一个网络,对结构进行分布式监测,实现火灾是否发生的判断,及起火点准确定位等功能[6],是飞机货舱火灾报警温度

探测重要发展方向。

1 光纤传感测量原理及特性

1.1 光纤光栅传感原理

用于传感的光纤光栅一般是制作在光纤纤芯内的布喇格反射器。它利用光纤材料的紫外光敏性在纤芯内部形成空间相位光栅这样具有一定频谱宽度的光信号经过光纤光栅后，特定波长的光沿原路反射回来，其余波长的光信号则直接透射出去。FBG 的传感原理如图 1 所示，当光入射到 FBG 后，在满足布喇格条件下，入射光将发生反射，反射光谱在 Bragg 波长处出现峰值，其中心波长具有式(1)的关系。

$$\lambda_B = 2n_{eff}\Lambda \tag{1}$$

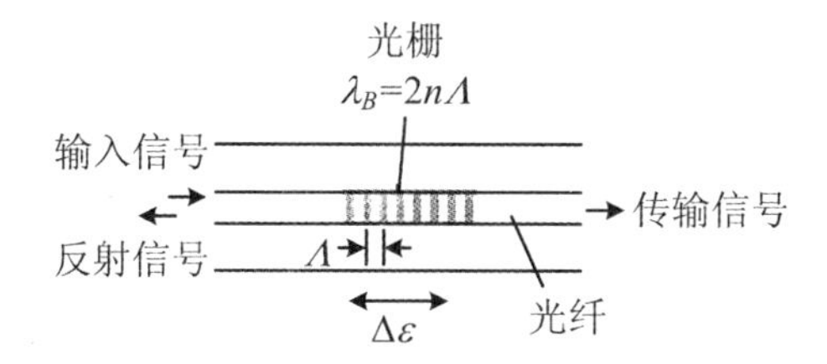

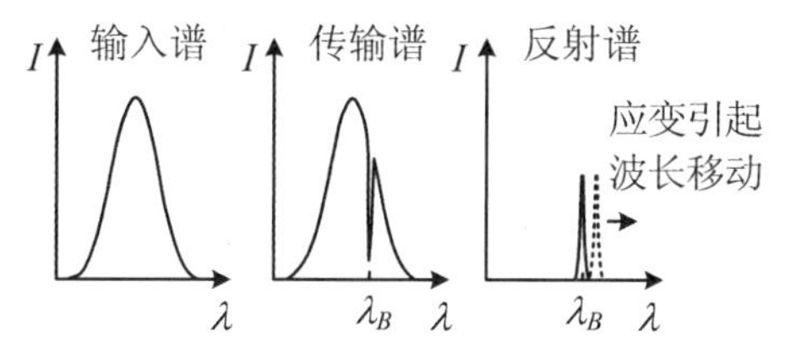

图 1 FBG 传感原理示意图

式(1)称为光纤光栅的中心波长方程，其中，n_{eff} 为纤芯的有效折射率，Λ 为光栅周期。可以看出改变光栅的有效折射率或周期就能改变光栅反射的中心波长，利用这一特性可以将光纤光栅用于许多物理量的传感测量。例如温度和应力是光纤光栅能够直接敏感的两个物理量。

温度引起光栅中心波长的漂移主要有两个方面的原因：起主要作用的是光纤材料的热光效应，起次要作用的是热膨胀效应。应力的作用使光纤光栅受到机械拉伸而导致光栅周期的变化，另一方面由于石英材料的弹光效应也会引起光纤光栅有效折射率的变化。这样光栅的中心波长漂移就反映了所处温度场或应变场的变化情况，从而达到测量的目的。其传感原理公式如下：

$$\Delta\lambda = \frac{\partial\varepsilon}{\partial\lambda}\varepsilon + \frac{\partial T}{\partial\lambda}\Delta T \tag{2}$$

式中，$\Delta\lambda$ 为中心波长变化量，ε 为应变量，ΔT 为温度变化量。因此，当传感器探头周围的温度改变时，其对应的波长该变量也发生改变，给光纤光栅传感器温度监测提供了理论基础。

1.2 光纤传感技术的特点

相对于传统的传感器，光纤传感器有以下几个优点：

1. 防爆、抗腐蚀、抗电磁干扰、对电绝缘、无电传输；

2. 波长编码的数字式传感，使用可靠性高、寿命长，能进行长期安全监测；

3. 光纤传输信号，适合远距离在线监测和传输，易于组网，最常见地有空分复用、波分复用、时分复用三种。光纤无线传感网络由于传输距离短，需直线传输等缺点，很长时间来没有得到重视。近年来，我们开发了应用于旋转机械、压力容器、发电机组安全监测的光纤无线传感网络，在这些特殊的应用

场合,电类传感网络难以适用,而光纤无线传感网由于具有不需电源、抗干扰能力强等特点,取得了非常好的效果;

4. 响应时间快、精度高、灵敏度高、分辨率高;

5. 结构简单、易于施工布设,光纤光栅很容易埋入材料中对其内部的应变和温度进行高分辨灵敏监测,光纤光栅传感器被认为是实现"光纤灵巧结构"的理想器件[7]。

1.3 光纤传感技术在火灾报警探测中成果应用范例

通过对石油石化危险场所、交通隧道进行温度在线监测,对火灾情况及时报警,消除安全隐患。光纤喇曼温度传感技术利用光纤背向喇曼散射的温度效应,用于温度分布式测量,20 世纪末开始应用于火灾报警领域。近几年,火灾探测技术不断进步,新技术层出不穷,特别是以光纤传感技术为基础的光纤喇曼火灾探测技术和光纤光栅感温火灾探测技术,以其突出的技术优势,已在很多领域取代传统的感温电缆,成为主流的火灾探测技术[8]。国内大型厂矿和国家储备油库的油罐火灾报警、高速公路隧道火灾报警等大型项目大多数采用光纤光栅传感系统监测火灾情况。光纤布喇格光栅传感探头在火灾发生时其反射光波长会受到外界温度等参数变化的影响而产生波长移动,通过光纤光栅感温火灾探测器探测火灾该技术已成功应用于隧道、油库、电厂等环境[9]。

2 光纤传感系统用于飞机货仓前景分析

飞机作为大型运输设备,内部布满精密电子设备,光纤传感系统抗电磁干扰,充分保障了探测器稳定性,同时飞机货舱内部结构复杂,相对于现有探测器多为点式感温,光纤感温火灾探测系统利用光纤传感探头的柔性和分布式测量特性,光纤温感火灾探测器可布置于机舱的各个部位,形成一个网络监测,避免测量盲区,提高温度探测准确性,而且飞机密闭环境火灾燃烧迅速,必须及时了解起火点准确位置,这也是光纤布喇格光栅传感系统温度在线监测的优点所在。光纤传感探测系统抗电磁干扰、温度在线监测、响应时间快、灵敏度高,为飞机机舱火灾提供更准确及时和起火点的预警,同时石油隧道工程上,光纤传感成果的成熟应用,给飞机货舱火灾探测提供工程技术借鉴,作为复合型探测器中的感温探测器装置,其有望为飞机安全提供又一道保障。

参 考 文 献

[1] 张丹,陆森,李松,等. 民用飞机火灾探测技术浅析[J]. 消防设备研究,2014,33(4):423-426.

[2] 林国成. 感烟探测器在大型地下汽车库的使用缺陷[J]. 建筑电气,2013,32(1):38-43.

[3] 高燕. 火灾、可燃气体报警系统在埕岛油田的应用[J]. 仪表电气，2014，33(4)：54-56.
[4] 张睿，刘志刚. 智能量子型红外固定光谱吸收式气体传感器的研制[J]. 传感器世界，2002，8(2)：12-15.
[5] 李东琪，刘敏，李东立. 飞机货舱火灾探测器设计探讨[J]. 消防设备研究，2014，33(11)：1313-1316.
[6] LIU Z, HADJISOPHOCLEOUS G, DING G, et al. Study of a Video Image Fire Detection System for Protection of Large Industrial Applications and Atria [J]. Fire technology, 2012, 48(2): 459-492.
[7] ERIC U, WILLIAM B, SPILLMAN Jr.. Fiber optic sensors: an introduction for engineers and scientists[M], Wiley, 2011.
[8] ZHANG Z, JIN S, WANG J, et al. Recent Progress in Distributed Optical Fiber Raman Sensors[C]//OFS2012 22nd International Conference on Optical Fiber Sensor. International Society for Optics and Photonics, 2012: 84210L-84210L-11.
[9] 陈飚，范典，王立新，姜德生. 基于光纤光栅传感器的隧道火灾报警监测系统[J]. 公路交通科技，2006(7).